气候与城市规划

——生态文明在城市实现的重要保障

房小怡　杨若子　杜吴鹏　主编

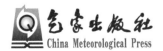

气象出版社
China Meteorological Press

内 容 简 介

　　本书汇集了作者十多年来气候在城市规划应用研究与实践的成果,从古时风水与营城谈起,引出当今气候与城市规划;概括了城市规划编制与气候结合典型类型,给出了总体思路、工作流程和技术方法;并选取来自北京、香港、厦门、成都、遂宁、聊城、深圳、武汉等具有代表性的应用案例,涉及通风廊道、风环境、海绵城市、工业区选址、环境气候图等内容。最后探讨了构建气候适应型城市规划的方向、领域和逐尺度融合问题。

　　本书可供规划、气象、水文、环境等专业人员,以及相关决策部门参考使用。

图书在版编目(CIP)数据

　　气候与城市规划 : 生态文明在城市实现的重要保障 /
房小怡,杨若子,杜吴鹏主编. -- 北京 : 气象出版社,
2018.11
　　ISBN 978-7-5029-6864-9

　　Ⅰ.①气… 　Ⅱ.①房… 　②杨… 　③杜… 　Ⅲ.①气候变
化－影响－城市规划－研究－中国 　Ⅳ.①TU984.2
②P467

　　中国版本图书馆 CIP 数据核字(2018)第 255767 号

QIHOU YU CHENGSHIGUIHUA——SHENGTAIWENMING ZAI CHENGSHI SHIXIAN DE ZHONGYAOBAOZHANG
气候与城市规划——生态文明在城市实现的重要保障
房小怡　杨若子　杜吴鹏　主编

出版发行:气象出版社

地　　址:北京市海淀区中关村南大街 46 号	邮政编码:100081
电　　话:010-68407112(总编室)　010-68408042(发行部)	
网　　址:http://www.qxcbs.com	**E-mail:**　qxcbs@cma.gov.cn
责任编辑:陈凤贵	**终　　审:**吴晓鹏
封面设计:博雅思企划	**责任技编:**赵相宁
责任校对:王丽梅	
印　　刷:北京地大彩印有限公司	
开　　本:710 mm×1000 mm　1/16	印　　张:17
字　　数:343 千字	
版　　次:2018 年 11 月第 1 版	印　　次:2018 年 11 月第 1 次印刷
定　　价:138.00 元	

编委会

序一

　　生态文明是人类文明发展的一个新的阶段，是以尊重和维护自然为前提，以人与自然、人与人、人与社会和谐共生为宗旨，以建立可持续的生产方式和消费方式为内涵，以引导人们走上持续、和谐的发展道路为着眼点，实现良性循环、全面发展、持续繁荣为基本宗旨的社会形态。

　　气候是大自然赋予我们的重要因素，气候—地理决定了人、社会、城市的诸多基因特征。从古至今、无论中外，在城市规划中都非常重视对气候条件的分析，不论是为了营造宜居的环境，还是为了避免灾害或减少灾害损失。近年来，因为气候变化引发的各类事件频发，社会发展对城市宜居性的诉求也不断增多，以优先分析气候条件的城市规划越来越受到重视。

　　城市规划的先期应充分研究降雨、风环境、热环境以及其他气候因素，在此基础上结合开展城市规划工作。这将是生态文明理念在城市规划建设的集中体现，也是采用城市规划的方法落实生态文明建设的重要途径之一。将气候与城市规划紧密集合、有序融合、科学耦合，是生态文明在城市规划中实现的重要体现。

　　1999年起，国家重点科技攻关、北京市重大科技项目"北京城市规划建设与气象条件及大气污染关系研究"率先开展了我国多部门协作，跨学科、系统地研究城市规划与天气气候关系的工作。在之后的近20年，随着气象学和城市规划学的进步和两者的不断融合，更多新的技术和方法产生并应用其中，已取得一批应用于实际的成果。

　　本书是一本全面、详细介绍气候在中国城市规划应用方面的专著，编者们用多年来的实践和潜心研究，为广大读者呈上气候与城市规划结合的诸多案例，并以此探索气候与城市规划的有机融合，为我国生态文明建设提供强有力的支撑。

　　我相信，随着科学技术的发展，对于气候与生态文明建设的研究将更加深入，并在跨学科、多专业研究的基础上，更好地融合于城市规划的编制、决策。

国际欧亚科学院中国科学中心副主席

2018 年 8 月于北京

序二

　　城市的大规模发展带来了很多"城市病"，包括热岛效应、空气污染、城市积涝、狭管效应等气候相关问题。这些问题的产生与城市规划、建设和产业布局等有关，这些问题的解决或避免也有赖于科学规划、基础设施建设、产业布局和调整。在城市规划实践中，气候因素历来是必须关注的重要因素。

　　党的十八大从新的历史起点出发，作出"大力推进生态文明建设"的战略决策。在党的十九大报告中，习近平总书记明确指出："我们要建设的现代化是人与自然和谐共生的现代化，既要创造更多物质财富和精神财富以满足人民日益增长的美好生活需要，也要提供更多优质生态产品以满足人民日益增长的优美生态环境需要。"《中共中央、国务院关于生态文明体制改革总体方案》《中共中央、国务院关于加快推进生态文明建设的意见》等重要文件为生态城市建设规划指明了方向。

　　气候是生态的制约因素，生态对气候也有不可忽视的影响。适应和减缓气候变化、开发利用气候资源、减轻和预防气象灾害是生态文明建设的重要内容，生态城市建设也绕不开气候问题。城市规划的气候论证工作无疑是气象服务生态文明的生动体现。进行气候适应型的城市规划技术研究与实践，即在规划前、中、后全过程中前瞻性地考虑气候禀赋，以防患于未然，提升城市防灾减灾能力；优化规划方案，以合理开发和保护气候资源，实现可持续发展。加强气候对城市规划的引领是城市顺应自然、尊重自然的生态文明在城市实现的重要保障，是城市提高自我防灾减灾韧性、主动适应气候变化、实现宜居和可持续发展的必要条件。

　　多年来，北京市气象局积极与首都和国家规划部门合作，参与首都城市规划研究工作，在北京城市总体规划编制中做出了积极贡献，并将研究成果应用于国内其他城市，积累了丰富经验，形成了标准化平台，培养了一支城市规划气候服务专家团队。

本书基于编写团队十余年的研究与实践而成，为规划人员、气象工作者及相关决策者提供了一个全面的参考，为学者和学生提供一个有效的技术平台。但本书仅开启了一扇窗，希冀主动适应气候的规划理念和技术更多地践行在我国的城市规划编制和实施中，以实现人与自然和谐发展。

北京市气象局党组书记、局长

2018 年 8 月于北京

前　言

城市规划建立在一个城市的气候、环境基础上，同时城市中人类活动及下垫面的变化、建筑群的布局差异，都会对城市气候产生影响，从而改变局地小气候。所以，气候和城市规划这种相辅相成的关系决定了城市规划得"以气定形"。

"气"是看不见摸不着却又真实存在于每一刻、每一处，东汉王允在《论衡·自然》中说道："天地合气，万物自生。"晋朝郭璞著有《葬经》，曰："气乘风则散，界水则止。古人聚之使不散，行之使有止。"古人懂得尊重自然、顺应自然、保护自然。早在3000多年前的先周就已经将气候知识运用在村落、城池规划和建筑设计中。无论是觅龙、察砂、点穴、观水、取向的地理五诀还是考工记的规定，都是为了营造既充分利用自然优势和天然防御屏障，又形成"枕山、环水、向阳、自然对流通风、降温采光保暖"，且"使人与大地和谐相处，并可获得最大效益、取得安宁与繁荣的艺术"的理想居所。所以，气候与城市规划，在我国历史的浩渺长河中，曾经相伴，依存而生，创造了天地有大美而不言的壮丽景象，形成了中华民族特有城市风貌。

改革开放后，中国取得了翻天覆地的变化。2011年，我国的城镇化率超过了50％，进入了城市型社会。中国的城镇化是世界人口迁移史上的壮举，各级城市成为中国社会经济发展的重要载体和发展引擎。这其中，城市发展建设的稳步推进与规划工作密不可分。但在我国经济从高速增长转向高质量发展的当今，仍以经济指标为追求，注重"宏大叙事"的目标制定，注重以功能分区为主的空间资源配置的规划理论和方法已经不能完全适应我国国情。减缓甚至避免城市无序膨胀、城市热岛、污染加剧、千城一面的城市风貌趋同、"屏风楼、一线天、握手楼"等"城市病"，需要以"天人合一"的生态系统观为先导，亲和自然、尊重自然，遵循气候禀赋和规律，让城市结构变得更合理的同时，规划出我国特有城市肌理和文化内涵的城市。

因而，面对新时代我国社会主要矛盾、面对人与自然和谐共生的现代化，需要我们传承与创新，坚持气候和城市规划的相辅相成关系，实现气候与城市规划技术的不断革新、突破和融合。城市规划是城市发展蓝图和龙头，它生态，城市才能生态；城市生态，才能实现生态复兴；只有实现生态复兴，才能实现中华民族的伟大复兴。这其中，传承与创新的气候适应型城市规划是生态文明在城市实现的重要保障。这也是本书作者从事十余年气候与城市规划结合工作的初衷。

本书汇集了作者多年来的相关研究与实际应用成果，从古时风水与营城谈起，引出当今气候与城市规划；概括了城市规划编制与气候结合典型类型，给出了总体思路、工作流程和技术方法；并选取了来自北京、香港、厦门、成都、遂宁、聊城、深圳、武汉具有代表性的城市规划应用案例，涉及通风廊道、风环境、海绵城市、工业区选址、环境气候图等内容。最后探讨了构建气候适应型城市规划的方向、领域和逐尺度融合问题。

本书得到了北京市科学技术协会、北京气象学会资助，深表感谢。

由于作者水平有限，书中难免有疏漏和不足之处，敬请广大读者和气象、城市规划工作者批评指正。

作者

2018 年 8 月

目　录

第一章 绪 论

房小怡 徐 辉 王晓云 任希岩 郭文利*

在我国，气候知识在村落、城池规划和建筑设计中的应用可以追溯到 3000 多年前的先周[1]。气候与城市规划，在历史的浩渺长河中，曾经相伴，依存而生，创造了天地有大美而不言的壮丽景象。时光更迭，社会进步，特别是在工业文明的滚滚浪潮中，科技强盛，"无所不能"，气候在城市规划和建筑设计中逐渐被忽略甚至遗忘。人与环境的矛盾不断显现，城市环境问题已成为制约城市可持续发展的决定因素。如今，国家提出生态文明的中华民族永续发展，气候与城市规划终又峰回路转，再续共生。

1.1 古时风水与营城

从考古发掘来看，为什么建筑遗址一般都出土在向阳、凭山借水等地理环境比较好的区域[2]？因为在科技不发达的古时，没有空调和集中供暖，人们选地用于造房子、建村落、筑城池就自然而然要考虑如何利用现有的天时地利条件，最大化发挥自然的优势，创造避灾、便利甚至舒适一点的生活环境。枕山、环水、向阳的朴素唯物自然观被充分运用于建筑、城池的选址中，体现了对自然环境最大的适应。这种适应自然环境的思想贯彻在营建始终，形成了中华民族特有的风水学[3]。中国历史上的著名古城大多具有得天独厚的风水优势，如位于洛水之北的洛阳城作为东汉的首都，南凭洛水、北倚邙山、地势北高南低，合于风水学理论；唐城长安，北临渭水、南对终南山和子午谷、东为浐水和灞水、西为平原、东北部较高为龙首塬；天府之国成都，背靠昆仑山系的九顶山邛崃山，面向嘉陵江、涪江、沱江、岷江，背山面向盆地平原，风水格局优异[2]。

1.1.1 风水及其流派

风水，又称堪舆，其历史可以追溯到周朝的相土尝水。到了汉代，董仲舒以儒家思想吸收改造阴阳家的五行观念，形成儒家思想的宇宙论体系。至晋朝，郭璞著有《葬经》，曰："气乘风则散，界水则止。古人聚之使不散，行之使有止，故谓之

* 房小怡，博士，北京市气候中心主任，研究员级高级工程师，研究方向为应用气候；徐辉，中国城市规划设计研究院学术信息中心副主任，教授级高级城市规划师，研究方向为智慧城市、智能规划和城镇化监测评估领域；王晓云，博士，中国华云气象科技集团公司董事长，研究员级高级工程师，研究方向为气象；任希岩，博士，教授级高级工程师，中国城市规划设计研究院水务与工程院副总工程师、中规院（北京）规划设计公司生态与市政院总工程师，研究方向为城市规划、生态规划与设计、海绵城市规划设计、气候变化、应急与综合防灾；郭文利，北京市气象服务中心主任，研究员级高级工程师，研究方向为气象。

风水。""风水"一词于是正式记载于典籍之中[4]。此后,风水理论进一步得到发展和充实,如《管子·水地篇》《史记》《管式地理指蒙》《黄帝宅经》《堪舆漫兴》《地理五诀》等,风水理论发展至明代已成集大成者[5],从一般的认识逐渐加深,系统化为一种指导生产生活的学说。它是集天文学、地理学、气象学、建筑学、园林学、美学等于一体,历经数千年的时间检验,经过广阔地域的空间实践,具有世界上最充分的统计学价值和应用价值[6]。

风水理论内容博大精深,在其漫长历史沿革中,曾产生诸多流派。《周礼》记述,建筑选址营造活动,主要有两类事务:一是"地官司徒"考察评价自然地理条件,进行选址规划;一是"春官宗伯"以占星、卜筮等抉择城市、陵墓、宗庙等。这两类事务传承于后世,形成了风水的两大流派,一派为环境学派,又叫形势宗;另一派是理气学派,又叫理气宗。形势宗主要源自江西[7],着眼于村落、城镇和建筑与自然大环境的选择,概括为"负阴抱阳""山环水抱必有气""觅龙、察砂、点穴、观水、取向"地理五诀等,代表人为元大都规划的刘秉忠、宋代的朱熹和明代刘伯温等。理气宗源于福建,主要内容包括八卦术数,即"阴阳、五行、干支、八卦、九宫等相生相克",以及占星术[8]。

1.1.2 风水的多尺度地理五诀

风水理论中有关村落选址和格局的觅龙、察砂、点穴、观水、取向,即地理五诀,其理想风水格局如图 1-1 所示[9],也就是民间俗称的"左青龙、右白虎、前朱雀、后玄武"。玄武垂头,朱雀翔舞,青龙蜿蜒,白虎驯顺。四势本应四方之气,而穴若位乎中央,故得其柔顺之气则吉,反此则凶[4]。

这里所指的风水格局不仅是地理环境的凝缩,更是具有多重尺度的地理环境的综合。主要分三个尺度:

觅龙,即宏观尺度上寻找龙脉,就要求对山川、方位、气候等把握。去寻找那

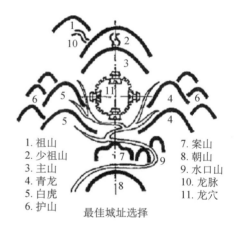

1. 祖山　　　　7. 案山
2. 少祖山　　　8. 朝山
3. 主山　　　　9. 水口山
4. 青龙　　　　10. 龙脉
5. 白虎　　　　11. 龙穴
6. 护山

最佳城址选择

图 1-1　理想风水格局[9]

些深远、奔腾、延绵而传递生气的山脉,把握其走向、形态,这是辨别风水的第一步。该尺度可以大到整个国土,古人认为,我国的长江、黄河将国土划分成三系列山脉,成为从昆仑山发源的三条,黄河以北的为北龙,长江、黄河之间的为中龙,长江以南的为南龙;北龙、中龙和南龙的旁侧又生支龙,干龙、支龙共同构成了绵延不绝的龙脉,是我国地理环境和山系特征的简化,是自然起伏连绵的山脉、水脉的形象化称呼[10]。龙脉各个干脉生出支脉,支脉又生出支脉,如人体经脉一样。

寻找龙脉即为寻找延伸至村落主山的大山山脉，这个山脉需由更高等级的山脉援引而来。

在中观尺度，风水学要对选址周围的山、水、气、树木等进行辨别，即所谓的察砂、观水[11]。砂是指周围的群山，与龙脉的主山相伴，而最佳模式就是如图1-1所示的格局。观水，实际是考察地上、地下水的形态和水质。风水之法，得水为上，水被古人看成是聚气、聚财和地脉的象征，而水也正是古人生产生活的依赖，因此观水成为风水选址的重要一环。观水要找水口、相水形、看水色、尝水味。水质清明味甘为好，水形呈随龙（贵有分枝）、拱揖（贵在前）、绕城（贵有情）、腰带（贵有环湾）为好。古人通过察砂和观水，寻找山环水绕，适于生产和居住的中观地理环境。理想水系应为"金城环抱"，又称"冠带"，金为五行至金，取象其圆，城寓意为水之罗绕，即水系沿村庄三面环绕为最佳状态[12]。

点穴，风水理论在微观尺度的表现，对生物、地基、地质方面的详细考察，以及在园林的造园手法中也有考虑。选择合适的具体位置，要求综合考虑各种相关因素，选择背山面水、顺山势、背风向、靠水源的位置。我国古典园林也把风水学运用到了微观的领域，造园之时讲究山水、林木、花草等布局和选择阴阳和谐、刚柔相济，通过细致的叠山理水、选树构景努力营造一个有生气之地[13]。主张"穴不虚立，必有所依""以龙证穴""以砂证穴""以水证穴""因形拟穴"，即村落、建筑的选址应在龙、砂、水等多种条件的影响下，位于内敛向心的围合的盆地之中，环绕的空间使风停留，使穴有气，而要求水流动，使气在运动，如为"聚宝盆"之形尤佳。风水学在园林之中和住宅之外的植物配置上，也有大量的理论[14]。

1.1.3　风水的气候解析

从气候的角度解析，建筑选址靠近水源是首要考虑因素之一，有利于人们的生产生活，信奉水抱为吉，忌讳反弓水等不良地形。地处山坡之时，一般选择向阳坡，以便获得良好的日照；考虑地质因素避免潮湿臭烂之地[15]。朝向崇尚坐北朝南是风水学基本原则之一，由于中国地处赤道以北，朝南的房屋能够获得更多的光照，为人体的健康发展带来了诸多益处，同时，建筑的气口宜开在东方南方东南方，以便和煦的风吹进房间，调节室内气温。背山面水，屋后有靠山，宅前有福水，也是有着科学依据，即中国地处北半球，背山能使得寒冷的冬季风（西北风）被山体阻挡，面水能让夏季风（东南季风和西南季风）通过屋前的水体带来凉爽湿润的空气，以此达到调节场地气温之目的，形成良好的微气候。

例如江西省赣州市东龙古村落[8]，是北靠大山脉，北山主山高大，南侧案山较低，群山拱卫围合而成的盆地。群山围合，宜于抵御风沙。南侧案山低矮，利于吸纳南向日照，并使夏季主导风东南风流入盆地，促进盆地内空气流动，带走热量，而北山主山高大，可遮挡冬季主导风，即西伯利亚冷高压产生的西北寒风，使得村落所处盆地内冬暖夏凉，形成良好的居住生态环境。村落建筑皆南北向布置，建筑吸纳日光充足，利于居民健康。除此之外，东龙古村建于群山围合的盆地之中，也是为了村落安全的需要。在封建社会里，由于战乱和匪盗等不稳定因素，为抵御外敌，往往争取良好的自然山体环绕的环境，以形成天然屏障，提高村落的防御性。而且村落建于海拔 500 m 高的高山盆地中，盆地中的溪流在暴雨来临时，雨水不易在高山盆地汇集，能及时排出盆地，盆地内的百口鱼塘也可在雨季起到类似水库的蓄水、调节地面雨水量的作用，减少了洪涝灾害和因雨水积集，水流冲刷、侵蚀引起的山体滑坡等地质灾害。此外，中国传统建筑多为木构建筑，容易发生火患，一般村落中挖掘鱼塘，一方面是生产养殖需要，另一方面也是为了建筑防火蓄水之用[16]。

所以，从气候角度来说，古人形成一种理想的山-林-屋-水-林的空间组成模式（图 1-2），塑造了一个背山临水、阳光充足、交通方便，既注重供水，又注重排水的理想人居环境。这种模式除了应对环境外还富有风水意象，后有靠山、前有流水，远处有低矮的小山朝拱，左右有山体护卫，村基较平坦开阔，村落左右山体环抱是一道具有良好防御作用的生态屏障，村落前方开阔平整，水稻及田鱼是聚落居民赖以生存的经济来源，有溪流环绕，为村落提供了生产生活用水。在建筑上，利用开敞的厅堂廊院、落天井、风巷等建筑布局和构造措施，达到自然对流通风、降温采光保暖等基本的生活功能要求。以生态适应性的观点来看，以上种种考虑，无不反映人们在生产生活中从对自然的尊崇到对自然的适应，使处于某一特定环境中的人能够与大自然保持一个生生不息的有机整体，好一幅和谐的美景田园画卷！

图 1-2 山—林—屋—水—林的空间组成画面

这种有着友好生态环境的风水格局对人们的生产生活起到助推作用，成为人们眼中的风水宝地[17]。中国古代都城北京、西安、南京等，安徽太极湖村、宏村、江西省赣州市东龙古村等，都特别注意人与自然环境的关系，所谓一方水土养育一方人，无一不是风水核心下的佐证。

1.1.4　风水的精华思想及对当代城市规划的借鉴

风水理论也引起了当代杰出的英国科学史家李约瑟、凯文林奇等国外学者的关注，对于在中国研究城乡规划、建筑的研究者而言，"不了解风水是很严重的知识性障碍，几乎与研究英国文学不通英文一样"[18]。英国学者李约瑟曾指出：风水理论包含着显著的美学成分和深刻哲理，中国传统建筑同自然环境完美和谐地有机结合而美不胜收，他认为："再没有其他地方表现得像中国人那样热心体现他们伟大的设想'人不能离开自然'的原则。皇宫、庙宇等重大建筑自然不在话下，城乡中无论集中的，或是散布在田园中的房舍，也都经常地呈现一种'宇宙图案'的感觉，以及作为方向、节令、风向和星宿的象征主义。"[19] 俞孔坚[20]也称风水理论是通过对最佳空间和时间的选择，使人与大地和谐相处，并可获得最大效益、取得安宁与繁荣的艺术。

风水学如何与规划学科相关呢？由于风水理论是对具体物象、环境深入研究，通过人为因素对宅基环境进行制约，包括地质、山林、水源、气候等，通过将小环境融入大环境中进行实地考察，分析周边环境对人文建筑的影响，最终挑选出天人合一的建筑场地，这与规划学科实际是相通的。所以风水理论所包含的深刻哲理和艺术审美的本真特质，即可为现代城市规划、建筑设计所吸纳的精华思想，主要有以下几个方面：

（1）风水理论是系统观

古人认为"天人相类，万物归一"，即人、村落、城池、建筑等都是自然环境的有机组成部分，人不是主宰，不能过分强调形式美和人的重要性。人及其建设的家园不能和自然割裂，人不能违背天道，更不能对抗自然，但可以适当地利用自然，达到天人合一的至善境界。这种系统观有别于西方传统的研究方法"人在事物外"，即人能违反自然的发展规律，妄图通过人力来改变自然或与自然抗衡。因此，这种系统观决定人类想要长远发展下去，就必须尊重自然，有效把握和利用各种规律，才能真正做到与自然和谐共处。

风水学的作用就是在宏观层面上掌握各个系统之间的关系，并对各个子系统进行结构优化，找出最佳的搭配方法。现代城市规划基于这种系统观，需要考虑城市建设中的生态系统和地理条件，由于每个地区都有其自然特征，如气候、土质、植被、岩性、构造等都存在着不同，所以选择或营造一个具有良好微气候的场地，需明确现场的地势、土壤、河流、地下水、地表水、植被、建筑、地下构筑物及气候、区位、交通方面的实际情况，做出综合评价。只有将城市区域和自然区域要素相互协调，才能让城市环境变得相得益彰，也就是风水学当中的风水宝地，这也是风水学在城市规划应用中最为直接、形象的表现。

（2）风水理论注重对地理环境的保护

风水理论中山、林、水是挡风聚气的必需之物，因此，宅居、村寨、城市的选址往往同山体、林木和水体的形式、组合紧密地联系在一起[21]。表现在除了要求山环水抱之外，还对树木的情况有所讲究：村乡之有树木，犹人之有衣服，树长林茂，烟雾团结，吉气钟灵故也；倘使伐树，宅屋风吹气散。因此，清王朝为了保护祖先的龙兴之地，保持良好的风水，对东北地区严令禁止采伐，并且采取封禁政策，将大面积的区域保护起来，至今还能在东北找到柳条边的遗迹。苏州拙政园、承德避暑山庄等俯瞰林木葱郁，浓荫蔽日，灌木花草丛生其间，其中意境深深感染着人。新加坡将绿化运动上升为国家战略，城市环境优美，犯罪率降低，人民幸福指数上升，生活热情积极性提高。削山、砍林、填湖、占绿等，脉络中断、节流、有悖于风水理论中的地理环境保护，更是把城市发展推向深渊。好风水能孕育人，住得安宁、平安，居若安，则家代昌吉。

（3）风水理论关注各要素的相互作用

首先，气与形是相互作用，相互制约，并在一定条件下相互转化的。《葬经》中这样论述：气者形之微，形者气之著；气隐而难知，形显而易见，气吉形必秀润，特达端庄；气凶形必粗顽，欹斜破碎。明末清初学者宋应星的《天工开物论》"论气"篇中说道：盈天地皆气也，由气而化形，形返于气。而形，正是由山体、水体等自然地理要素所构成，这些要素及其构成的变化，决定了气的形式，同时又受到气的反作用和制约。由此可见，风、水、山和气也是密切联系的。清人范宜宾也说无水则风到而气散，有水则气止而风无，说明风和水是影响气的关键要素。《管氏地理指蒙》指出，"水随山而行，山界水而止，水无山则气散而不附，山无水则气寒而不离"，又体现了山、水、气的综合联系。所以，城市规划中提出的以气定形，城市形态的发展不能恣意妄为，城市的山水林田湖决定了城市格局，跨越形的无序发展必将影响气，从而影响人们生存的环境，人不得已安，城不得以稳。所以，在城市规划中注重山、水、气、屋等的统一性和完整性，让整个建筑富有层次感、韵律感，通过对最佳空间和时间的选择，使人与大地和谐相处，并可获得最大效益、取得安宁与繁荣的艺术[22]。

1.1.5 风水的传承与发展

中华人民共和国建立后，我国的城市规划理论与方法偏重于西方体系，而对于中国传统文化的发掘和借鉴甚少。特别是城市总体规划与传统文化的结合比较局限，传统文化在城市规划中的应用主要集中于城市设计、景观设计、历史文化名城保护等微观层面或专项规划中，在城市总体规划层面的结合甚少。而面对发展中遇到的严峻城市问题，亟待寻求新思路。

发达国家工业城市所经历的"人口爆炸（population）""环境污染（pollution）""资源枯竭（poverty）"，现如今已在中国重演。城市无序膨胀、资源耗费加剧、污染物增加，带来了严重的环境问题。人类生存环境的不断扩大也侵占了自然环境，这些情况均反映了人与自然的对立关系。城市文化缺失——盲目地跟风，摈弃城市的文化特色、忽视城市自身条件、历史，照搬其他城市的建设特色或模仿国外建筑风格，使得城市特色模糊，降低了城市品位。而传统的城市却呈现出深厚的文化内涵，是在传统文化、营造手法、地域特色等共同作用的成果，将规划转向对传统文化的重拾势在必行。城市风貌趋同——"快餐"发展下的城市建设，快速复制、快速建设，追求速度，忽略不同地理环境下各城市的自身肌理，导致千城一貌，往往让人产生下了飞机火车又回去了的感觉。加之对风水文化的理解有限，甚至夸大迷信色彩，掩盖风水精华思想的本真和合理的、朴素的科学成分。

纵观历史，西方发达国家社会发展的先例告诉世人，人类征服自然、利用自然、改造自然的态度已经得到了质疑，人们开始反思人与自然的关系，得出了人类社会的进步应该和自然生态协调发展的结论。所以，人地关系的重新审视唤起我们利用传统哲学思想解决现代城市问题的研究。其实在几千年前中国风水文化就在极力倡导人与自然的整体性，甚至将整个宇宙、芸芸众生看作是一个不可分离的有机整体。作为传统文化的组成部分的风水，是中国古代建筑文化的精华和理论基础之一，是一种在不断实践中反复体悟的智慧，它对人和自然皆给予关照，其目的是调整改善人的生活环境，进而改善人的生活质量，已被历史证明。

当今应用风水学，需要处理好城市规划和自然环境之间的关系，需要亲和自然、尊重自然，能够与自然和谐相处，创造更加灵活的空间，通过利用自然生态资源，让城市结构变得更加科学、合理。不能否认也不能盲目崇拜，采用辩证的方法应用风水学为城市规划作为支撑，不断创新，适应新时代，真正将科学的风水学理论融入城市规划当中[23-24]。

我们呼唤风水理论的传承发展，假使风水理论质朴的系统观、对地理环境的保护、各要素相互作用的精髓能被重视，并应用于实际城市发展规划中，取其精华，一定能构造和谐并具有中国特色城市肌理的城市，一定能创造出中国特色城市发展模式，这也是未来我国城市规划、城市建设所追求的最高境界。

从适应性上讲，传承是对过去的适应，发展是对未来的适应。风水的传承与发展，古为今用，延绵不绝，才能保证中华民族的永续发展。

1.2 气候与城市规划

1.2.1 相互依存，相辅相成

古时由于科技所限，气候尚未形成一门科学，更无法从地球物理学角度阐述气候知识、解释气候现象，但智慧的古人凭着经验和对自然敬畏的感知，知道这种看不见的"气"决定着和谐[4]，气候无疑是风水理论中最重要的组成部分。在1.1节中，我们了解到古时风水与营城不可分割的依存关系，从现代的角度来说，这正是气候与城市规划。

气候与城市规划是相辅相成的关系，即规划设计建立在一个城市的气候环境基础上，同时城市中人类活动及下垫面的变化、建筑群的布局差异，都会对城市气候环境产生不同程度的影响，从而改变城市局地小气候，影响城市污染物的扩散速度和方向[25]。在城市总体布局层面上，基于对城市气候特点、城市背景风环境、热环境的空间模拟计算分析，并结合自然山水要素、城市开敞空间、生态绿地、江河湖泊水系及城市低密度开发，规划出大尺度城市通风廊道，主要在以下方面发挥重要作用：①传输作用：沟通城市郊区以及城市内部冷源与城市热岛区，促进空气流通，传输冷空气和新鲜空气以平衡和降低城市污染，减轻"城市浑浊岛"；②切割作用：系统网格化的城市风道将起到切割城市热场，降低城市热场辐射，缓解城市热岛的规模效应和叠加效应；③散热作用：城市通风道本身的散热降温作用可以有效改善城市微气候。总体来说，在城市规划中引入气候，就是基于对城市细致空间气候环境的分析，并将其"转译"成规划建议图，从城市用地上给出限制和建议，避免硬质路面过度、无序扩张。首先是预防性的防止城市化带来的气候问题，如热岛、干岛、浑浊岛等；其次是在城市现实情况下，提出规划修编意见，进行调整建议，从而达到缓解城市气候问题[26]。

在建设项目上融入气候，一方面是为了保证建筑物能适应当地气候条件，如风压、雪压，同时有效利用光、热、水等气候资源；另一方面减缓所实施的建设项目对城市的气候资源可能造成的破坏，从而导致局地气候的恶化。

在气候资源利用方面，合理开发利用太阳能、风能资源，既可减少环境污染又可减轻能源短缺的压力。但是，由于太阳能、风能利用设施造价较高，一旦布局规划失策，将会造成大量浪费，这时的气候可行性论证工作，在项目预测或者设计初期具有保障性作用。

1.2.2 正反案例的前车之鉴

中华人民共和国成立后，城市规划编制参照前苏联模式，以经济建设指标为指挥棒，在很长一段时间内主宰了城市规划和建设，气候本应作为决定城市规划和发展的承载力性指标，却没有被首当其冲的考虑，更多时候成为一种附属甚至被忽略和遗忘。但城市建设是引发热岛效应、大气污染、空气交换变弱、噪声污染等城市气候问题的主要因素，这已在城市气候学领域得以验证。

苏格兰的泰桥和美国的塔科马悬索桥就是缺乏充分前期气候可行性论证的佐证；湖北松木坪电厂、广东马坝冶炼厂等，亦是因为前期没有严格论证气候条件，在选址和设计上存在问题，导致烟体无法排出，被迫减产或停产。这其中，一个很主要的原因在于进行市政建设时，未能充分考虑当地的气候特点和城市发展带来的气候变化，一旦气候异常，则可能导致财产损失、人员伤亡。

据国际民航 1970—1989 年的统计，世界民航因气象原因造成的飞行事故占总飞行事故的 30%，而 1991—1994 年其比例上升到 32%。对飞行情况的调查表明

75％的飞行延误与天气有关，使航空公司和旅客造成的损失高达 41 亿美元，其中 17 亿美元损失，只要正确掌握运用气象条件是可以避免的[27]。基于 2013 年城市空气质量指数，北京和天津等地未考虑当地气候承载能力，迅速发展城市工业和规模，当较弱的空气自净能力遇到突增的城市汽车数量和各种化石燃料燃烧排放的废气，就导致了严重的大气污染[28]。

2000 年以来，香港市民逐渐意识到在已完成的房地产建设项目中存在"过度开发"和"低劣设计"的现象。为了最大化地获得海景收益率，开发商倾向于最大限度开发所拥有的建筑用地，致使用地上的建筑一字排开，这些建筑项目被市民称为"屏风楼"。由于高而阔的连排高层建筑遮挡了海风向内陆的渗透，影响了城市内部密集区域的空气对流与交换，使得城市热岛效应加剧，夏季热负荷的情况也随之增加，空气污染的扩散能力减弱，城市室外环境也就变得不舒适了。2003 年非典型肺炎（SARS）在香港爆发，短短两个月内近 300 人死亡。香港社会曾一度造成恐慌，政府不得不搁置一切其他活动，集中政府主要人员，组成以特首为组长的"全城清洁小组"，调查及检讨 SARS 快速传播的原因。随后在 5 月末政府公布的《全城清洁小组报告—改善香港环境卫生措施》中特别针对建筑物设计、城市设计及公共屋邨管理进行检讨，并指出虽然无法确定城市设计与 SARS 的传播是否有直接关系，但需要引进"空气流通评估"来确保良好的城市规划，建立健康的生活方式和环境[29]。

相反地，重视气候，现代城市同样可以兼顾发展和环境。英国近些年在城市规划应对气候变化适应方面的研究已经成为国际上好的范例[30]，2011 年伦敦规划在气候应对专题中设定了具体目标，使伦敦成为在改善当地和全球环境及处理气候变化、减少污染、发展低碳经济、低消耗能源和充分有效利用资源中处于领先地位。1938 年德国斯图加特议会决定聘请气象学家开展城市气候研究、参与城市建设与管理。此后，气象学长期介入规划，切实有效地引导规划、优化城市气候环境。特别是 20 世纪 70 年代，编制首部北京《气候图集》，确定了当地气候分析的基本原则[31]，从而达到改善城市热环境，降低城市热岛效应，满足居民舒适度要求，改善城市风环境，提高城市新风流量，降低空气污染，改善空气质量的效果。实现了斯图加特在人口、机动车保有量增加的情况下，环境优美。随后，德国各大城市和区域都在积极开展气候条件评估，并将其作为城市结构调整与居住区选址的重要依据[32]。再如，法兰克福的智慧城市建设注重绿色发展，并成功提名为"2014 年欧洲绿色之都"的候选城市。其绿化覆盖率高达 52％，由花园、公园、树林、水泽和沙丘等多样化地貌组成，人均占有公园绿地达到 40 m²。面对不断增加的城市人口，法兰克福没有从城市外围绿地入手，而是从城市内部寻找空间，更好地利用和改造已建城区；同时，在城市规划中考虑了气候变化的影响，通过在高密度区保留绿带提高居住质量，保证新鲜空气供给[33]。北京 2004 年总体规划就提出了卫星城建设，以阻止城市"摊大饼"式扩张模式。2016 年北京总体规划中又提出了构建城市通风廊道，促进城市空气流通、缓解城市热岛、提高人居舒适性，同时还可承载其他生态功能[34]等。我国重大工程在前期设计与施工过程中，已经根据相关技术标准考虑了多种风险要素，如在青藏铁路（公路）运行中，根据铁路（公路）通过地带多年冻土环境的特点，已经采取了一些环境保护措施来维持和保护多年冻土环境的热稳定，因此，还未发生影响青藏铁路（公路）运行安全的重大事件[35]。

1.2.3 相关法规文件

为实现城市的可持续发展，必须在城市规划中考虑气候。《中华人民共和国气象法》明确指出，"各级气象主管机构应当组织对城市规划、国家重点建设工程、重大区域性经济开发项目和大型太阳能、风能等气候资源开发利用项目进行气候可行性论证"。《气象灾害防御条例》规定，"县级以上人民政府有关部门在国家重大建设工程、重大区域性经济开发项目和大型太阳能、风能等气候资源开发利用项目以及城乡规划编制中，应当统筹考虑气候可行性和气象灾害的风险性，避免、减轻气象灾害的影响"。从 2014 年《国家新型城镇化规划》《国家应对气候变化规划（2014—2020 年）》，到 2015 年颁布的《全国城市生态保护与建设规划（2015—2020）（征求意见稿）》和《城市生态建设环境绩效评估导则（试行）》，再到 2016 年 2 月制定的《城市适应气候变化行动方案》等，均明确指出需要将气象和大气质量纳入城市生态环境评估，加强气候对城市规划的引领，优化城市功能和空间布局等。

1.2.4 融合的内容及技术发展过程

气候和城市规划的融合主要有几个方面：

①城市布局与通风——对规划城市现状布局下的城市通风和大气环境进行评价，在此基础上结合城市规划布局方案，科学论证城市通风廊道的预留和管控，并作为方案评选的前提性条件。具体涉及城市外围生态隔离地区保护、城市内部大型绿地和开敞空间规划布局，以及建设用地的规模和高度等方面的控制。在大风区或者冬季寒冷地区，则应研究减小风速的规划布局措施。

②绿地系统规划与热环境——研究城市热岛和绿源空间分布及变化特征，进而从缓解城市热岛效应以及合理布局绿源角度支撑城市绿地系统规划布局。

③工业园与集中工业区选址——对覆盖城市总体规划范围的气流场及大气扩散能力进行评估，为工业园或集中工业区的新增或搬迁提供选址参考。

④城市气候能源评估与能源结构指引——对城市所在地区风能和太阳能资源进行详细调查与评估，支撑规划城市能源结构目标的制定和可再生能源利用方式的确定。

⑤降水特征与低影响开发、排水防涝——考虑低影响开发原则，将年径流总量

控制率及其对应的设计降雨量目标纳入城市总体规划的控制指标，并对规划城市降雨的短历时和长历时特征进行分析，宜将分析结果同海绵城市建设专项规划或排水专项规划对接。此外，还应对短历时和长历时降雨雨型进行分析，明确典型特征的降雨过程对海绵城市建设中小雨、大雨和水体环境质量的径流控制影响因素。

⑥城市应对气象灾害与城市综合防灾——对规划城市易发气象灾害的频率和潜在风险地区进行评估，评估对象包括风灾、雷电、沙尘、雾与霾、城市内涝与雨洪灾害等，绘制气候灾害风险空间分布图，为城市防御气象灾害规划提供支撑。

⑦宜居城市的气象综合要素评估——开展气候舒适度和旅游气候资源评估，作为宜居城市和旅游城市总体规划中宜居城市建设目标的重要参考依据之一。

目前，在城市规划中虽然有关气候评估的内容没有成为必要条件，但是经过几十年的融合，技术不断完善，经历了几个过程。

在传统的城市规划理论中，关于气候对城市建设环境的影响主要考虑风。1914年 A.Shmauss 提出，工业区应布置在主导风向的下风方，居住区在其上风方。我国城市规划早期也遵循了这一原则，但我国大部分属季风气候区，且某些地区存在海陆风和山谷风，一年中或一日中存在不只一个主导风向，所以按单一主导风向规划城市是不够合理的。为此，学者们逐步修缮形成了两种盛行风指导城市规划的方法：一种是将风玫瑰和污染系数结合来规划城市的不同功能区，代表专家有周淑贞[36]、苏志[37]等；另一种是以朱瑞兆[38]为代表的，不同类型风向型的研究，将全国分为季节变化型、盛行风向型、双主型、无主型和准静风五个类型的风向，针对每种风向提出不同的规划建议。这两种方法都已被一些学者进行了应用[39-42]。

20 世纪 90 年代起，随着科学的发展，规划中对气候问题的关注由单一的风要素扩展为考虑风、温、湿、压多个要素的气候适宜性分析。如汤惠君[43]分析了广州市风、太阳辐射、气温等对城市工业、居住用地布局的影响，并就如何将气候特点与城市规划及其建筑设计相结合改善城市大气环境问题进行了探讨。黄梅丽[44]分析了南宁市风速、风向、温度、降水等的特征及其对城市规划建设的影响，提出了充分考虑气候条件、合理开发和利用城市气候资源的规划应对措施。

2000 年以后，我国城市规划的本质转变为统筹资源、环境和人口，以及建设、发展和保护环境的公共政策属性上来，即规划中必须统筹兼顾，协调人居环境与城市综合布局。随后涌现出了大量针对具体气候问题在规划中的解决的研究。如佟华等[45]利用观测资料和城市边界层模式研究了北京市夏季城市热岛现状及规划的大型楔形绿地对缓解热岛的作用；袁超[46]探讨了香港的高密度城市内，微观气候环境下热岛与城市形态的关系，提出在维持土地利用效率的前提下，通过控制建筑密度和高度来提高天空视域因子，改善热舒适性。王晓云等[25,47]利用边界层模式和小区模拟针对规划方案进行评估，分析不同规划方案由于用地类型带来的气候环境差异，从而给出相对较优的方案。李鹍等[48]分析了多种形式的通风道对城市通风和排热能力的影响。张正栋[49]分析了广州市热岛效应的空间格局，规划了以珠江沿线为主轴、点线面相结合的网格状降温通道。冒亚龙[50]指出在驾驭自然条件和气候资源上进行回应气候的山地城镇与建筑设计，来减少人工调节，创造低能耗且舒适的人居环境。刘姝宇等[51]以德国斯图加特市为例，从气候生态补偿空间、作用空间、空气引导通道3个方面总结基于局地环流的当代德国城市通风系统规划方法。

如今，随着技术的发展，城市规划引入了地理信息处理技术的应用，如刘淑丽等[52]将城市热岛效应分析融入GIS中并应用于城市规划。任超等在发表的关于城市环境气候图的文章中指出[53]，借鉴国外的研究经验，我国的香港、澳门、台湾等地也从2006年后相继开展了城市环境气候图的应用，从而为改善城市气候环境与提高人居生活条件提供决策依据。

1.2.5 气候与城市规划的切实融合，需要整合的工作形式

如何既满足城市扩张的需求又缓解甚至避免建设引发的城市气候问题，这正是我国城市规划研究面临的"关键问题"。城市建设及其结果常具有难以逆转的特性，因而，必须持更加谨慎的态度，使城市建设更具前瞻性与预防性[54]。

整合统一的思想：规划是自然科学和社会科学的系统工程。城市规划的任务在于：确保用以改善城市气候的土地得以及时、合法的保护与建设。这就要求气候信息在建设指导规划中得到重视，在规划伊始就应给予考虑，最终才能得以落实。

整合规划强调跨学科协作的规划程序。仅依靠简单的任务分配，高标准的规划目标将难以实现。良好的协作程序应包含：①确定对规划至关重要的气候要素；②获得该要素数据信息；③对气候现状进行评估；④获得与气候环境关系密切的建设要素信息；⑤建立气候要素和建设要素影响的关系；⑥未来气候状况的预评估；⑦改变规划中建设要素。

强调所有规划参与者的专业职责与沟通职责。所以，气象学家应与规划师展开频繁的、充分的讨论，应参与规划程序。各种规划要求将尽早得以协调，可行措施将尽早得以确定，规划措施间的目标冲突将得以规避，规划措施间的协同作用也将得以挖掘、利用。

依靠法律规定实现整合工作成果的最终落地。如2004年颁布的《斯图加特土地利用规划（2010年）》，明确了斯图加特地区城市规划工作中，关于气候环境保护的内容。几十年过去了，由于严格的气候环境保护实施，斯图加特地区没有出现随着城市建设而通风潜力减小、热岛增加的现象，成了成功的典型案例。

1.3 城市规划作用及新内涵

由于城市总体规划是统领一座城市长远发展、战略引领和促进可持续发展的重要公共政策，在改革开放40年里，城市总体规划为保障我国的城镇化健康发展发

挥了重要作用。当前，全球性话题和新时代国家现代化治理进程也对城市总体规划提出了新要求，城市总体规划也更加关注宏观政策与微观管理技术条款的融合，如全球性气候变化及应对对当前城市发展建设产生越来越重要的影响，城市的韧性规划与防灾应急成为焦点话题，城市总体规划在这方面的强制性要求也越发凸显。

1.3.1 改革开放以来城市总体规划发挥的作用

改革开放 40 年里，中国城市发展建设的稳步推进与规划工作密不可分。20 世纪 80 年代，中国沿海地区迎来了特区建设、沿海开放城市和新城开发的第一个高潮，以深圳为代表的一些城市规划走在了时代的前列。顺应时代发展所需，1984 年中国出台了《城市规划条例》，首次将规划的长远发展安排与综合部署法制化。

20 世纪 90 年代初是中国经济全面发展的重要时期，伴随着开发区的大量涌现，城市发展建设步入了快车道。1990 年施行的城市规划法明确了城市总体规划的地位，同时指出"城市建设和发展的蓝图，是建设和管理城市的基本依据"。

其后，由于 20 世纪末到 21 世纪初开始的大规模人口迁移浪潮，城市发展面临的新问题日趋复杂，城乡统筹问题也更加凸显，推动了 2008 年《城乡规划法》出台。新的规划法明确提出，要统筹安排城市与一定范围内乡村的发展建设，并提出"改善人居环境，集约高效合理利用城乡土地，促进城乡经济社会全面科学协调可持续发展"是规划的基本宗旨。

2011 年前后，中国的城镇化率迈过了 50% 大关，进入了城市型社会，城市在国家社会经济中的作用举足轻重。2013 年底和 2015 年底先后召开了中央城镇化工作会议和中央城市工作会议。

过去 40 年里，中国的城镇化是世界人口迁移史上的壮举，各级城市成为中国社会经济发展的重要载体和发展引擎。

2017 年底，中国的城镇化率达到 58.52%，自 1978 年以来以年均 1 个百分点的速度快速增长。2017 年中国的城镇常住人口约 8.13 亿，100 万人口以上的城市已经超过 100 座，是改革开放初期同等规模城市数量的 5.5 倍。中国万亿元规模的城市数量，也从 2000 年的北、上、广三座城市快速增加到 2016 年的 12 座。正是由于中国建立了较为完备的规划法律体系，形成了一套以总体规划为核心，分层次、多专业协同的规划技术体系，规划的战略性、全局性为城市空间的合理扩张奠定了良好的基础，也为发展留足了空间，总体上适应了人口与经济的快速聚集。其积极作用主要体现在以下几方面。

（1）有效引导了城市的集约节约发展

中国人口众多，人地关系紧张的基本国情长期存在，城市规划始终坚持城市土地集约、高效利用的原则，引导空间的合理扩张。《城乡规划法》第四条指出："制定和实施城乡规划，应当遵循城乡统筹、合理布局、节约土地、集约发展和先规划后建设的原则。"从人均城镇建设用地水平来看，2014 年全国城镇人均建设用地 118 m²，其中城市（包括县城）人均建设用地 108 m²，建制镇人均建设用地 130 m²。总体上看，中国与其他国家的城市用地利用水平基本相当，特别是大城市的土地集约利用更加明显。从特大城市的中心城区（约 15 km 圈层以内）人均建设用地来看，北京市、上海市分别为 74.5、54 m²，与东京市、纽约市的用地水平相当。当然，由于过去工业化发展阶段特征，中国城市的工业、仓储用地比重偏高，公共服务、绿地等用地比重偏低，未来需要加大城市内部用地结构优化调整力度。

（2）保障城市发展建设的有序性

城市总体规划在底线管控与弹性引导方面为引导城市各项功能和设施的合理布局发挥了重要作用。深圳市自 1986 年以来的城市总体规划都坚持了这一原则，在近 40 年里深圳市一直坚持生态空间与城镇空间的有序共存：1986 年的特区总体规划提出了带状组团的弹性规划，超前预留了福田中心区，为当前的福田商务 CBD 开发建设奠定了坚实基础；2010 年总体规划编制时，深圳市已经是一千万人口规模的超大城市，人口与资源、生态环境的矛盾十分突出，为此，该版规划提出了底线约束和存量挖潜的总体思路，通过划定基本生态控制线并立法加以保护，为保障深圳的整体生态环境品质提供了有力支撑。此外，城市总体规划在支撑国家重大战略部署方面也发挥了积极作用，如北川新县城建设立足于规划"一个漏斗"的技术统筹思路，有序引导总体规划、控制详细规划和各类开发建设工作的衔接，使得北川新县城能在尽可能短的时间内恢复生产、生活，并展现出地震灾后的新风貌、新气息。

（3）促进了城市与区域的协调发展

城市规划不仅对城市内部各项功能、设施的空间进行安排，也对区域层面的发展与保护工作加以引导。《城乡规划法》指出在国家、省（区）层面上应分别编制全国城镇体系规划和省域城镇体系规划，应重点对区域的资源与生态环境加以保护，城镇空间布局与规模加大调控，重大基础设施布局等内容加强规划引导。这些规划指引需要所在省域内的所有城市总体规划来落实。人口十分稠密且经济发达的浙江省，自 1996 年以来先后编制过两轮省域城镇体系规划，为统筹全省城镇发展"一盘棋"、促进城乡统筹发展和引导区域协调发展奠定基础。尤其是面对浙江省城镇高度密集、城市功能特色鲜明的特点，2011 年国务院批复的规划提出建设杭州市、宁波市、温州市、金华—义乌大都市区，有效指导了城镇间的协调发展，形成了共建共享的发展局面。

（4）立足"多规合一"提高空间资源的管理效能

城市总体规划虽然核心在于空间资源的配置，但其包含的发展目标、发展策略关系到城市的方方面面。规划在统筹各行业部门的空间类规划方面发挥了积极作用，尤其是对于发改部门目标、国土部门指标、环保部门政策等方面加强空间统筹与指标分解落地。如厦门市立足"美丽厦门"城市发展战略，通过将目标与各项指标分解落实到每个功能单元，提高了空间资源的统筹利用效率；通过制定"一张蓝图"规划实施策略，有效保障了生态与城镇空间的合理布局；通过建立"多规合一"协同管理信息平台，极大地提高了各业务部门的管理效率。

1.3.2 面对全球性事务下的城市总规改革新任务

过去 40 年里，城市总体规划是服务于社会经济增长与城市空间拓展的"蓝图"，注重"宏大叙事"的目标制定，注重以功能分区为主的空间资源配置。随着宏观经济与城镇化发展模式的调整，城市规划也应与时俱进，积极调整规划理论、技术标准与管理方法。当前，中国经济正从高速增长阶段转向高质量发展阶段；城镇化发展也由于劳动力结构、年龄结构等因素影响进入中速增长时期，这些阶段性特点对中国城市发展建设产生深刻影响，也直接传导到城市规划。未来城市总体规划应更关注全球性事务下的应对方案，关注解决人民群众切实所需，关注城市发展建设的品质，并更注重提升规划管理的精细化水平。具体来讲，有如下六大方面。

（1）尊重城镇化发展客观规律，科学预测发展规模

中国劳动力总量在 2015 年前后出现了拐点，将对未来人口的流动逐步产生影响，人口在不同区域、各级城镇中的聚集与流动也会出现新的变化。总体上，除了少数城市还会继续保持较高水平的外来人口净流入量，绝大部分城市的人口流入量可能显著低于过去 10 年。因此，把握城镇化发展的大趋势，合理分析人口的年龄结构和受教育水平，科学预测人口尤为重要。同时，中国的产业结构也整体向第三产业主导的方向转变，各城市应把握好自身的产业经济和城市服务功能发展方向，合理调整并预测就业结构，从而有的放矢地推进各项社会事业的发展。对于城镇建设用地规模的预测也应遵循"框定总量、限定容量、盘活存量、做优增量、提高质量"的总体原则。深圳市在 2010 年城市总规中就高度重视存量用地的优质利用，并对城市更新政策进行调整，做到清清楚楚管理每一寸土地。在当前宏观经济形势下，如果不切实际地走土地过度投放的外延扩张发展道路，城市发展的债务风险可能会显著上升。

（2）重视全球气候变化下的安全韧性管理

一方面，全球气候变化、经济社会全球一体与科技变革使得中国城市风险不确定性因素增加；另一方面，中国城市在最近几十年快速城镇化发展过程中，基础设施老化、生态环境恶化等造成城镇发展与防灾能力不足的矛盾日益突出。具体来看，全球气候变化对未来城市带来的风险表现为极端气候事件更加频繁、海平面上升趋势明显、城市灾害种类更加多元以及特大城市敏感度提升四种趋势。在这四种

变化趋势影响下，中国城市未来面临的灾害风险在种类、发生频率、发生强度、影响范围等方面将呈现多样化、复杂化，这对传统的综合防灾规划与管理工作带了不小的挑战。因此，在新的城市总体规划探索中，应该参考安全韧性城市这一新的建设与发展理念，探索以加强弹性适应能力，建立实时动态监测、多层空间尺度、协调联动的安全韧性城市为总体目标的城市空间规划。具体可完成构建安全韧性辅助规划与决策信息平台，从技术工程角度确保城市防灾—减灾—救灾能够与城市风险发展趋势、大数据与云计算等新技术相适应；加强"区域—市域—组团—社区"全空间尺度的韧性规划与建设，从空间防御角度体现规划地域性特点，并构建起多级空间尺度风险分散体系；构建多规合一与联合共治的社区治理体系，从社区治理角度加强社会凝聚力、提升遇灾时的多元救援能力。

（3）切实提高城市的宜居水平

城市总体规划应进一步强化底线管控思维，在系统保护"山水林田湖草"生态系统基础上，划定生态保护红线、基本农田控制线和城镇开发边界；通过建立全域覆盖、刚性传导、分级分类的管控体系来切实引导城镇和各类园区的理性发展建设。同时要尊重自然、师法自然，进一步加强城市设计；要全面系统保护历史文化遗产，并将中国传统文化元素融入城市规划，最终实现"望山见水，记得住乡愁"的山水城市。在城市总体规划中突出城市生态治理、城市修补工作，最终实现在绿水青山中建设风景宜居城市。

（4）增强人民群众幸福感和获得感

随着中国城镇化进入后半程，人民群众对于城市各项服务的期盼更为强烈，党的十九大报告指出："完善公共服务体系，保障群众基本生活，不断满足人民日益增长的美好生活需要。"这是城市规划者面临的新任务。应坚持人民城市为人民的原则，加强城市规划在保障各项公共服务和民生工程建设方面的积极作用，着力提升城镇化发展的质量。要以治理"大城市病"为突破口，以解决城市无序蔓延、交通拥堵、房价高涨、大气污染等问题为重点，不断完善规划举措与配套政策设计。尤其是改变过去忽视住房保障的问题，加强租售住房的长期目标统筹，并通过总体规划在空间上给予保障住房更多的预留空间。此外，应加强贫困地区的规划服务，强化基本公共服务均等化，不断提高民生保障和公共服务供给水平。

（5）提高精细化治理水平，促进城市包容发展

未来20年里城市发展的动力更多源自内部空间结构的优化调整，城市存量空间利用和旧城更新将成为城市发展的重要任务之一；与此同时，如何保障当前大量外来务工人员及随迁家庭的有序落户也是城市发展面临的重大挑战。城市规划应进一步向下延伸，注重社区、街道层面的规划引导和管控，帮助基层政府提高城市管理的精细化水平。在社区层面，应以15 min生活圈作为社会治理和社区公共资源

配置的基本单元，将本地人口和外来人口的需求统筹好，切实将外来人口融入并留在城市。同时应做好微观层面土地的综合开发评估与政策设计，将轨道、停车场、综合体规划，绿地景观设计，环境治理与城市社区规划、城中村改造等工作统合好，实现城市的精明增长。顺应城市发展区域化趋势，通过总体规划从都市区、城乡一体化协调区层面上统筹中心城市、外围镇和乡村地区发展建设，构建一个开放的城市增长空间，满足更多人口的就业与居住需求。

（6）面向未来城市发展，建设智能城市

当前新的科学技术对于城市发展产生了持续的积极的影响，对于生产、生活和休闲娱乐方式产生了深刻影响。特别是随着人工智能、共享经济、物联技术、无人驾驶、低碳节能、智慧中枢等方面技术的推广应用，城市发展建设出现了前所未有的新变化，未来的城市功能更趋混合，空间组织更为系统，设施系统更为智能，就业形式更为灵活。谷歌在多伦多市推进的"未来之城"建设拉开了智能城市发展建设的序幕，中国的城市规划也应超前谋动，在规划管理新思路、新方法上主动作为。面向未来的规划，应将数据基础设施布局和人工智能决策管理纳入城市总体规划，形成"全局联动、实时感应、及时调控"的全新规划技术体系，服务好城市的智能、安全运营。

1.4　结语

古时的风水与营城，从本源上指出了气候和城市规划的质朴关系，天人合一的发展局面也是城市规划追求的目标。今后和未来城市规划的作用和内涵发生了适应我国新时代社会发展要求的变化，只有一如既往地坚持气候和城市规划的相辅相成关系，在面对全球性事务下的城市改革新任务中实现气候与城市规划技术的不断革新、突破和融合，才能使得尊重自然、顺应自然的生态观切实落地。

参考文献

[1] 曾忠忠. 基于气候适应性的中国古代城市形态研究［J］. 华中科技大学学报，2011，（7）：15-20.

[2] 朱少君. 浅谈古城风貌保护中蕴藏的堪舆学理论-以沙县城市景观风貌总体规划为例［J］. 低碳世界，2017，（33）：283-284.

[3] 季文媚. 风水理念对中国传统建筑选址和布局的影响［J］. 合肥学院学报（自然科学版），2008，18（2）：69-71.

[4] 许颐平. 图解藏书［M］. 北京：华龄出版社，2012.

[5] 汉宝德. 风水与环境［M］. 天津：天津古籍出版社，2003.

[6] 尤亮，尤羽. 风水与城市［M］. 天津：百花文艺出版社，1999.

[7] 高友谦. 中国风水文化［M］. 北京：团结出版社，2005.

[8] 徐燕，彭琼，吴颖婕. 风水环境学派理论对古村落空间格局影响的实证研究-以江西省东龙

古村落为例 [J]. 东华理工大学学报（社会科学版），2012，31（4）：315-320.

[9] 王其亨. 风水理论研究 [M]. 天津：天津大学出版社，1992.

[10] 王育武.《山海经》与风水的山岳崇拜 [J]. 华中建筑，2007，(6)：141-147.

[11] 赵薇. 风水理念对城市总体规划的启示 [D]. 西安：西安建筑科技大学，2012.

[12] 李忻. 阆中古城气候适应性营建策略研究 [D]. 武汉：华中科技大学，2015.

[13] 连艳芳，蔡菊香. 风水在园林景观设计中的应用研究 [J]. 安徽农业科学，2012，40
（20）：10523-10525.

[14] 蒋铭浩. 传统风水理论在中国古典园林中的应用及对现代园林景观的影响 [D]. 陕西：西
北农林科技大学，2014.

[15] 杨柳. 风水思想与古代山水城市营建研究 [D]. 重庆：重庆大学，2005.

[16] 刘沛林. 论中国古代的村落规划思想 [J]. 自然科学史研究，1998，1：82-90.

[17] 曾忠忠. 基于气候适应性的中国古代城市形态研究 [D]. 武汉：华中科技大学，2011.

[18] 胡义成. 认真研究"风水"-台湾汉宝德著《风水与环境》读后 [J]. 苏州科技学院学报
（社会科学版），2009，26（3）：136-144.

[19] 李约瑟. 中国科学技术史 [M]. 北京：科学出版社，1975：337-338.

[20] 俞孔坚. 理想景观探源-风水的文化意义 [M]. 北京：商务印书馆，2002.

[21] 杨卡. 风水理论中的地理思维 [J]. 周易研究，2006，34（4）：2526-2527.

[22] 俞孔坚. 景观：文化、生态与感知 [M]. 北京：科学出版社，2005.

[23] 于希贤，于洪. 风水的核心价值观 [J]. 建筑与文化，2016，(2)：64-68.

[24] 亢羽，亢亮. 中国建筑之魂-建筑的生态风水学 [J]. 资源与人居环境，2004，（z1)：
38-41.

[25] 王晓云，汪光焘，房小怡，等. 城市规划建设中环境理念的科学实施-奥运场馆规划方案大
气环境效应研究 [J]. 规划师，2005，21（10）：84-89.

[26] 房小怡，郭文利，马京津，等. 低碳城市规划与气候可行性论证 [J]. 气象科技进展，
2014，(5)：42-47.

[27] 巢清尘. 减少气候异常对交通运输影响的评估及对策 [J]. 地理学报，2000，55（s1)：
157-162.

[28] 周景坤. 从城市发展水平与年均降雨量的关系探究我国雾霾污染问题研究-基于 2013 年 73
个主要城市截面数据的分析 [J]. 干旱区资源与环境，2017，31（8）：94-100.

[29] 任超，吴恩融，叶颂文，等. 高密度城市气候空间规划与设计-香港空气流通评估实践与经
验 [J]. 城市建筑，2017，(1)：20-23.

[30] 姜允芳，Eckart Lange，石铁矛，等. 城市规划应对气候变化的适应发展战略-英国等国的
经验 [J]. 现代城市研究，2012，(1)：13-20.

[31] 宋代风，刘姝宇，王绍森. 斯图加特城市气候地图评述与启示 [J]. 城市发展研究，2015，
22（12）：1-7.

[32] 刘姝宇，徐雷. 德国居住区规划针对城市气候问题的应对策略 [J]. 建筑学报，2010，
(8)：20-23.

[33] 魏薇，秦洛峰. 德国适应气候变化与保护气候的城市规划发展实践 [J]. 规划师，2012，

28（11）：123-127.

［34］杜吴鹏，房小怡，刘勇洪，等．基于气象和 GIS 技术的北京中心城区通风廊道构建初探
　　　［J］．城市规划学刊，2016，（5）：79-85.

［35］陈鲜艳，梅梅，丁一汇，等．气候变化对我国若干重大工程的影响［J］．气候变化研究进
　　　展，2015，11（5）：337-342.

［36］周淑贞．城市气候学与城市规划［J］．科学通报，1987，3（3）：5-8.

［37］苏志．污染风与城市规划规划［J］．广西气象，1987，（Z2）：13-14.

［38］朱瑞兆．研究应用气候的重要意义［J］．气象，1981，7（1）：29-31.

［39］张景哲．风的污染指数及其频率-城市总体规划中的一个气候学问题［J］．地理研究，
　　　1982，1（4）：10-18.

［40］林侃，谢金涛．浅谈风的玫瑰图应用与理解［J］．科技资讯，2011，（17）：135-135.

［41］冯新灵，杨利泉．风与绵阳城市规划［J］．四川气象，1991，（3）：30-33.

［42］杨士弘．海南省气候特点与城市规划刍议［J］．热带地理，1989，9（4）：362-369.

［43］汤惠君．广州城市规划的气候条件分析［J］．经济地理，2004，24（4）：490-493.

［44］黄梅丽，黄雪松，邓英姿．南宁城市规划建设的气候条件分析［J］．气象研究与应用，
　　　2007，28（S2）：137-139.

［45］佟华，刘辉志，李延明，等．北京夏季城市热岛现状及楔形绿地规划对缓解城市热岛的作
　　　用［J］．应用气象学报，2005，16（3）：357-366.

［46］袁超．缓解高密度城市热岛效应规划方法的探讨-以香港城市为例［J］．建筑学报，2010，
　　　（S1）：120-123.

［47］王晓云，汪光焘，陈鲜艳，等．珠江三角洲城镇群发展规划与大气环境研究［J］．城市规
　　　划，2005，29（12）：29-32.

［48］李鹍，余庄．基于气候调节的城市通风道探析［J］．自然资源学报，2006，21（6）：
　　　991-997.

［49］张正栋，蒙金华．基于城市热岛效应的城市降温通道规划研究-以广州市为例［J］．资源科
　　　学，2013，35（6）：1261-1267.

［50］冒亚龙．回应气候的山地城镇与建筑设计［J］．山地学报，2009，27（5）：605-611.

［51］刘姝宇，沈济黄．基于局地环流的城市通风道规划方法-以德国斯图加特市为例［J］．浙
　　　江大学学报（工学版），2010，44（10）：1985-1991.

［52］刘淑丽，卢军，陈静．将城市热岛效应分析融入 GIS 中应用于城市规划［J］．测绘信息与
　　　工程，2003，28（4）：48-50.

［53］任超，吴恩融，Katzsehner Lutz，等．城市环境气候图的发展及其应用现状［J］．应用气
　　　象学报，2012，23（5）：593-603.

［54］刘姝宇．城市气候研究在中德城市规划中的整合途径比较研究［M］．北京：中国科学技术
　　　出版社，2014.

第二章 城市规划编制与气候结合典型类型

杜吴鹏　杨若子　林永新[*]

2.1　城市用地及布局与气候间相互关系

气候与城市规划互相影响和制约，主要表现在城市用地与气温、风、降水等气候因子的关系上。要建设生态文明城市、实现城市可持续发展、保持城市生态平衡和城市居住环境优美，气候条件是重要的因素之一。反过来，实现科学管理城市、合理进行城市规划设计、使城市居民健康地工作和生活，才能形成良好的城市气候环境。

本章主要从城市用地和布局方面阐述城市规划与气候间的相互关系，主要包括城市通风廊道规划、绿地规划、工业布局选址、海绵城市建设、建筑形态与布局以及考虑气象灾害和气候承载力等因素的生态保护红线划定、气候适应性城市规划、风能和太阳能等气候资源的评估和区划等与气候间的相互作用和影响。

2.2　城市通风廊道规划

2.2.1　通风廊道概念

以提升城市的空气流动性、缓解热岛效应和改善人体舒适度为目的，为城区引入新鲜冷空气而构建的通道，称为城市通风廊道。城市通风廊道一词源自德语"ventilationsbahn"，由"Ventilations"和"Bahn"组成，分别是"通风"和"廊道"的意思。我国传统的城市规划实践中相近似的说法有"通风走廊""绿色风廊""楔形绿地""绿色廊道"等[1-4]。近年随着城市规模扩张和城市内部建筑物密度增加，城市内部空气流通日渐减弱，通风廊道规划作为城市的专项规划越来越多地引起地方政府和城市规划设计部门的重视，通风廊道的概念逐渐走进大众视野。

2.2.2　通风廊道规划对气候环境改善的重要性和必要性

随着城市规模的快速扩张和城市内部建筑物密度增加，大量的人工建筑代替了原有的自然下垫面，造成了城市局地气候变化显著，其中近地层风场的变化是城市化影响局地气候的一个重要方面[5-8]。建筑物的存在增加了城市下垫面的粗糙度，

---

[*] 杜吴鹏，博士，北京市气候中心副主任，高级工程师，研究方向为应用气候和城市规划气象环境评估；杨若子，博士，北京市气候中心，工程师，研究方向为应用气候和气候变化研究；林永新，高级规划师，中国城市规划设计研究院，研究方向为城市规划。

降低了城市街区内部空气的流通效率，恶化了城市局部地区的通风环境，增强了城市热岛[9-12]。

当前城市通风已成为城市建设和规划中必须要考虑的重要环境因素，其在缓解城市热岛、降低建筑物能耗以及提高城市居民宜居性方面起着不可忽视的作用[13-15]。

2015 年 12 月召开的中央城市工作会议特别提出要"增强城市内部布局的合理性，提升城市的通透性和微循环能力"。2016 年 2 月，国家发改委和住建部联合印发《城市适应气候变化行动方案》，其中也明确提出要"打通城市通风廊道，增加城市的空气流动性"。《全国生态保护与建设规划（2015—2020 年）》也明确提出："城市建设实行绿色规划，实施生态廊道建设。"党的十九大报告中也明确指出："优化生态安全屏障体系，构建生态廊道。"

开展与局地风环境有关的气象观测、数值模拟、通风潜力计算等方面的研究是科学、合理构建通风廊道，是实现城市通风能力提升的先决条件[13,16]。因此，基于当地的气候背景条件，充分根据城市特点，开展面向适应的精细化城市通风廊道规划气象评估技术的研究及应用具有十分重要的现实意义。

2.2.3 主要技术方法与研究进展

（1）主要技术方法

所用技术方法主要包括数理统计、现场观测以及 GIS 技术，其中，数理统计分析是气象学中常用的研究方法，现场观测所用的仪器设备需提前进行标定和检验；通过 GIS 平台计算通风潜力也有大量文献和较成熟的方法供参考。

（2）研究进展

关于城市通风廊道规划气候评估，国内外已有一些研究和应用先例，德国气候学之父诺赫（K. Knoch）在 20 世纪 50 年代初提出建立以规划应用为目的的城市气候地图系统[17]；70 年代末，德国学者 Kress 进一步将城市通风系统划分为作用空间、补偿空间与空气引导通道（又称风道或通风道），以此借助该评价系统确定城市里哪些区域适宜作为风道[18]。

通风廊道的规划和构建实践方面：德国斯图加特市为充分保护用于改善城市气候环境的土地，通过构建通风廊道将新鲜冷空气源地与城市中心地区沟通，有效地确保了空气的流动[19-20]；日本东京市将风、绿、水相结合，通过分析海—陆风、山—谷风和公园风等系统，规划出五级通风廊道[21]；香港规划署制定的《香港规划标准与准则》中，专门设有"空气流动"章节并做出了详细规定，提出"应沿主要盛行风的方向辟设通风廊，增设与通风廊交接的风道，使空气能够有效流入市区范围内，从而驱散热气、废气和微尘，以改善局部地区的微气候"。此外，我国香港还将局地风场特征和建筑物排列、街道布局相联系，进行基于通风环境影响评估

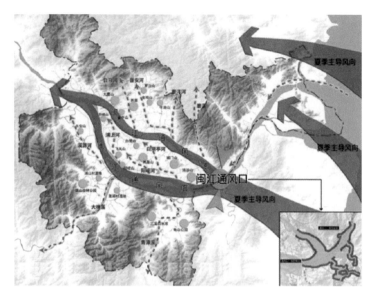

图 2-1　福州通风廊道规划示意[24]

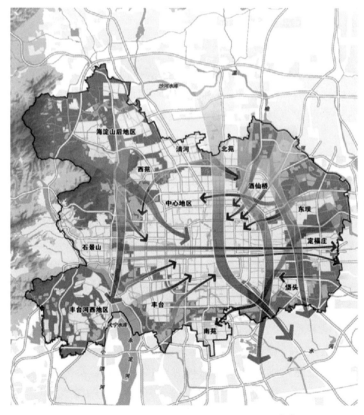

图 2-2　北京中心城区通风廊道规划示意[13]

的城市分区规划设计管控[22]。

　　近年来，北京、广州、西安、南京和福州等城市都在城市规划设计中提出过类似"通风廊道"的概念。在《生态福州总体规划》中明确规划了"一轴十廊、一门多点"的通风格局[23]（图2-1）。北京城市规模的扩张导致街区内部的空气流通效率明显降低，城市局部地区的通风环境一定程度出现了恶化，并加剧了城市热岛。基于此，北京市的城市规划部门与气象部门共同协作，在中心城区规划了多级通风廊道系统[13]（图2-2）。

　　虽然通风廊道相关研究日渐增多，但也存在诸多不足。例如，对城市风的研究往往针对当地全风速段和全风向范围，而忽略了通风廊道起作用的有效风段研究，对于表征城市地表自身通风潜力方面的研究也较少，同时缺乏对通风廊道现场对比观测和效果评估。此外，真正通风廊道规划实施过程中的管控措施界定也不完善。

2.3　城市绿地规划

2.3.1　概述

　　城市绿地作为城市生态系统的重要组成部分，通过影响大气、水、热循环等过程，在改善城市生态系统中起着不可或缺的作用，维持着整个城市生态系统平衡和健康发展[25]。城市绿地不仅具有平衡碳氧、减菌灭菌、吸污滞尘、消减噪音等净化环境的作用，还有遮荫、降温、增湿等改善局部小气候等多种效能，进而补偿一部分由于城市化而受到损害的自然环境功能[26]。

　　城市绿地与人类生活关系极其密切，随着城市热岛效应越来越显著，城市绿地的温湿效应也越来越受到学者的关注。城市绿地能够使其周边地区的气温或者地表温度降低，在城市及周边增加绿地等自然地表，有利于城市的降温增湿、局地微气候条件以及空气质量的改善。

2.3.2　城市绿地对气候环境的影响

　　由于绿地的辐射特征和热力特征与周围下垫面有显著差异，就热状况来说，在夏季绿地能吸收并储存大量热能，起到"热汇"作用；而在冬季，通过直接热交换和湍流热交换，又将蓄积的热能释放出来，并输送到绿地上方和周围邻近的地区，起到"热源"作用。绿地的这种不同季节的"热汇"和"热源"调节功能可以通过水平方向的热量、水汽交换影响到周围陆地，改善相邻陆地区域的气候环境，同时由于绿地和周围陆地的粗糙度特性和湿润状况的差异，使得周围风速和湿润条件发生显著变化，从而改变了局地小气候状况进而影响城市人类的生存环境。

2.3.3　主要技术方法和研究进展

　　针对绿地改善气候环境的研究所采用的技术方法多为遥感反演、观测试验和数值模拟，针对城市绿地温湿效应的研究方法多集中在实地观测法和遥感反演法[27]。

传统实地观测法可以较为精确比较不同结构绿地、不同位置的温湿差异，但受人力、物力限制难以同时获取大面积的数据。遥感监测法能够较好弥补地面观测的不足，可以在较短时间内获取大面积研究区的数据，同时又能实现快速更新，但是受大气状况等复杂因素的影响，准确反演实际温湿度还存在一定困难。

近年来，随着计算机技术和数值模式精度的提高，气象数值模拟技术越来越广泛应用于不同绿地空间布局气象环境效应的研究和实践中。通过设计理想的绿地分布方案（图2-3、图2-4），开展不同分布类型或相同分布类型下不同分布面积的绿地布局对局地气候环境的影响效果研究，结果表明：城市绿地能够有效地降低城市气温，增大城市风速；在相同绿地面积情景下，不同布局方式和用地类型对规划区内风速、气温的影响有一定差异，进而影响到区域内大气扩散能力和生态环境质量。因此，从城市绿地规划与建设的角度看，在增加绿地面积的同时，根据绿地用途相应地进行绿地形状的调整，是提高城市绿化生态效益、改善城市生态环境的一条有效途径。在城市生态规划中合理布局城市绿地，将有效缓解夏季酷热、增加大气扩散能力，达到事半功倍的效果。

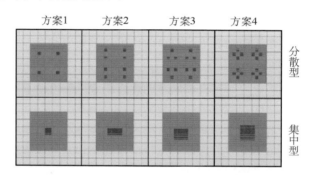

图 2-3　分散型和集中型绿地设计方案示意

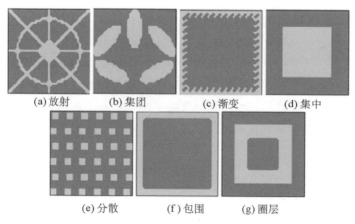

(a) 放射　　(b) 集团　　(c) 渐变　　(d) 集中

(e) 分散　　(f) 包围　　(g) 圈层

图 2-4　不同绿地形态布局方案示意

2.4　工业区布局选址

2.4.1　概述

气候评估技术基于气象和大气污染扩散观测和数值模拟等技术手段，以提高工业区布局选址的科学性和合理性为目的。一般认为，有明显大气污染的工业选址尽量不要布置在城市和居住区盛行风向的上风地带，应在该城市盛行风向的下风地带布局，若在季风气候区，则应布局在与盛行风向相垂直地带的郊外。

2.4.2　研究和应用进展

观测和数值模拟是两种最常见的工业区布局选址气候环境评估技术方法。在传统的城市规划中，工业区布局主要依据风玫瑰图。随着科学的进步，人们对"风象"的研究不断深入，在进行城市用地规划布局时，同时还考虑最小风频风向、静风频率、各盛行风向的季节变换及风速关系等多个方面。

比如在由北京市气候中心承担的鞍山市城市总体规划气候环境评估中，利用数值模拟方法，对鞍山市内重点大气污染源和代表性排岩场进行了模拟计算和分析（图 2-5、图 2-6），获得重要大气污染排放源和排岩场粉尘对不同区域大气环境的影响，为产业空间布局、新区选址以及城市规划方案提供了重要依据[28]。在"伊犁河谷大气环境与城镇及工业园布局"专题研究中，利用气象模式和污染扩散模式对伊犁河谷的风场特征、污染扩散特征以及布局敏感性进行了计算，为最终大气环境红线管控方案的制定奠定了科学基础（图 2-7）。

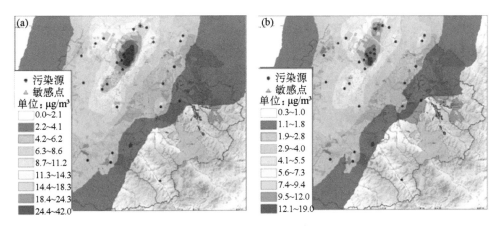

图 2-5　鞍山城区工业点源污染扩散模拟

(a) SO_2；(b) NO_2

此外，还有针对工业区布局常见的厂区分散和集中两种模式的模拟探讨，以城市规划中的工业污染源布局选址为例，通过模拟计算不同分散情景下污染物最大落地浓度和区域平均浓度的变化特征（图 2-8、图 2-9），得出如下结论：随着污染源

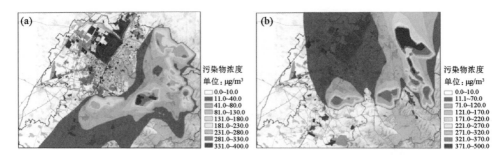

图 2-6   不同主导风条件下排岩场粉尘扩散浓度模拟
(a) 东北风；(b) 偏南风

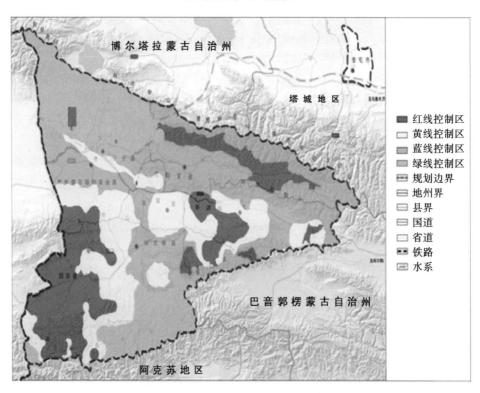

图 2-7   伊犁河谷大气环境管控红线空间分布

分布的分散，污染强度即最大落地点浓度显著降低，但随着污染源进一步分散，污染强度的降低趋势逐渐减缓并趋于平稳，甚至出现小幅波动上升；同时，随着污染源的分散，整个区域的平均浓度在开始有小幅度降低，随着布局的继续分散，整个区域的平均浓度处于波动较小的平稳阶段，在污染源分散达到一定程度时，区域平均浓度开始有较大幅度上升，而污染源排放量越大这种趋势越明显。

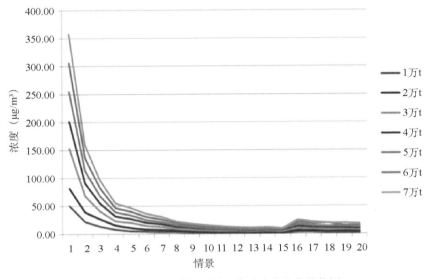

图 2-8　不同分散情景下最大落地浓度变化趋势图

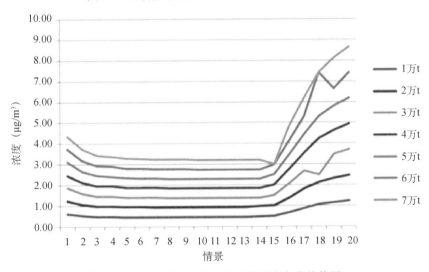

图 2-9　不同分散情景下区域平均浓度变化趋势图

2.5　海绵城市规划建设

2.5.1　概述

海绵城市规划建设是近年来我国在城镇开发建设中大力倡导的新模式，与国外所提倡的低影响开发理念一致。海绵城市规划建设是生态基础设施规划建设的更高层面的表述，更是我国水生态文明建设的战略措施和具体体现。

传统的低影响开发一般是对一个小区的雨洪管理和地表径流的设计，而海绵城市规划建设则多是在一个较大的城市或区域尺度空间的规划、设计及建设。可以说，海绵城市规划建设是中国新型城镇化战略、生态文明战略、生态城市战略和水生态文明战略等基础设施的规划建设的总和，在广义上等同于生态城市设计。

海绵城市规划建设的关键在于实现区域和城市的雨洪资源化，增加城市的水域和湿地面积，增加雨水的地表下渗率，减少地表径流、面源污染以及洪灾旱灾的危害（图2-10）。海绵城市规划设计的关键就是确定一个城市或者一个区域适当的水域和湿地面积与陆地总面积之比例，这个比例跟年总降水量、最大连续降水量、降雨雨型、地形地势、土壤类型、城市空间格局和地表径流强度等要素息息相关。

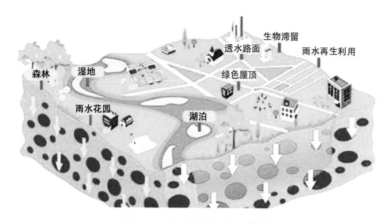

图2-10　海绵城市示意图[29]

2.5.2　主要技术方法和思路

随着全球和区域气候变化，面向气候适应性的海绵城市规划建设主要采用生态设计的技术方法，结合数值模拟技术，合理规划城市生态空间体系，制定低冲击影响开发方案，从建筑单体的生态设计到小区的生态化规划和工程设计，再到城市尺度的生态空间系统、水系统和排水系统综合规划，最终影响到城市总体规划、控制性详细规划中的功能区规划和用地规划。

气象学科在海绵城市规划建设中的应用方向主要基于地理信息、气象、水文等资料，研究城市生态空间和城市气象条件变化趋势和空间关系，建立与海绵城市相关的降雨雨型、径流总量控制率、土地利用指数、生态空间变化分类和景观指数等气候指标，进而通过构建高分辨率排涝模型，研究雨洪内涝机理和基于低影响开发设施构成的排水体系下的雨洪排水变化，服务于适合城市气候变化特点和经济发展需要的城市生态空间规划，提高城市雨水基础设施保障城市安全运行的能力，减少洪涝灾害。

2.5.3　研究进展

美国的巴罗等人在1977年的土地利用规划报告里提出"低影响开发"的理念，

强调用"自然的设计"来最小化雨水管理费用，这些内容成了美国城市雨水径流和水质管理的新方向，并纳入《美国国家城市径流规划》的重要组成部分。由美国低影响开发中心和环保局出版的《低影响开发文献综述》首次正式提出低影响开发定义："低影响开发"是一种以维持或重现场地开发前的水文形态为目的的设计策略，它通过设计技术的应用来创造一种功能性等同的水文景观[30]。

新西兰奥克兰市对整个地区的降水量、降水强度分布等降水历史资料以及降雨与径流的计算方法等进行了分析，提出了更适于奥克兰地区雨水径流的具体计算方法，在系统研究城市降雨规律基础上完成了暴雨管理设施设计手册。

在英国，《城市径流控制范围》在 1992 年出版并作为城市规划设计的指南，提供了一系列技术控制选项指导，苏格兰、北爱尔兰、英格兰和威尔士在 2000 年各自发布了类似但独立的设计手册，并成了城市规划与设计的重要准则。

中国的海绵城市规划设计以及早期的低影响开发等工作迄今只有十余年，还没有形成成熟的理论和技术体系，但在北京、深圳、镇江、常德、嘉兴等城市已经相继开展相关的研究与工程应用[31]。车伍等[32]提出低影响开发应以实现维持场地原有水文条件为总体目标，要求在汇水面源头维持和保护场地自然水文功能。李俊奇等[33]提出低影响开发核心是通过使用渗透、调蓄、净化等技术模拟场地开发前的水文特征，是削减径流量的一种雨水管理方法，且主要利用小型、分散、低成本的

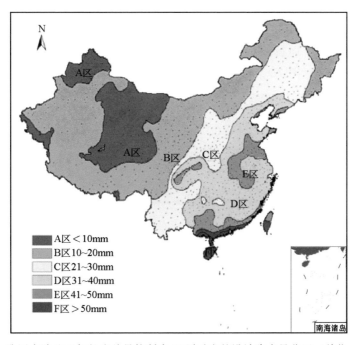

图 2-11　我国大陆地区年径流总量控制率 85％对应的设计降水量分区（单位：mm）[37]

生态措施来控制高频次、中、小降雨事件。胡爱兵等[34]研究了低影响开发模式与传统排水模式在规划设计、雨水处理方式和效果方面的主要差异。徐涛[35]研究了低影响开发设施和最佳雨水管理实践在控制目标、控制方式、雨水处理方式的差异。张亮等[36]提出了基于低影响开发模式的地表水污染治理中设施分类指引的内容。

《海绵城市建设技术指南——低影响开发雨水系统构建（试行）》是国内近年最新的研究成果，其中最为核心的是如何确定年径流总量控制率，确定原理是将城市代表站年日均降雨气象数据进行处理，得到年径流总量控制率曲线，从而分别计算不同年径流总量控制率下的不同设计降雨深度（图 2-11）。

2.6 建筑设计及布局

2.6.1 概述

合理的建筑设计和布局需遵循当地的气候特点和气候变化规律，趋利避害，从而塑造具有本地特色的城市建筑。城市建筑的合理设计和布局又会对当地气候要素产生一定影响，体现了气候特点与城市建筑的相互作用和影响，从而达到自然科学与人类生活实践的相结合的目的。

建筑设计和布局与气候因子中的风关系最为密切，受凹凸不平的城市建筑物影响，风在城市内部无规则流动，遇到高层建筑时会改变方向，下沉的风受楼与楼阻挡，通道变窄，气流穿过时受到挤压，当降到一定高度就会形成涡旋风、穿堂风和角流风三个大风区，而在建筑的背风面则极易形成面积较大的小风区，该区域的通风环境一般会较差（图 2-12）。

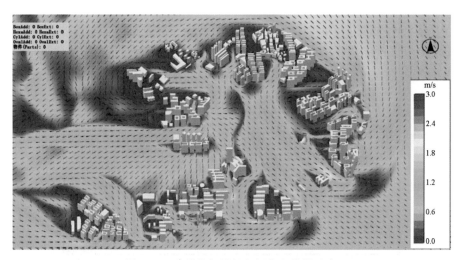

图 2-12 建筑物间风场空间分布模拟示意

2.6.2　建筑设计和布局对风的影响

道路两旁高低错落的建筑物构成了街道峡谷，这些风往往都汇合在街道峡谷里，出现乱流涡旋风和升降气流，这就是通常所说的街道风。街道风与街道的走向密切相关，当风向与街道走向相一致时，街道峡谷犹如变窄通道，风受到不同方向挤压，加速穿过街区，这样街区内部形成狭管效应区，风速明显较其他区域较大。如果街道较窄、风较大时，强大的乱流涡旋风再加上升降气流可能形成街道风暴，威胁行人和建筑安全。国内外多个城市曾发生过由于街道风过大导致广告牌掉落砸伤（死）行人事件。

吹向街道的风大多数是从侧面刮来，受街道两旁建筑物的阻挡，这种风表现为螺旋型的涡动。风大时，行驶在道路上的人流和车辆会遭遇到较大的侧面推力，车辆会在风中来回晃动，严重的还会旋转且向旁边滚动。当风沿着低矮楼朝高楼吹来时，楼与楼之间的街道走向与风向垂直，由于风受到楼的多层阻挡，街道上的风并不大，但是在翻越高楼顶上的风力是相当大的。矗立在街区屋顶和高层建筑上的大型户外广告牌，正好处在"风口浪尖"上，被风吹落的安全隐患很大。

同时，随着城市中建筑密度的增加，在很多小区或建筑间形成风速较小的小风区，通风不畅、气候舒适度降低，影响了居民的生活品质。对于这种由于建筑物的存在或者不合理布局导致的小风区，应该通过开展建筑设计和布局对局地气候的影响评估，指导建筑的科学合理规划，进而提高小风区的空气流通效率。

2.6.3　建筑设计及布局气候评估的重要性

为了防范街道和建筑间的大风所造成的危害，市政部门采取了多种措施。其中，气象部门近年在楼群密集的地区增设了许多自动气象站，随时监测气象要素且重点是风的变化，适时发布人体舒适度、大风等预报预警，并开展重要区域的气候评估。为了改善城市小区内部部分区域通风不畅引起的气候舒适度降低等问题，气象和规划设计部门也开展了大量的观测和模拟研究，在建筑物的排列布局以及小区内部通风廊道构建等方面给出了切实的规划指导意见。

虽然街道走向、街道宽度以及街道两侧建筑物的形状、高度、布局方式等对局地风速影响很大，但其还与街区所在的位置以及当地常年风、温、湿、压等气候条件相关[38]，另外，还与街道的绿化和规划设计密切相关，如果一座城市在规划中针对当地气候条件，开展街区和建筑规划设计、布局气候评估，对建筑物和街道的距离、高度和排布方式进行科学评估和论证，在对改善局地的风环境方面必然起到重要作用。

2.7　其他方面

2.7.1　概述

气候在城市规划中的应用还包括其他领域，比如考虑气象灾害和气候承载力等因素的生态保护红线划定、气候适应性城市规划以及风能和太阳能等气候资源的评估和区划等。

2.7.2 考虑气象灾害和气候承载力等因素的生态保护红线划定

生态保护红线是指在生态空间范围内具有特殊重要生态功能、必须强制性严格保护的区域，是保障和维护国家或区域生态安全的底线和生命线。在生态保护红线划定过程中应充分考虑气象灾害风险和气候承载力等气候因素。

除了应考虑引起灾害发生的致灾因子外，在将气象灾害风险应用于实际的城市规划时，还应充分考虑孕灾环境、承灾体易损性和抗灾能力等因素。在开展城市规划气候服务时，应分析规划城市易发气象灾害的发生频率，绘制气象灾害空间分布图，给出相应有针对性的规划建议。比如，风灾风险应分析城市极大风速以及沿海地区台风和风暴潮对城市布局、防潮设防标准和退让距离等的影响，雷电灾害分析应针对城市电力、城市通信、机场、危险品仓储区选址等方面提供建议，沙尘分析应针对防护绿地、城市环境保护等方面提供建议，雾与霾分析应针对城市的道路交通规划、对外交通用地、居住区、旅游区规划等方面提供建议，城市内涝与雨洪灾害应分析暴雨频率、强度和历史情况，结合城市规划用地布局和相关规划划定的内涝风险区进行综合判断，对城市布局调整提出相关建议。

气候承载力定义为在一定的时间和空间范围内，气候资源（如光、温、水、风等）对社会经济某一领域或整个区域社会经济可持续发展的支撑能力[39]。在城市发展和规划中，需要统筹考虑气候要素的变化和气候变化的影响，充分遵循气候规律，考虑气候资源的承载能力，界定气候资源所能承载的自然生态系统和人类社会与经济活动的强度和规模。对城市地区而言，气候资源不仅为自然环境和生态系统提供基本的支撑，也是城市生态、人居条件的重要构成因素。要准确客观地定量反映气候承载力，必须有一套完整的指标体系。而气候承载力指标体系，是由一系列既相互联系又相互独立、具有层次性和结构性，并能定量反映承载力各个方面的区域气候系统和区域社会经济发展指标因子所构成的有机整体，其最终目标是得到某一绝对或相对的综合参数来反映气候系统的承载状况[40]。气候承载力指标选取应遵循区域性、科学性、全面性、规范性和实用性等原则。进而最终基于指标获取气候承载力定量评价结果，为生态保护红线划定提供基础图层。

2.7.3 气候适应型城市规划

气候适应型城市是指城市在面临气候变化带来的风险与机遇时，通过建立和完善城市适应气候变化的体制和机制，提高全体市民适应气候变化的意识与技能，统筹高效利用各类城市资源，采取趋利避害的适应措施和行动，不断增强城市应对气候变化影响的适应性，降低气候变化因素给城市带来的灾害影响，实现在气候变化的背景下保持城市经济、社会的可持续发展、城市生态环境的不断改善和市民生活质量的不断提高,气候适应型城市建设是生态文明建设的重要工作之一,同时也是新型城镇化的发展方向之一。

气候适应型城市规划应充分考虑城市所处气候区的气候自然特征、地理特征、社会经济发展水平、重点建设领域、主要气象灾害、气候变化影响因素等方面,针对本地区的脆弱(影响)领域、脆弱(影响)区域及脆弱(影响)人群开展适应行动,在城市规划、建筑设计,以及水系统、能源、绿地等相关城市基础设施重点领域采取更加科学、合理的规划建设方案。比如,在海绵城市建筑与小区规划建设中,应结合现状地形地貌进行场地设计与建筑布局,保护并合理利用场地内原有的湿地、坑塘、沟渠等,优化不透水硬化面与绿地空间布局。在城市规划中,还可开展气候变化对不同建筑气候区建筑能耗的影响评估、未来气候情景下不同建筑气候区建筑能耗预估,进而充分利用有利气候资源,挖掘气象节能潜力。

2.7.4 风能资源评估和区划

风能资源的评估和区划主要有两种方法,一种是基于观测资料的评估,包括了气象站历史观测资料和基于气象铁塔观测资料的评估;另外一种方法便是风能资源数值模拟技术[41](图 2-13)。我国各个地区气象部门均开展了风能资源详查工作,获得了较为详细的风能资源精细化空间分布成果。

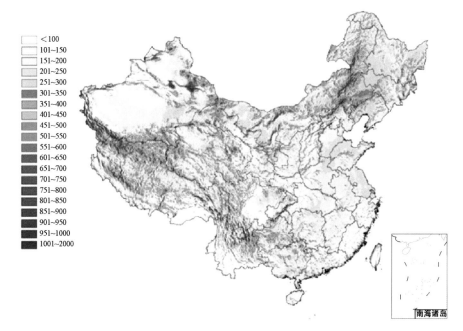

图 2-13 基于数值模拟技术的 70 m 风功率密度空间分布(1 km×1 km)(单位:W/m²)[36]

一个地区的风能资源开发利用潜力受风能资源条件、可利用土地面积、电网、交通等因素影响,风能资源在时间和空间分布上有较强的地域性和时间性。用平均风速的概念衡量一个区域的风能资源状况，虽然方便但存在偏差，因为反映风能资源状况的平均风功率密度主要受空气密度和风速频率分布影响，空气密度是影响平均风功率密度的重要因素，而且风速频率分布通常是一个偏态的概率分布，其分布函数由平均风速、离差系数和偏差系数三个参数确定，仅靠平均风速很难准确描述风能资源状况。基于我国气象站点观测的风速资料，结合当地空气密度资料，可以计算平均风功率密度，进而根据风能资源划分标准对我们的风能资源进行区划[42]。

2.7.5　太阳能资源评估和区划

太阳能资源的评估和区划则主要采用基于卫星遥感反演和基于气象站日照观测两种手段。卫星反演具有时空连续性好、高时空分辨率、物理过程清晰等特点，且能获得任意时间和任意地点的评估数据，但存在计算复杂、数据输入量大、且当缺乏地面校准时误差较大等缺点。而基于气象站日照观测的太阳能资源评估和区划的优点主要体现在计算简单、输入量少、准确度高，但也存在经验系数的确定依赖于地面台站的辐射观测值以及只适用于长时间尺度的计算等缺点。

到达地表的太阳能资源的数量很难准确计算，目前表征太阳能资源数量通常采用太阳总辐射和日照时数这两个指标。到达地表的太阳总辐射受很多因素影响，包括天文因子、地理因子、物理因子、气象因子等。我国目前的太阳总辐射观测站较少，且分布不均匀，对于无太阳辐射站观测的地区，通常利用数学方法对太阳总辐射进行估算，可归纳为3种方法[43]：①利用气候学方法计算太阳总辐射；②利用卫星遥感资料反演太阳总辐射；③利用数字高程模型结合 GIS 技术模拟太阳辐射。日照时数是指太阳的实照时数，通常日照时数受云量、地理纬度、地形的影响。各地气象站都有日照时数的观测数据，与太阳总辐射相比较，日照时数观测数据比较充足，利用各地实测数据来分析太阳能资源的时空分布和变化特征，方法比较科学和可行，结果也较可靠。

参考文献

[1] 任超，袁超，何正军，等. 城市通风廊道研究及其规划应用 [J]. 城市规划学刊，2014，3：52-60.

[2] 车生泉. 城市绿色廊道研究 [J]. 城市规划，2001，25（11）：44-48.

[3] 朱强，俞孔坚，李迪华. 景观规划中的生态廊道宽度 [J]. 生态学报，2005，25（9）：2406-2412.

[4] 朱亚澜，余莉莉，丁绍刚. 城市通风道在改善城市环境中的运用 [J]. 城市发展研究，2008，（1）：46-49.

[5] 赵娜，刘树华，虞海燕. 近48年城市化发展对北京区域气候的影响分析 [J]. 大气科学，2011，（2）：373-385.

[6] 李书严，陈洪滨，李伟. 城市化对北京地区气候的影响 [J]. 高原气象，2008，（5）：1102-1110.

[7] 窦晶晶，王迎春，苗世光. 北京城区近地面比湿和风场时空分布特征 [J]. 应用气象学报，2014，(5)：559-569.

[8] 徐阳阳，刘树华，胡非，等. 北京城市化发展对大气边界层特性的影响 [J]. 大气科学，2009，(4)：859-867.

[9] 佟华，刘辉志，李延明，等. 北京夏季城市热岛现状及楔形绿地规划对缓解城市热岛的作用 [J]. 应用气象学报，2005，(3)：357-366.

[10] 白杨，王晓云，姜海梅，等. 城市热岛效应研究进展 [J]. 气象与环境学报，2013，(2)：101-106.

[11] 史军，梁萍，万齐林，等. 城市气候效应研究进展 [J]. 热带气象学报，2011，(6)：942-951.

[12] 石涛，杨元建，马菊，等. 基于 MODIS 的安徽省代表城市热岛效应时空特征 [J]. 应用气象学报，2013，(4)：484-494.

[13] 杜吴鹏，房小怡，刘勇洪，等. 基于气象和 GIS 技术的北京中心城区通风廊道构建初探 [J]. 城市规划学刊，2016，5：79-85.

[14] 党冰，房小怡，吕洪亮，等. 基于气象研究的城市通风廊道构建初探-以南京江北新区为例 [J]. 气象，2017，43 (9)：1130-1137.

[15] 任超. 城市风环境评估与风道规划-打造"呼吸城市" [M]. 北京：中国建筑工业出版社，2016.

[16] LIU Y，FANG X，CHENG C，et al. Research and Application of City Ventilation Assessments Based on Satellite Data and GIS Technology-A Case Study of Yanqi Lake Eco-city in Huairou District，Beijing [J]. Meteorological Applications，2016，23 (2)：320-327.

[17] Knoch K. Uber das Wesen einer Landesklimaaufnahme [J]. Z Meteorol，1951，(5)：173.

[18] KRESS R. Regionale Luftaus tauschprozese und ihre Bedeutung für die Räumliche planung [J]. Dortmund：Institut fur Umweltschutz der Universitat Dortmund，1979：15-55.

[19] WEBER S，KORDOWSKI K，KUTTLE W. Variability of particle number concentration and particle size dynamics in an urban street canyon under different meteorological conditions original research [J]. Science of the Total Environment，2013，4 (449)：2215-2223.

[20] BAUMUELLER J. Climate atlas of a metropolitan region in Germany based on GIS [J]. The seventh International Conference on Urban Climate，2009，10 (3)：1282-1286.

[21] 任超，吴恩融. 城市环境气候图—可持续城市规划辅助信息系统工具 [M]. 北京：中国建筑工业出版社，2012.

[22] 袁超. 缓解高密度城市热岛效应规划方法的探讨-以香港城市为例 [J]. 建筑学报，2010，(S1)：120-123.

[23] 福州市城乡规划局. 生态福州总体规划 [Z/LO]. (2013-11-21) [2018-04-26]. http：//ghj. fuzhou. gov. cn/zz/cxgh/ztgh _ 9041/201601/t20160120 _ 423034. htm.

[24] 福州市规划局. 生态福州总体规划 [Z/OL]. (2016-10-11) [2018-04-26]. http：//www. dnkb. com. cn/archive/info/20160122/082635316657232 _ 1. shtml.

[25] Howard L. The climate of London deduced from meteorological observations made in the me-

tropolis and at various places around it [M]. London：harvey and Darton，1833.

[26] 田婷，李静会，蒋华伟，等．城市绿地降温增湿效应研究进展 [J]．江苏林业科技，2015，42（5）：44-49.

[27] 任斌斌，李薇，谢军飞，等．北京居住区绿地规模与结构对环境微气候的影响 [J]．西北林学院学报，2017，32（6）：289-295.

[28] 杜吴鹏，房小怡，吴岩，等．城市生态规划和生态修复中气象技术的研究与应用进展 [J]．中国园林，2017，33（11）：35-40.

[29] 三清环境技术工程有限公司．暴雨来袭-德国人的海绵城市建设经验是否真的适合中国？[Z/OL]．2016 [2018-04-26]．http：//diyitui.com/content-1465146796.44589146.html.

[30] 王通．低影响开发理论研究概述 [J]．华中建筑，2013，12：29-32.

[31] 刘朝阳，王树栋．低影响开发模式在北京地区景观设计中的应用探析 [J]．北京农学院学报，2015，3：107-111.

[32] 车伍，张伟，王建龙，等．低影响开发与绿色雨水基础设施—解决城市严重雨洪问题措施 [J]．建设科技，2010，21：48-51.

[33] 李俊奇，张毅，王文亮．海绵城市与城市雨水管理相关概念与内涵的探讨 [J]．建设科技，2016，1：30-32.

[34] 胡爱兵，丁年，任心欣．中国城市规划年会论文集 [C/OL]．（2012-08-24）[2018-04-26]．http：//www.wanfangdata.com.cn/details/detail.do?_type=conference&id=8150873.

[35] 徐涛．城市低影响开发技术及其效应 [D]．西安：长安大学，2014.

[36] 张亮，任心欣，俞露．中国城市规划年会论文集 [C/OL]．（2013-10-25）[2018-04-26]．http：//www.wanfangdata.com.cn/details/detail.do?_type=conference&id=8254326

[37] 中华人民共和国住房和城乡建设部．海绵城市建设技术指南——低影响开发雨水系统构建（试行）[Z/OL]．（2014-11-12）[2018-04-26]．http：//www.mohurd.gov.cn/wjfb/201411/t20141102_219465.html.

[38] 李磊，胡非，刘京．CFD技术在我国城市气候环境微尺度问题中的应用 [J]．气象科技进展，2015，5（6）：23-30.

[39] 於琍，卢燕宇，黄玮，等．气候承载力评估的意义及基本方法 [R]．北京：中国社会科学文献出版社，2015：289-301.

[40] 闫胜军，何霄嘉，王焔，等．城市气候承载力定量化评价方法初探 [J]．气候变化研究进展，2016，12（6）：476-483.

[41] 李泽椿，朱蓉，何晓凤，等．风能资源评估技术方法研究 [J]．气象学报，2007，6（5）：708-717.

[42] 中国气象局．中国风能资源评价报告 [M]．北京：气象出版社，2006.

[43] 袁小康，谷晓平，王济．中国太阳能资源评估研究进展 [J]．贵州气象，2011，35（5）：1-4.

第三章　城市规划气候环境评估一般工作流程和内容

杜吴鹏　程　宸　杨若子*

3.1　总体思路和流程

开展城市规划气候环境评估的主要工作流程包括需求分析、资料收集与整理、评估方法、评估内容等[1]，简要流程如图 3-1 所示。

3.2　需求分析

一个具体的城市规划气候环境评估项目，需求分析主要包含三方面的内容。

（1）做足功课

在准备介入一个城市规划项目时，要做足功课。利用网络和文献检索数据库展开文献搜索，检索诸如"＊＊城市气象""＊＊城市气候""＊＊城市环境""＊＊城市发展""＊＊城市规划"和"＊＊城市建设"等关键词，在和规划编制单位接触前对规划城市的基本情况有所掌握，对存在的问题有所了解，特别是与气象环境有关的内容要归纳总结。

（2）开会讨论

由于城市规划项目牵扯到不同学科、不同专业领域的规划编制单位，整个规划项目组开会讨论至关重要，与交通、发改委、环保、经信、林业、农业等部门座谈，确定规划项目中考虑气候的内容及其需求。作为气候环境评估方可以介绍和城市规划有关的气候环境评估工作基础，使规划编制单位能了解气候为规划起到的科技支撑作用，需要注意的是应避免"学科式的纯气象化"介绍。气候环境评估方对即将规划评估城市的基本气候状况提前了解，在开会讨论时指出面临的气候环境问题，能起到事半功倍的效果。

（3）初步方案确定

充分理解规划编制单位规划意图，明晰规划部门在规划项目中有关气候方面的需求，开展相关工作。如果有必要，需要进行实地调研，与规划管理部门、规划编

---

* 杜吴鹏，博士，北京市气候中心副主任，高级工程师，研究方向为应用气候和城市规划气象环境评估；程宸，硕士，北京市气候中心，工程师，研究方向为城市气候评估、城市规划设计气候可行性论证；杨若子，博士，北京市气候中心，工程师，研究方向为应用气候和气候变化研究。

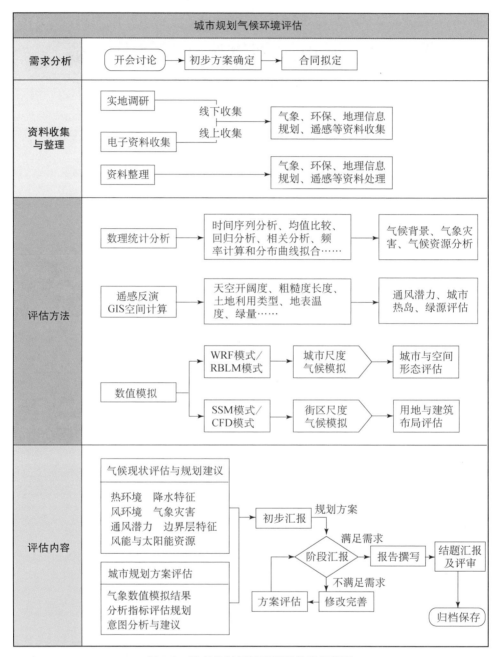

图 3-1　城市规划气候环境评估流程简图

制单位沟通，了解城市规划重点任务，针对规划城市特点选择论证对象。基于多数规划编制单位对气候环境评估的不了解，有必要向规划编制单位解释评估的内容、能解决的问题和预期成果。但应注意，规划内容要量力而行，不要承担超出气候环境评估范围而又较难实现的内容。最后，针对这些需求初步提出实施方案，一般分为三个方面：现状适宜性分析、规划方案评估分析、意见和建议，即如何做、目的是什么、能达到什么效果。

3.3　资料收集与整理

3.3.1　资料收集

（1）实地调研

在城市规划总项目组到规划城市进行实地调研时，作为气候环境评估方也应积极参与进去[2]。这部分工作很有必要，一则可以收集到一手资料，二则可以抛开"纸上谈兵"，实际感受规划城市的基本状况，加深评估工作中的感性认识，有利于提出切实可行的意见和建议。

通常在调研中，规划编制单位会安排与当地气象部门、环保部门、规划部门及发改委等单位座谈，走访经济开发区、各园区、重点污染企业等，气候环境评估方应深入了解当地存在的主要气候、环境问题以及决策部门对未来城市规划和发展的设想等，确定气候环境评估的实际研究范围及重点。

（2）电子资料收集

主要收集的电子资料类型为：气象资料、环保资料、能耗排放资料、地理信息资料、规划资料、遥感资料等。其中，气象资料指规划城市各气象站多年的风、温、湿等气象资料，主要用于气候背景变化分析以及模式初始场使用；环保和能耗排放资料指从环保局、统计局、住建委等部门收集的诸如污染物排放、能源消耗、人口、建成区面积等资料；地理信息资料指规划城市的下垫面用地状况，规划编制单位一般提供带比例尺的图纸或数据；遥感资料则主要为规划城市下垫面、土地利用类型和城市热岛等方面的卫星反演数据。

3.3.2　资料整理

（1）气象资料筛选与质量控制

规划使用的气象站点数据，气象站应该满足区域代表性、历史数据连续性和一致性要求。当单个站点不满足区域代表性，可以选择多个代表站点，以分别代表城市的不同区域特征；选择站点在资料年限内发生迁址、记录仪更换时，需要对资料的代表性和一致性进行论证和说明；对地形复杂、海陆（湖陆）交界或缺少气象站点的城市和地区应建站观测，观测时间不应少于1年。采用气象行业标准 QX/T 118—2010 或相关气象资料质控标准对收集的气象资料的代表性和可靠性进行质量控制。

（2）图纸的整理与处理

把规划编制单位提供的用地类型图纸、规划布局图纸等，处理成气象数值模拟和统计分析所需的格式。

（3）环保、能耗等资料的处理

一来进行城市化进程发展分析，二来将模式所用的资料网格化处理，研究除下垫面用地类型改变外，城市发展人为热源改变、建筑物高度和布局改变对气候环境的影响。

（4）文献结论提炼

从网上或相关文献数据库中查找国内外关于规划城市气候、环境、产业发展、规划等方面的文献，提炼文献资料，掌握规划地区的气象状况、环境状况以及城市发展特点，了解规划动态。引用相关气象、大气污染特点、规划需注意的问题等论述，以辅助提出规划建议。

3.4 评估方法

3.4.1 数理统计分析

主要有时间序列分析、均值比较、回归分析、方差分析、相关分析、信度分析、频率计算和分布曲线拟合、合理性分析、年最大值法、年多个样法、统计图形等方法。

①气候背景分析：分析与城市规划有关的气象要素（主要有气温、风向、风速、降水）的时空变化规律，掌握规划地的气候背景特征，为进一步提出规划建议提供参考。

②气象灾害分析：着重分析和城市规划有关的气象灾害，给出气象灾害的空间分布图，以便和规划图结合。

③气候资源分析：绘制规划城市风能、太阳能空间分布，对规划城市风能、太阳能资源进行评判，在新型能源产业选址和布局规划上提供建议。

3.4.2 遥感反演与 GIS 空间计算

①通风潜力评估：通过遥感反演规划城市天空开阔度和粗糙度长度，共同确定通风潜力等级，进行通风潜力评估。

②城市热岛评估：采用卫星遥感反演规划城市地表温度进行城市热岛评估。

③绿源评估：采用卫星遥感提取的土地利用类型和绿量这两个指标共同确定绿源等级，进行绿源评估。

3.4.3 数值模拟

①模式选取：选取适合的中小尺度气象数值模式进行城市气候环境状况数值模拟。

②模拟方案设计：针对规划城市特点，设置模拟方案，如模式网格、输入资料、模式运行方案、物理过程等。

③模拟结果分析：根据计算结果绘制气温、风速、风向、降水量、相对湿度和气压等空间分布图，叠加规划城市的行政边界，以便清楚掌握现状用地类型状况下各气象要素场的分布特征，并对比现状和规划方案、调整方案不同用地类型状况下的气象环境差异，为规划布局提供理论支撑，为规划布局的调整提供建议。

3.5　评估内容

3.5.1　气候现状评估与规划建议

（1）热环境

主要分析规划城市年平均温度的时间变化规律、空间分布特征以及城市热岛、绿源的演变情况。结合收集到的土地利用、人口、能源消耗等资料，给出气温和城市热岛空间分布的原因。针对城市形态、绿地系统布局、绿地率、城市通风廊道布局以及城市功能分区等方面提供建议。

（2）风环境

主要分析规划城市年平均风速的时间变化规律和空间分布特征，绘制年和不同季节风向玫瑰图、风速玫瑰图和污染系数玫瑰图。风向分析应针对城市布局、工业区选址、绿带设置等方面提供建议。大风灾害的分析应针对城市建筑密度、建筑红线、街道走向等方面提供建议。

（3）通风潜力

主要分析规划城市建设现状下的地表通风潜力空间分布特征，绘制通风潜力等级分布图[3]。其分析结果应针对城市通风廊道宽度、与主导风向夹角范围、廊道土地利用等方面提供建议。

（4）边界层特征

给出规划城市大气温度垂直方向上的特征，统计逆温出现的概率，分析规划城市混合层特征。其结果应针对工业区选址、城市环境保护等方面提供建议。

（5）降水特征

分析规划城市降雨的时间变化规律和空间分布特征，包括多个历时的时间变化趋势和空间分布变化，分析短历时降雨的时空变化趋势，包括强度、起始时间、持续时间、极值情况、雨峰位置、强降雨落区的分布规律等。进行暴雨强度公式的计算，确定长历时和短历时的降雨雨型，并计算设计径流控制量，以及对不同暴雨重现期暴雨径流峰值削减能力进行评估。城市降雨的分析应针对城市排水工程中管网设计、地下设施、储水区的规划以及城市防洪等方面提供建议。分析干旱发生的频率，绘制空间分布图，其结果应针对城市产业的布局、城市给水系统等方面提供建议。

（6）气象灾害

分析规划城市易发气象灾害的发生频率，包括大风、雾与霾、雷电、沙尘、城市内涝与暴雨洪涝等，分别绘制空间分布图。其中，风灾风险应分析沿海地区台风和风暴潮对城市布局、防潮设防标准和退让距离等的影响；雷电灾害的分析应针对城市电力、城市通信、机场、危险品仓储区选址等方面提供建议；沙尘的分析应针对防护绿地、城市环境保护等方面提供建议；雾与霾的分析应针对城市的道路交通规划、对外交通用地、居住区、旅游区规划等方面提供建议；城市内涝与雨洪灾害应分析暴雨频率、强度和历史情况，结合城市规划用地布局和相关规划划定的内涝风险区进行综合判断，对城市布局调整提出相关建议。

（7）风能与太阳能资源

结合风能、太阳能观测资料及相关调查研究成果，对规划城市的风能、太阳能资源总体情况进行评判。其结果应针对城市功能区规划、建筑节能等方面提供建议。

3.5.2　城市规划方案评估

（1）气象数值模拟结果分析

数值模式输出要素应至少包含每个格点上的风向、风速、温度、相对湿度和气压，绘制叠加了现状和各规划用地分类图的气温、风速、流场等气象要素的空间分布综合图，并进行对比分析。

（2）指标评估

针对规划城市的气候特征进行指标评估，即对气象数值模拟得到的气象要素进行计算，得到无量纲的评估指标，依据指标结果可对气候环境进行量化而直观的分级，从而得到不同用地分类（现状、规划方案和调整方案）下的气候环境效果的综合评价。指标分类主要包含气候舒适度、城市热岛、小风区面积、逆温强度、混合层高度、年径流总量控制率等。

可采用综合指数法对以上指标进行综合评估，其中年径流总量控制率建议不作为综合指数法中的评估因子，而将其和其对应的设计降水量目标，作为城市规划方案考虑降水特征和低影响开发的控制指标单独评估分析。

（3）规划意图分析与建议

充分理解城市规划的意图，明晰规划部门关于气候环境方面的需求。基于前面的计算结果及规划意图分析，应在城市规划现状图上汇总出不同片区的适宜性建议。即在空间上给出气温、扩散能力、气候资源、气象灾害等的规划适宜性的分布等级，可粗定为某种规划气候影响适宜区、次适宜区和不适宜区。此外，可视规划关注的重点问题提出其他建议，如缓解热岛效应时给出绿地布局位置、方式、规模的建议，提升城市通风能力时给出通风廊道布局位置、方向、用地方式的建议，低影响开发雨水系统构建的径流总量控制率建议。

将各规划方案模拟分析结果和指标评估结果进行汇总，对比各规划方案实施后造成的气候环境影响，进行优劣分析。城市规划着眼于城市的布局，最终需要落实到城市用地上，因此，进行城市规划气候环境评估时，应以气候影响事实为出发点，重点从城市用地空间布局上，部分情况下也包括对城市建设控制如高层建筑控制区等，对规划方案提出优化建议。

3.6　项目汇报与报告撰写

对利用上述评估方法得到的评估内容进行汇总，结合规划编制单位对规划城市的规划意图进行分析，在城市用地现状图上标出规划适宜性建议，即在空间上给出气温、扩散能力、气候资源情况、气象灾害情况等的规划适宜性分区建议，初步确定适宜区、次适宜区和不适宜区。对这些分布进行说明，结合规划意图和规划建议，形成报告；在规划初步汇报后，针对规划编制单位提出的意见进行修改完善；针对不同的规划方案进行新一轮的模拟计算分析，即重新对模拟所用的资料进行整理、重新进行模式调试、模拟结果分析、结果提炼等，以便形成新的报告，进行汇报，直到最后满足需求。最后撰写最终工作报告、编写技术报告、成果汇报、数据资料归档保存等后续事项，同时，通过后期工作将相关数据资料、成果整理汇总，可积累丰富的研究和应用经验，便于后续工作的开展和技术的进步与完善。

参考文献

［1］中国气象局. QX/T 242—2014 城市总体规划气候可行性论证技术规范［S］. 北京：气象出版社，2014.

［2］汪光焘. 气象、环境与城市规划［M］. 北京：北京出版社，2004.

［3］北京市气候中心. 城市通风廊道规划技术指南［Z/LO］. （2015-06-21）［2018-04-26］. ht-tp：//www.doc88.com/p-2012803239054.html.

第四章　卫星遥感技术在城市规划气候评估中的应用

刘勇洪　张　硕　陈　鹏　陈　玉[*]

　　城市规划建设中的气候评估，一方面要面向范围较大的城市区域尺度；另一方面又要求能刻画城市内部精细微气候特征，而传统的气象观测与现有的数值模拟手段还不能很好地解决这个问题，卫星遥感则具有覆盖范围广、空间分辨率高、影像数据"可视化"等优势，已逐步成为当前城市规划精细化气候评估的一种重要手段，应用遥感技术也成为未来城市规划气候评估的重要发展方向。本章将介绍利用遥感技术在城市空间形态参数提取、热环境与风环境评估中的最新应用。

4.1　城市空间形态参数图谱

　　城市形态有狭义和广义之分。狭义的城市形态指的是城市实体所表现出来的具体的空间物质形态，如建筑高度、密度、天空开阔度等；广义的城市形态还包括城市实体区域内的社会、文化等各种无形要素部分，如人口密度、GDP 等。地学信息"图谱"是对地理空间系统及其各要素和现象进行时空过程图像、图形可视化表达，为城市形态的研究提供了新的思维。由此发展而来的城市空间形态图谱以其特有的"形数理"一体化的思维模式，能够运用人所特有的图形、图像思维对城市形态的发展规律进行深层次信息挖掘与剖析[1]，而遥感数据本质上就具有"图谱合一"的特征[2]，因此，基于遥感的城市空间形态图谱获取必将是未来城市空间形态研究的一个重要发展方向。

4.1.1　建筑形态参数图谱

　　建筑物信息是城市空间形态参数中最重要的信息之一，主要包括建筑密度（或建筑面积百分比）、高度、容积率等。现有的建筑信息获取主要通过测绘部门的人工调查法并结合航空图片，需要耗费大量的人力、物力，从而形成如 1∶500、1∶2000 等高精度城市基础地理图层信息，但由于基础地理信息数据因保密问题而难以获取。随着遥感图像处理技术的发展，研究人员相继发展了利用可见光高分辨率遥感影像数据提取建筑形态参数的技术和方法，主要方法为高差法、投影法、阴

　　[*] 刘勇洪，硕士，北京市气候中心首席气象服务专家，研究员级高级工程师，研究方向为城市遥感与应用气候；张硕，硕士，北京市气候中心工程师，研究方向为城市环境遥感；陈鹏，博士，中国城市规划设计研究院，教授级高级规划师，研究方向为城乡规划；陈玉，博士，中国科学院遥感与数字地球研究所，助理研究员，研究方向为遥感信息提取。

影长度法和阴影面积法[3-5]。近年来，除了可见光遥感影像，雷达影像也用于建筑参数信息提取，如桂容等[6]利用 SAR 影像开展了建筑密度的提取，Wu 等[7]利用激光 LiDAR 影像和 GIS 技术开展提取城市三维建筑形态参数提取。但雷达影像获取成本相对较高，技术处理较为复杂，在城市大尺度区域范围还难以推广。

（1）基于 GIS 信息提取建筑物信息图谱

现有测绘部门的 1∶2000 大比例尺基础地理信息数据含有建筑物图层信息，包含了建筑物轮廓和建筑层数信息，因此，可利用 GIS 空间分析技术估算不同空间分辨率单元网格内建筑密度、建筑楼层和容积率等建筑形态信息。

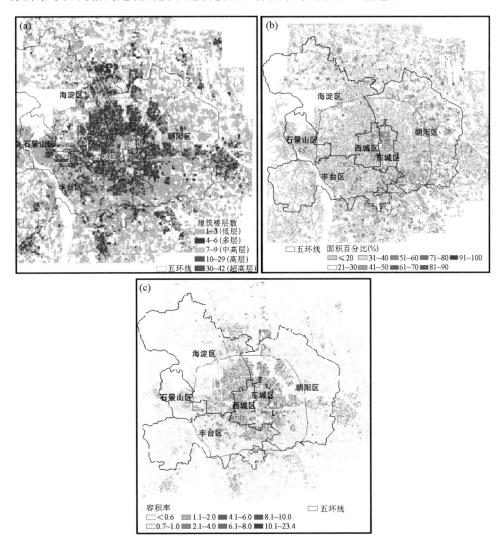

图 4-1　北京市主城区建筑楼层数（a）、建筑面积百分比（b）和容积率图谱（c）

　　图 4-1 为利用 2009 年北京市六环区域内的比例尺 1∶2000 基础地理信息数据提取的北京主城区 100 m 空间格网分辨率的建筑楼层数、建筑面积百分比和容积率图谱。可以看出，北京市二环区域内是一个高密度、低高度建筑区域，因为该区域为北京市历史文化保护区，分布着大面积的平房、四合院等低矮旧建筑，容积率多在 1.0 以上。二环到五环区域则分布着大量的多层及高层以上高容积率建筑，容积率一般在 1.0 以上，此外，五环之外的天通苑、回龙观等大型社区以及通州、石

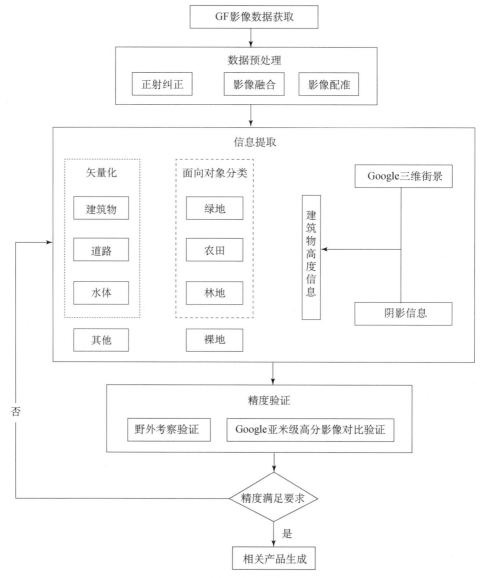

图 4-2　基于 GF 影像的建筑物信息提取技术流程

景山、大兴城区也分布着大量容积率在 1.0 以上建筑小区，其中天通苑分布着较为密集的高层建筑，容积率多在 2.0 以上，在朝阳中央商务区 CBD 容积率高达 4.0 以上。

（2）基于遥感影像提取建筑物信息图谱

利用遥感来获取建筑物类别信息主要是基于米级高分辨率卫星遥感影像，采用面向对象分类的信息提取技术，图 4-2 为利用国产 GF-1 影像开展建筑物信息提取的技术流程：采用 GF-1 号多光谱（8 m）与全色（2 m）影像多波段数据，首先进行正射纠正、影像融合、影像配置等一系列数据预处理，生成 2 m 分辨率的多波段融合影像，在此基础上采用面向对象分类技术进行建筑物信息类别提取。利用 Google 三维街景影像建立同太阳高度角下阴影长度与建筑物高度之间的关系，应用到 GF-1 多波段融合影像中来提取建筑物高度，并通过野外考察和 Google 亚米级影像进行验证、修订，最终产生满足精度要求的建筑物高度图谱。

如图 4-3 为利用 2016 年 6 景和 2015 年的 1 景晴空 GF-1 影像估算的成都地区 100 m 网格分辨率的建筑密度与高度图谱，可以看出，成都市中心城区属于老城区，建筑密度普遍在 20%～40%，高于周边大部地区，但建筑高度却明显低于周边新区尤其是南部城区，大量的中高层建筑分布于城区东北、西北和南部以及东南区域。

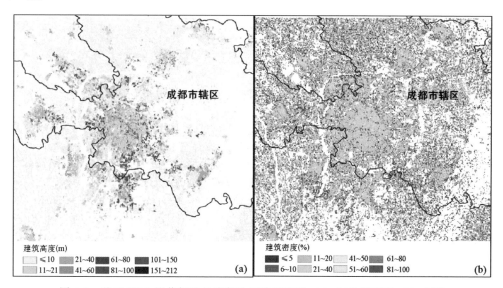

图 4-3　基于 GF-1 影像提取的成都地区建筑高度（a）与建筑密度（b）图谱

4.1.2　天空开阔度与街道高宽比图谱

天空开阔度，也称天穹可见度（Sky View Factor，SVF），或者叫天空可视因子。SVF 可作为街道、小区等局地尺度的城市三维形态指标，为城市科学规划、合理布局提供参考。街道高宽比（H/W）是城市街道的宽度与两边的建筑高度之比，是城市形态结构的一个重要特征，很大程度上影响着城市的局地气候特征，它与 SVF 有密切联系。

SVF 的获取方法有多种，包括基于建筑几何特性和辐射交换模型的矢量计算模型[8]和基于高分辨率城市数字高程模型（DEM）的栅格计算模型[9]，而栅格计算模型更适宜于大范围、大数据量的城市 SVF 的快速计算[10]。在这里，可采用 Zakšek[11]提出的基于 DEM 的栅格计算模型估算 SVF，计算原理如图 4-4 所示。

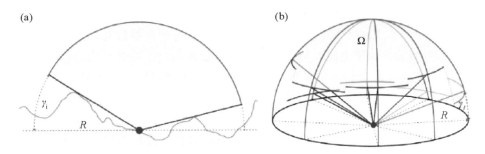

图 4-4　受地形影响的天空开阔度计算示意图

（a. 截面示意图，b. 空间示意图）

SVF 可以用下式表达：

$$\Omega = \sum_{i=1}^{n} \int_{\gamma_i}^{\pi/2} \cos\phi \cdot d\phi = 2\pi \cdot \left[1 - \frac{\sum_{i=1}^{n} \sin\gamma_i}{n} \right] \qquad (4.1)$$

$$SVF = 1 - \frac{\sum_{i=1}^{n} \sin\gamma_i}{n} \qquad (4.2)$$

式中，Ω 为天空立体角；γ_i 为第 i 个方位角时地形影响半径为 R 的地形高度角；n 为计算的方位角数目；SVF 为归一化的天空可视立体角，即天空开阔度。

对北京城区而言，街道高宽比 H/W 与街道开阔度 SVF 有很好的负相关关系，两者呈幂函数关系，H/W 随 SVF 的增加呈幂指数减少，可以用下式表达：

$$H/W = 10.459 e^{-5.2094SVF} \qquad R^2 = 0.8975 \qquad (4.3)$$

如图 4-5 所示，根据北京中央商务区（CBD）5 m 建筑高度影像估算的天空开

阔度 SVF 和街道高宽比 H/W 图谱，结合图 4-1 可以看出：建筑层数越高，周边的 SVF 越低，低层 1～3 层的 SVF 大部分在 0.6 以上，多层 4～6 层和中高层 7～9 的 SVF 大部分在 0.6～0.8，而高层 10～29 层和超高层≥30 层的 SVF 大部分在 0.4 以下，CBD 地区高楼的 SVF 普遍在 0.5 以下，部分建筑区低至 0.3 以下；CBD 地区主干道 H/W 大部分都在 1.0 以下，部分次级或街道地区 H/W 超过 1.0，最高可达 6.6。

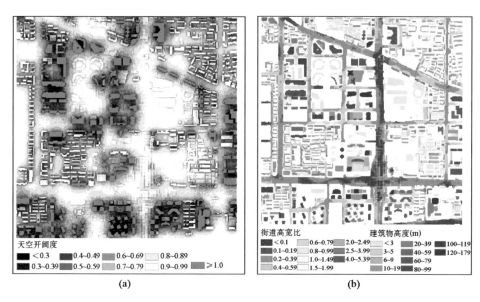

图 4-5　北京市 CBD 地区天空开阔度（a）与街道高宽比（b）图谱

4.1.3　城市地表粗糙度与建筑迎风截面积指数图谱

城市地表粗糙度可以由气象学中的空气动力粗糙度长度来反映。由于地表上粗糙元素和地形起伏对气流运动的阻碍，风速廓线上风速为零的位置并不在地表，而在离地表一定高度处，这一高度则被定义为空气动力学粗糙度长度 Z_0。对于城市下垫面，粗糙元的分布非常复杂，空间分布上存在很大的非均匀性，如何确定城市下垫面地面粗糙度目前尚无最佳方案[12]。目前常用的 Z_0 计算方法分为两类，一类是气象观测方法，即利用通量塔或者气象台站的实测风速资料来计算 Z_0；另一类是形态学方法，即根据粗糙元的几何形状、分布密度等计算 Z_0。Grimmond[13] 采用了多种形态学方法计算城市空气动力粗糙度，并指出如何利用城市地理信息和卫星资料，结合边界层观测实验资料来确定城市的形态和粗糙元的空间分布特征是今后的研究趋势。

城市地表粗糙度长度可采用 Grimmond[13] 建立的城市形态学模型来估算：

$$\frac{Z_d}{Z_h} = 1.0 - \frac{1.0 - \exp[-(7.5 \times 2 \times \lambda_F)^{0.5}]}{(7.5 \times 2 \times \lambda_F)^{0.5}} \tag{4.4}$$

$$\frac{Z_0}{Z_h} = \left(1.0 - \frac{Z_d}{Z_h}\right) \exp\left(-0.4 \times \frac{U_h}{u_*} + 0.193\right) \tag{4.5}$$

$$\frac{u_*}{U_h} = \min[(0.003 + 0.3 \times \lambda_F)^{0.5}, \ 0.3] \tag{4.6}$$

式中，Z_d 为零平面位移高度（m），Z_0 为粗糙度长度（m），Z_h 为粗糙元高度（m），Z_d/Z_h 为归一化的零平面位移高度，Z_0/Z_h 为归一化的粗糙度长度，U_h 为风速，U_* 为摩阻速度（或剪切速度）。λ_F 为单位地表面积上城市建筑迎风面积，也称建筑迎风截面积指数（Frontal Area Index，FAI）或迎风面积密度，是一个能反映城市建筑风渗透性能的重要指标，其含义是某区域的建筑迎风面面积越大，那么该区域建筑对流动风的阻碍越大，则该建成区的通风能力越低；相反，若该区域的建筑迎风面面积越小，那么该区域建筑对流动风的阻碍越小，则该建成区的通风能力越大。

如图 4-6 所示，设年均建筑迎风截面积指数为 λ_F 可以根据以下公式求算：

$$\lambda_{F(\theta, z)} = \frac{A_{(\theta) proj(\Delta z)}}{AT} \tag{4.7}$$

$$\lambda_{F(z)} = \sum_{i=1}^{n} \lambda_{F(\theta, z)} P_{(\theta, i)} \tag{4.8}$$

式中，$A_{(\theta) proj(\Delta z)}$ 为建筑迎风投影面积，θ 为风的不同方位的方向角度，AT 为计算的地块面积，ΔZ 为计算投影面积高度方向的计算范围，$P_{(\theta,i)}$ 表示第 i 个方位的风向年均出现频率，n 表示统计的风向方位数，一般取 16 个方位。

如图 4-7 为济南市中心城区 2014 年建筑迎风截面积指数 λ_F 和粗糙度长度 Z_0，可以看出主城区存在大面

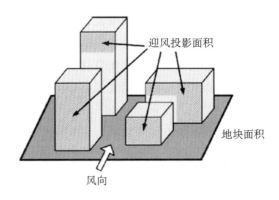

图 4-6　建筑迎风截面积指数的计算示意图[14]

积的 λ_F 高值区域（$\geqslant 0.50$），面积比例占到 7.7%；东部及西部城区 λ_F 较小，部分区域 λ_F 在 0.85 以上，这明显高出了中国行业标准《城市居住区热环境设计标准》关于该地区夏季平均 $\lambda_F \leqslant 0.85$ 的强制性要求[15]。主城区建成区的 Z_0 较高，大部分在 1.0 m 以上，最高可达 15.4 m，其中主城区 $Z_0 \geqslant 0.5$ m 的面积比例占到 20.9%。东部城区和西部城区由于建筑高度和密度不大，Z_0 明显低于主城区，而周边郊区及村镇 Z_0 一般在 1.0 m 以下。一般 $Z_0 \geqslant 0.5$ m 对城市通风不利，可知济南市主城区存在大面积的城市通风障碍区域。

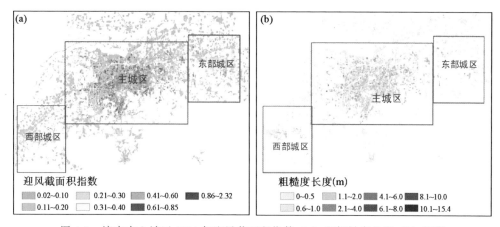

图 4-7　济南中心城区 2014 年迎风截面积指数（a）和粗糙度长度（b）图谱

4.2　基于遥感的城市热环境监测与评估

城市热环境中的热岛效应（Urban Heat Island，UHI）是目前城市规划中经常要考虑的气候问题。目前，常用的 UHI 研究手段有三种：气象观测、数值模拟和卫星遥感。气象观测由于具有观测资料时效长、定点、准确和定量的优势，一直被作为基础手段用于研究 UHI 的时空演变规律；数值模拟也由于能深入研究 UHI 现象和成因之间的物理本质，已成为 UHI 模拟、形成机制及预测研究的一种重要手段；卫星遥感则因具有覆盖范围广、空间分辨率高更能体现热岛细节特征等特点，近 20 年已成为 UHI 研究的普遍手段，通常把这种主要通过卫星观测的城市热岛称之为地表城市热岛（Surface Urban Heat Island，SUHI）[16-17]。$SUHI$ 通过地表与大气边界层的热交换，是产生 UHI 效应的直接驱动因子，尽管两者并没有简单的对应关系，但通过改变城市地表与大气之间关系，是当前缓解 UHI 的最重要有效途径[18]。因此，可以利用卫星遥感手段结合城市规划地表类型开展规划前后 $SUHI$ 评估，为未来采取缓解热岛有效措施提供依据[19]。

4.2.1　地表热岛强度

基于卫星遥感资料，可采用国际上通用的城—乡二分法估算地表城市热岛强度

（$SUHI$）：

$$SUHI_i = T_i - \frac{1}{n}\sum_{j=1}^{n} Tb_j \qquad (4.9)$$

式中，$SUHI_i$ 为图像上第 i 个像元所对应的热岛强度（℃），T_i 是图像上第 i 个像元地表温度（℃），n 为乡村农田背景内的有效像元数，Tb_j 为乡村农田背景内第 j 个像元的地表温度（℃）。并且，参考有关文献把 $SUHI$ 划分为 7 个等级[20]，如表4-1 所示。

表 4-1　遥感地表城市热岛强度 $SUHI$ 划分及含义[19]

等级	日值热岛强度 $SUHI$/℃	月、季、年平均热岛强度 $SUHI$/℃	含义
1	<−7.0	<−5.0	强冷岛
2	[−7.0，−5.0]	[−5.0，−3.0]	较强冷岛
3	(−5.0，−3.0]	(−3.0，−1.0]	弱冷岛
4	(−3.0，3.0]	(−1.5，1.5]	无热岛
5	(3.0，5.0]	(1.0，3.0]	弱热岛
6	(5.0，7.0]	(3.0，5.0]	较强热岛
7	>7.0	>5.0	强热岛

按照地表城市热岛强度 $SUHI$ 的估算方法，乡村背景区域的合理确定是 $SUHI$ 估算的重要环节，可采用"夜间灯光指数法"从遥感影像上来选择乡村背景[16,21]，即乡村背景需要满足 4 个条件：①平原（平坝）与城市海拔差≤50 m；②农田类型；③夜间灯光强度指数值≤15；④年最大植被指数 $NDVI$≥0.7。如图4-8 所示，利用 MODIS 和 NOAA 卫星资料，根据"夜间灯光指数法"选取济南市区乡村背景后估算的不同年份 $SUHI$ 等级图，可以看出，1994 年济南市大部分地区无热岛，中心城区和章丘部分地区出现弱热岛；2004 年热岛范围明显扩大，且城区出现强热岛，分布特征为以城区为中心蔓延式扩展；2014 年章丘热岛扩展比较明显，并出现了与济南市中心城区热岛连成片的趋势。2014 年热岛主要出现在济南市中心城区和章丘，$SUHI$≥3℃热岛面积近 700 km²。

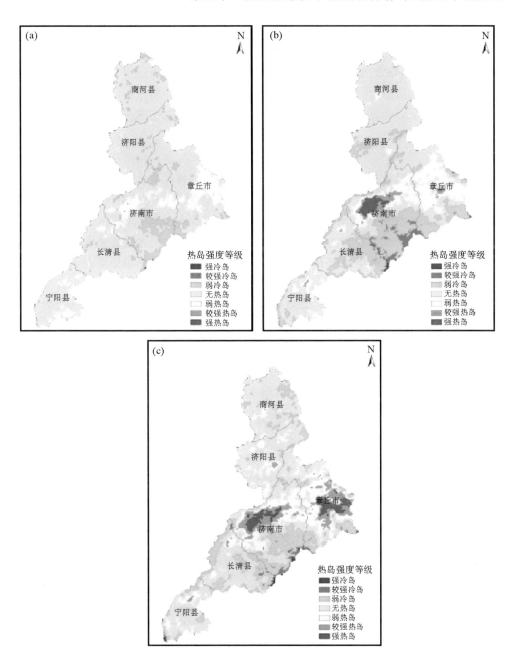

图 4-8　山东济南市不同年份夏季白天平均 *SUHI* 监测

（a）1994 NOAA/AVHRR；（b）2004 MODIS/Aqua；（c）2014 MODIS/Aqua

4.2.2　热岛比例指数

地表热岛比例指数（Urban Heat Island Proportion Index，UHPI）可以定量评估城市热岛强度的时空差异大小[22-23]，可以由下式计算：

$$UHPI = \frac{1}{100m} \sum_{i}^{n} w_i p_i \qquad (4.10)$$

式中，$UHPI$ 为城市热岛比例指数；m 为热岛强度等级数；i 为城区温度高于郊区温度等级序号；n 为城区温度高于郊区温度的等级数；w_i 为第 i 级的权重，取等级值，p_i 为第 i 级所占的面积百分比。$UHPI$ 值为 $0\sim1.0$，该值越大，热岛现象越严重。其值为 0 时，表明此地没有热岛现象，值为 1 时，表明此地均处于强热岛范围。由前面定义的热岛强度等级可知，$m=7$，$n=3$。

并根据表 4-2 的标准对空间区域热岛评估结果进行等级划分。

表 4-2　区域热岛评估等级划分标准

等级	热岛比例指数	等级含义
1	[0，0.2]	轻微或无
2	(0.2，0.4]	较轻
3	(0.4，0.6]	一般
4	(0.6，0.8]	较严重
5	(0.8，1.0]	严重

表 4-3 为基于 2016 年 9 月 18 日 Landsat 卫星资料估算的广州市各区热岛比例指数 $UHPI$ 评估结果，可以看出，荔湾热岛最重，$UHPI$ 为 0.75，属较严重等级；越秀次之（0.54），海珠为 0.51，排名第三，表明这些区域热岛现象较为严重。

表 4-3　广州市各区热岛比例指数评估

各区	南沙	番禺	海珠	黄埔	荔湾	越秀	天河	白云	花都	增城	从化
$UHPI$	0.11	0.32	0.51	0.19	0.75	0.54	0.38	0.28	0.17	0.06	0.01
评估等级	轻微	较轻	一般	轻微	较严重	一般	较轻	较轻	轻微	轻微	轻微

热岛比例指数 $UHPI$ 不但可以评估不同空间区域热岛强度大小，还可以评估同一区域不同时间热岛强度大小，图 4-9 为基于 Landsat 卫星资料的北京市 1987—2017 年 $UHPI$ 变化评估：北京市主要建成区一城六区热岛比例指数呈逐年增加趋势，其中 2001 年后由于北京奥运会的举办，绿化率明显增加使得热岛比例指数有所减小，2008 年后则热岛比例指数持续增加，到 2017 年北京市城六区热岛比例指数 $UHPI$ 达到 0.59，接近"较为严重"热岛评估级别。

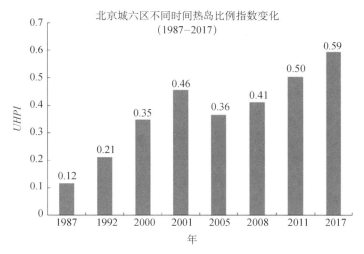

图 4-9 基于 Landsat 卫星资料的北京市 1987—2017 年热岛比例指数评估

4.2.3 生态冷源等级

生态冷源，也称绿源，定义为能产生新鲜冷空气的区域，它不但可以有效减缓城市热岛效应，同时也是冷空气来源和改善空气流通与人居环境的重要场所，是城市热环境评估和通风廊道规划的重要前提条件。可以根据土地利用类型与城市绿量大小进行城市生态冷源等级划分[19]（如表 4-4 所示）。

表 4-4 生态冷源等级划分及含义[19]

冷源类型	一级	二级	三级	四级
土地利用类型	水体	林地	林地或绿地	其他植被
绿量/m²	——	≥20000	16000～20000	林地或绿地：12000～16000 农田：>16000
含义	强冷源	较强冷源	一般冷源	弱冷源

注：绿量值根据时间的不同可进行调整。

绿量是综合反映植被叶面积指数、植被覆盖和植被结构的一个重要指标，是衡量城市不同绿地生态效益及其绿化水平的重要参数，对降温、增湿、改善城市小气候具有明显意义，利用 Landsat 卫星遥感植被指数 $NDVI$ 可以估算城市地区的绿量 S[24]：

$$S = 1/(1/30000 + 0.0002 \times 0.03^{NDVI}) \tag{4.11}$$

$$NDVI = (\mathrm{Ref}_{Nir} - \mathrm{Ref}_{Red})/(\mathrm{Ref}_{Nir} + \mathrm{Ref}_{Red}) \tag{4.12}$$

式中，S 为城市绿量（m²），Ref_{Nir} 和 Ref_{Red} 别为 Landsat 卫星近红外波段和红光波段反射率。

如图 4-10 为分别利用 Landsat 8 卫星资料开展的 2017 年北京市主城区（左）和 2016 年济南市中心城区（右）生态冷源等级评估图。可以看出：对北京市主城区来说，质量较好（一级和二级）的生态冷源主要分布于山区高覆盖林地、平原大型湖泊和主要河流，是北京市新鲜冷空气产生重要区域，为重点保护区域；城市绿地大部分属于二级到三级冷源，但面积仍偏少，未来需要大量发展缓解热岛效应；平原农田由于存在在季节物候性（从植被变成裸土），冷源质量虽然效果稍差，但由于面积大，可作为冷空气输送通道区域和热岛缓解区域，未来仍需保留或部分改为绿地从而提升冷源等级。

济南市中心城主城区生态冷源稀少（平原生态冷源面积仅占 25.4%），绿地、水体等冷源并未形成有效串联，很大程度上降低了绿地水体的气候效应，也不能对热岛形成有效切割；东部城区及西部城区由于属于新开发区，绿量较多，也存在一定面积的冷源。高等级的生态冷源主要分布于黄河、小清河、大明湖水体区域以及南部山区林地区域，这些地区作为冷空气的来源对缓解热岛效应至关重要。同时在弱风情况下山谷林地区域通常会有新鲜冷空气流动的现象，由此，山谷地区还起着运输空气的廊道作用，特别是弱风状况下有改善空气质量和缓解热岛的重要功能。因此，一方面要保护高等级的生态冷源，限制建设活动开发；另一方面也要提高一些地区的冷源等级，增加新鲜空气来源。

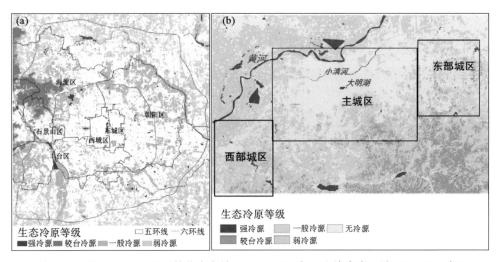

图 4-10　基于 Landsat 卫星的北京主城区（a：2017 年）和济南中心城（b：2016 年）
生态冷源等级评估分布图

4.2.4 热岛强度预估

热岛预估需要在现有的热岛强度 $SUHI$ 监测基础上，建立精细化的土地利用类型与热岛强度关系，根据未来土地利用规划与现状的变化，开展未来热岛强度等级预估，并利用热岛比例指数 $UHPI$ 进行评估。

如图 4-11 为利用 2015 年 6 月 15 日济南市 Landsat 8 卫星资料建立的济南市中心城区 2015 年热岛强度 $SUHI$ 值与土地利用类型关系图，在此基础上结合城市规划土地利用资料对 2020 年城市热岛强度等级进行了预测，可以看出，济南市中心

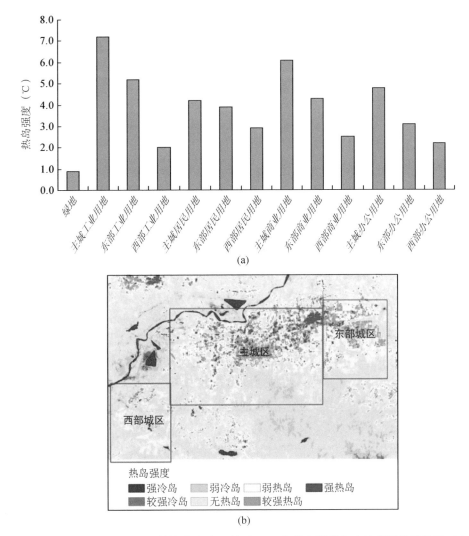

(a)

(b)

图 4-11 基于 Landsat 8 卫星的济南市中心城区 2015 年热岛强度与土地利用类型关系（a）
与 2020 年城市热岛强度等级预估图（b）

城区 *SUHI* 排前 3 位的分别是：主城区工业用地（7.2 ℃）、主城区商业用地（6.1 ℃）、东部工业用地（5.2 ℃），而西部 *SUHI* 明显低于主城区和东部城区，均在 3.0 ℃以下。根据规划后预测的热岛强度等级图和规划前后的热岛比例指数 *UHPI* 评估（见表4-5），主城区热岛强度略有上升，东部、西部城区热岛强度则明显上升，其中西部城区热岛强度最低（*UHPI* 为 0.22），东部城区热岛强度最高（*UHPI* 为 0.46），这是由功能区定位差异（西部以休闲生活为主，东部以制造加工为主）所造成，但规划后全市热岛强度略有上升（*UHPI* 为 0.38），仍在热岛可控范围内（*UHPI* 评估为"较轻"等级）。

表 4-5　济南市中心城规划前后热岛比例指数（*UHPI*）及评估等级

UHPI	主城区	东部城区	西部城区	全市
规划前（2015）	0.38（较轻）	0.32（较轻）	0.09（轻微）	0.31（较轻）
规划后（2020）	0.41（一般）	0.46（一般）	0.22（较轻）	0.38（较轻）

4.3　基于遥感的城市通风评估

目前国内外对城市规划中的风环境评估主要集中在单体建筑、规模群体建筑及城市街谷等 3 个主要的研究对象，而针对不同的研究对象可采用不同的研究方法，主要有：①数值模拟；②风洞试验；③现场试验。其中，数值模拟以中尺度气象模拟和街区尺度的计算流体力学（CFD）模拟为主，前者一般模拟区域尺度各种复杂地形地貌下的风场，表现城市用地和建筑物对总体风环境的影响[25]；后者 CFD 适用于对城市细部建筑微尺度范围风场的模拟研究[26]。中尺度气象模拟结果空间分辨率一般为 0.5～3 km，还不具备直接体现建筑尺度的流体动力学分辨率，无法在城市总体规划尺度上反映建筑物总体布局对城市内部风场的精细化影响；而 CFD 模拟可以得到街区内部 10 m 左右的精细化风场，但受计算机性能和建模复杂性所限，进行城市风环境模拟时仅能覆盖小范围街区，目前还无法快速完成整个城市尺度范围内的高分辨率风场模拟。风洞试验是基于运动相对原理和流动相似原理的试验模拟方法，目前多用于单体建筑及小区域群体建筑的外围风场的实验模拟，以及城市街谷的自然通风环境研究[27]。香港政府在《香港规划标准与准则》中正式加入了"空气流通指引"，并将风洞实验评估作为空气流通性评估的首选方法[28]。但风洞实验评估周期长、成本高、不具普遍性，并不适于在城市尺度的通风评估中进行推广。相对于数值模拟和风洞试验等手段，现场实验的测试范围比较小，一般限于城市街谷或局部区域。现场实验能更准确地测量研究区域内的温度、风速、风向、相对湿度及污染物的分布状况，更科学地评价区域内自然通风能力和自净能力[29-30]。但受到数据点位过少或者研究区域范围有限等的限制，应用代表性和通用性不强[31]。

近年来，遥感（RS）和地理信息系统（GIS）技术与气象学结合为通风环境评估提供了新的手段，如福州城市通风潜力评估和北京市中心城区风环境的评估均采用了此类技术[32-33]，Liu 等[34]基于卫星资料和 GIS 技术开展了北京雁栖湖生态城规划前后100 m 空间分辨率的通风变化评估，并用于通风廊道规划上，取得了较好效果，表明利用遥感和 GIS 技术可能会成为未来通风评估及廊道规划的一种有效手段。

4.3.1　技术路线和方法

如图 4-12 为基于遥感与 GIS 的城市通风评估与通风廊道构建技术路线：基于多种观测资料、城市规划及其他资料，利用遥感与 GIS 技术、数字图像处理技术、统计分析、数值模拟技术，分别开展城市地表参数与空间形态参数提取和自然环境特征分析，如不透水盖度、天空开阔度、迎风截面积指数和地表粗糙度估算以及盛行风与山谷风分析等；在此基础上开展热环境、风环境分析以及城市空间及下垫面特征分析，进而开展城市气候空间单元划分并制作环境气候分析图，结合城市规划资料开展城市通风廊道分析与构建，编制风环境气候建议图，提出通风廊道及城市建设管控措施和建议，并借鉴先进经验，形成当地城市空气流通设计标准，保障通风廊道规划的具体实施。

背景风场分析可以由数值模拟或气象台站风玫瑰图分析得到；而生态冷源、热岛强度、城市空间及下垫面特征及地表通风潜力分析均可由遥感和 GIS 技术实现，其中地表通风潜力分析是城市通风评估的核心。

城市地表通风潜力与建筑物的地面覆盖率、自然植被确定的地表粗糙度及接近周边开放区域的程度而定[28]，可根据空气动力粗糙度长度和天空开阔度来确定通风潜力的高低[34]（如表 4-6 所示）。

表 4-6　通风潜力等级划分表[34]

通风潜力等级	一级	二级	三级	四级	五级
粗糙度长度（m）	>1.0	0.5~1.0	0.5~1.0	≤0.5	≤0.5
天空开阔度	—	<0.65	≥0.65	<0.65	≥0.65
含义	无或很低	较低	一般	较高	高

为定量评价一个地区规划、建设前后通风潜力的变化情况，在通风潜力等级划分的基础上，定义通风潜力指数（Ventilation Potential Index，VPI），作为一个可比较不同时期、不同地区的通风潜力大小的定量指标。

$$VPI = \frac{1}{100\text{m}} \sum_{i}^{m} w_i p_i \tag{4.13}$$

式中，VPI 为城市通风潜力指数，m 为通风潜力等级数，i 为通风潜力较高以上的

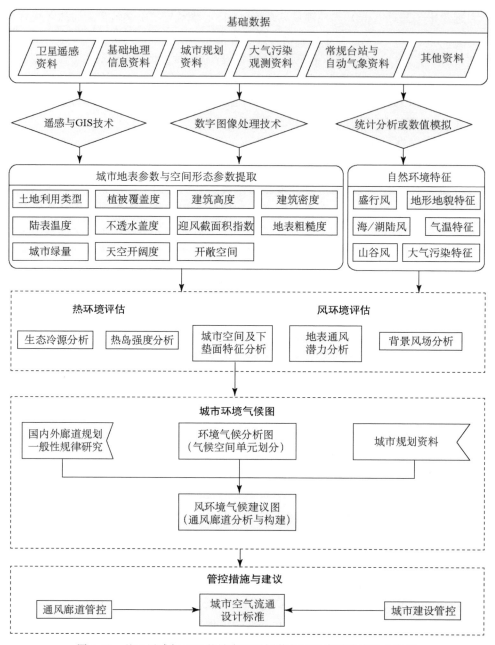

气候与城市规划——生态文明在城市实现的重要保障

图 4-12　基于遥感与 GIS 的城市通风评估与通风廊道构建技术路线

等级序号，w_i 为第 i 级的权重，取等级值，p_i 为第 i 级所占的面积百分比。一般 VPI 取值为 0～1，该值越大，通风潜力越大，值为 1 时，表明研究区均处于高通风潜力区域。此处取 $m=5$，$i=4$ 和 5。为了更好地评估区域空间单元内的通风潜力，把 VPI 划分成 5 个等级（如表 4-7 所示）。

表 4-7　地表通风潜力指数（VPI）评估等级及含义

等级	VPI	含义
1	0.00～0.20	差
2	0.21～0.40	较差
3	0.41～0.60	一般
4	0.61～0.80	较好
5	0.81～1.00	好

4.3.2　城市通风潜力评估及预估

如图 4-13 为济南市中心城区 2014 年 25 m 空间分辨率地表通风潜力等级分布图、大明湖附近潜在通风廊道，可以看出，2014 年主城区通风潜力普遍较差，"无或很低"与"较差"等级面积比例达到 27.0%，通风较好的区域一般分布在河流湖泊、主干道、大型绿化区和一些低矮稀疏建筑区；东部城区和西部城区除了局部通风潜力较差外，其余大部分地区通风潜力普遍较好。结合背景风环境，大明湖附近可以确定 4 条 50 m 宽以上东西向和 1 条南北向贯穿的潜在通风廊道，但是否能成为最终的通风廊道，还需要考虑热岛缓解效果、规划通风廊道宽度、其他相关规划及与其他区域的连通性等其他因素。

2020 年济南市城市地表通风潜力等级预估（图 4-13（c））和通风潜力指数 VPI 等级评估（如表 4-8 所示）显示，主城区、东部城区、西部城区通风潜力指数（VPI）规划后均较当前下降，东部城区和西部城区规划前通风潜力较高（VPI 分别为 0.94 和 0.93），规划后东部城区通风潜力降低显著，VPI 从 0.94 降至 0.68，而西部城区降低没有那么明显，这是由于东部城区定位为制造业和工业区，建筑较密，绿化较少，通风潜力明显降低；而西部城区定位为生活、休闲、办公区，绿化较多，通风潜力虽然有所降低，但 VPI 也在 0.80 以上。主城区受区域面积限制建设用地虽然有所增加，通风潜力变化不大，规划前后 VPI 从 0.81 降至 0.74。规划前后全市平均 VPI 从 0.89（"好"等级）降至 0.74（"较好"等级），仍能较好满足城市生态环境保护需要。

表 4-8　济南市中心城区规划前后地表通风潜力指数及评估等级

VPI（等级）	主城区	东部城区	西部城区	全市
规划前（2014）	0.81（好）	0.94（好）	0.93（好）	0.89（好）
规划后（2020）	0.74（较好）	0.68（较好）	0.81（好）	0.74（较好）

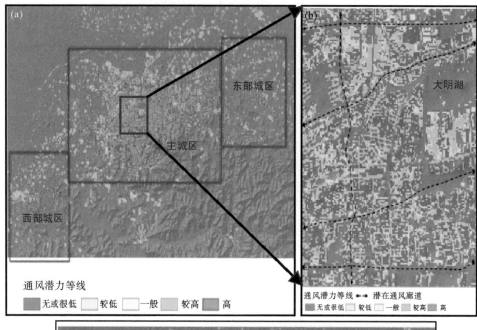

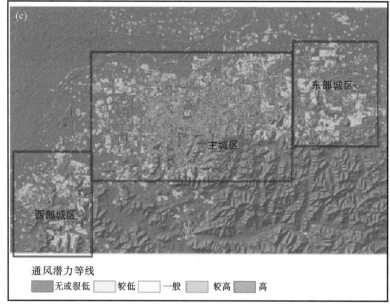

图 4-13　济南市中心城区 2014 年通风潜力等级（a）与大明湖附近潜在通风廊道（b）
及 2020 年通风潜力预估（c）分布图

4.3.3 城市气候分析图及通风廊道构建

以城市热岛评估图、生态冷源等级图和通风潜力等级图为基础，可划分济南市中心城区 11 个类别的城市气候空间单元；此外，根据德国学者 Kress（1979）[35] 提出针对不同下垫面气候功能评价标准，将通风廊道体系分为生态气候补偿空间、作用空间和空气引导通道。补偿空间为城市的山林、湖泊、大型公园绿地等绿色开放空间，作用空间为建筑密度大、人口密集的区域，是城市热岛效应强的区域[36]。依据 11 个类别的城市气候功能，可进一步把每类气候空间单位分别归入作用空间、补偿空间和空气引导通道三大类别，其中作用空间包括低热负荷及低通风潜力区、中热负荷及低通风潜力区、高热负荷及低通风潜力区和很高热负荷区等气候 4 类空间单元；补偿空间包括冷凉空气及良好通风潜力区、凉空气及较好通风潜力区和弱新鲜空气区等 3 类气候空间单元；空气引导通道包括无热负荷开阔区、低热负荷及高通风潜力区、中热负荷及高通风潜力区和高热负荷及高通风潜力区等 4 类气候空间单元。在作用空间区域基础上，结合城市建筑物信息，进一步可划分低敏感、中度敏感、高度敏感、极高敏感等 4 类气候敏感建筑区。结合背景风环境，可以制作济南市中心城区 2015 年气候分析图，如图 4-14（a）所示，大部分的气候敏感建筑区分布在主城区，东部城区也有较多的中度以上气候敏感建筑区，西部城区作为生活、休闲区大部气候较为适宜，有少部分的低度和中度气候敏感建筑区。

在当前城市气候分析图的基础上，以改善气候敏感区为目标，结合背景风环境与未来 2011—2020 年济南市中心城区用地规划图，对济南市中心城区通风廊道体系提出以下构建策略。

①增强南北，顺应自然。南部山区为清洁空气源，综合考虑近山区盛行风向、城市热岛环流、山地—平原风等，确定南北向是济南市通风廊道系统的最主要组成部分。

②贯穿东西，分割热岛。联通可能的东西廊道，与南北廊道形成网格化廊道系统，以更有效地分割重点热岛区域（图 4-14（a）中气候敏感建筑区，下同）。

③合理分级，优化系统。在城市总体规划层面，只考虑一级和二级廊道，详细规划层面需考虑三级廊道。一级廊道起引风作用：阻隔城区之间热岛蔓延连片，构建生态隔离廊道，宽度要求高；二级廊道起导风作用：切割主城区热岛，联通冷源与热岛区域，引导城市空气流通，宽度要求较低。

依据以上策略，在图 4-14（a）中"空气引导通道"空间区域基础上，充分考虑新鲜空气对气候建筑敏感区的补偿作用，可以有效构建济南市中心城区"3+11"通风廊道体系：包括 3 条宽度不小于 500 m 的一级通风廊道和 11 条宽度不小于 80 m 的二级廊道，如图 4-14（b）所示的风环境气候建议图：①一级廊道体系以黄河、东巨野河、玉符河等自然廊道为基础，分割主城区与东部、西部、黄河北岸的集中建设区，有利于引入主导风及河湖等新鲜空气，缓解沿岸城市热岛效应；②二

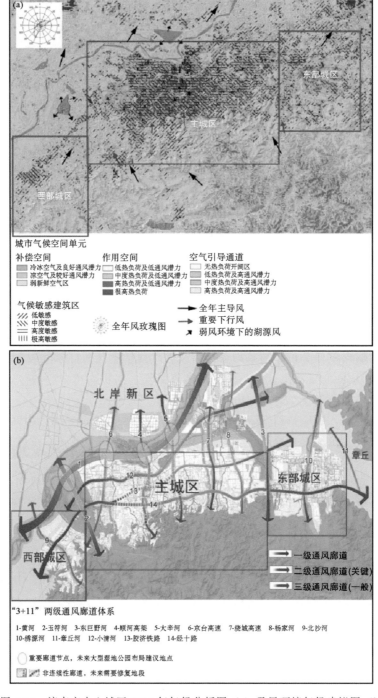

图 4-14　济南市中心城区 2015 年气候分析图（a）及风环境气候建议图（b）

级廊道体系主要依托现状水系和交通廊道布局，并根据重要性进一步区分为关键二级廊道和一般二级廊道，分割集中建成区与外部以及城区内部热岛连片区域，其中关键二级廊道可有效导入冷源风缓解城市内部热岛。

4.3.4　通风廊道管控

为保障该通风廊道体系的顺利实施，风环境气候建议图还应包括：

①廊道管控建议：针对已满足宽带要求的廊道，未来建设还需在廊道周边尽量增加地块内绿地，保证绿化覆盖率在 40％以上，进行限制开发；针对一些二级通风廊道现状宽度低于 80 m（如图 4-14（b）所示的"顺河高架"廊道），或存在"卡口"区域（如图 4-14（b）所示的"胶济铁路""经十路"和"大辛河"非连续廊道），应在城市更新、修复时进行管控，按 80 m 宽带为标准将建筑用地改为绿地公园或者公共广场等开敞空间，同时增加地块内绿地，保证绿化覆盖率在 30％以上[37]。

②城市管控建议：为了保障整个城市的通风效果，还需在整个城市建设方面提出管控措施：一是强化高度分区管控，呼应城市"南山北水"格局：宜将高层建筑组团布局在夏季主导风的下风向（中心城区北部）且距离里黄河 1 km 以上的区域，在靠近山体区域宜布局建筑密度和高度较小的功能组团，保证城区人们能望得见"山"，感知到"水"。同时需控制南部建筑密度，利于夏季（盛行南风）城市整体通风，争取高层、高密度建筑区布局于北部，将城市热岛向北推移，并阻挡冬季寒冷北风向中心城区渗入。二是建设沿黄河湿地公园群，串接南北冷源：在南北向二级廊道与沿黄河一级廊道和小清河二级廊道的交汇之处（如图 4-14（b）"重要廊道节点"示意），布局大型湿地公园，有利于营造山—水之间的空气对流，串联南山北水冷源，强化南北向风，对改善城市风环境意义重大——兼有景观美化的功效。三是加大污染企业的搬迁治理力度：城市上风向重点污染源（包括济南市工程热力公司、济南热电有限公司）首先搬迁，加大减排力度，提高环保要求；对热岛环流严重区域内主要污染源（中石化济南分公司、济南东新热电有限公司、北郊热电厂）进行有序治理或搬迁，可有效减少城市热岛，降低城区大气污染。四是预留北岸通风廊道，加强与南岸廊道的联通：建议北岸新区用地布局充分考虑通风廊道的预留，对相关规划方案进行优化调整，保证黄河北岸与南岸通风廊道的衔接和通畅。

③法律法规支撑：为保障廊道的顺利实施和城市通风效果，未来可以参照香港《城市设计指引》空气流通目录[38]，制定城市通风廊道管控导则，纳入城市设计和控规标准体系中，建立济南市城市设计中的"空气流通评估体系"。

参考文献

[1] 郭瑛琦，齐清文，姜莉莉，等 . 城市形态信息图谱的理论框架与案例分析 [J]. 地球信息科

学学报，2011，13（6）：781-787.

[2] 骆剑承，周成虎，沈占锋.遥感信息图谱计算的理论方法研究 [J].地球信息科学学报，2009，11（5）：664-669.

[3] 田新光，张继贤，张永红.利用 QuickBird 影像的阴影提取建筑物高度 [J].测绘科学，2008，33（2）：88-89.

[4] 李锦业，张磊，吴炳方，等.基于高分辨率遥感影像的城市建筑密度和容积率提取方法研究 [J].遥感技术与应用，2007，22（3）：309-313.

[5] 陈基伟，韩雪培.高分辨率遥感影像建筑容积率提取方法研究 [J].武汉大学学报（信息科学版），2005，30（7）：580-582.

[6] 桂容，徐新，董浩.全极化 SAR 影像城区建筑密度分析 [J].遥感技术与应用，2016，31（2）：267-274.

[7] Wu B，Yu B，Wu Q，et al. A Graph-Based Approach for 3D Building Model Reconstruction from Airborne LiDAR Point Clouds [J]. Remote Sensing，2017，9（1）：92.

[8] T. R. Oke. Boundary layer climates (Second edition) [J]. Quarterly Journal of the Royal Meteorological Society，1987，435.

[9] Ratti C F. Urban analysis for environmental prediction [M]. UK：University of Cambridge，2001：331.

[10] Gal T，Lindberg F，Unger J. Comparing continues sky view factor using 3D urban raster and vector databases：comparison and application to urban climate [J]. Theoretical and applied climatology，2008，（10）：1007.

[11] Zakšek K，Oštir K，Žiga K. Sky-View Factor as a Relief Visualization Technique [J]. Remote Sensing，2011，3（2）：398-415.

[12] Grimmond C S B，King T S，Roth M and Oke T R. Aerodynamically roughness of urban areas. Derived from wind observations [J]. Bound-Lay. Meteool.，1998，89（1）：1-24.

[13] Grimmond C S B，Oke T R. Aerodynamic properties of urban areas derived from analysis of surface form [J]. J. App. Meteorol.，1999，38（38）：1262-1292.

[14] Chen L.，Ng E. Quantitative urban climate mapping based on a geographical database：A simulation approach using Hong Kong as a case study [J]. International Journal of Applied Earth Observations and Geoinformation，2011，13（4）：586-594.

[15] 中华人民共和国住房和城乡建设部.JGJ 286-2013 城市居住区热环境设计标准 [S].北京：中国建筑工业出版社，2013，9-10.

[16] Martin P，Baudouin Y，Gachon P. An alternative method to characterize the surface urban heat island [J]. Int J Biometeorol，2015，59（7）：1-13.

[17] Liu Y，Fang X，Xu Y，et al. Assessment of surface urban heat island across China's three main urban agglomerations [J]. Theoretical & Applied Climatology，2017，（94）：1-16.

[18] Clinton N，Gong P. MODIS detected surface urban heat islands and sinks：Global locations and controls [J]. Remote Sensing of Environment，2013，134（5）：294-304.

[19] 刘勇洪，张硕，程鹏飞，等.面向城市规划的热环境与风环境评估研究与应用-以济南中心

城为例 [J]. 生态环境学报，2017，26（11）：1892-1903.

[20] 叶彩华，刘勇洪，刘伟东，等 . 城市地表热环境遥感监测指标研究及应用 [J]. 气象科技，2011，39（1）：95-101.

[21] 刘勇洪，房小怡，张硕，等 . 京津冀城市群热岛定量评估 [J]. 生态学报，2017，37（17）：5818-5835.

[22] 徐涵秋，陈本清 . 不同时相的遥感热红外图像在研究城市热岛变化中的处理方法 [J]. 遥感技术与应用，2003，18（3）：129-133.

[23] 刘勇洪，徐永明，马京津，等 . 北京城市热岛的定量监测及规划模拟研究 [J]. 生态环境学报，2014，23（7）：1156-1163.

[24] 邱苏闽，吴文勇，刘洪禄，等 . 城市绿量的遥感估算与热岛效应的相关分析-以北京市五环区域为例 [J]. 地球信息科学学报，2012，14（4）：481-489.

[25] Shinsuke K，Hong H. Ventilation efficiency of void space surrounded by buildings with wind blowing over built-up urban area [J]. J. Wind. Eng. Ind. Aerod. 2009，97（7）：358-367.

[26] 李磊，张立杰，张宁，等 . FLUENT 在复杂地形风场精细模拟中的应用研究 [J]. 高原气象，2010，29（3）：621-628.

[27] Duijm N J. Dispersion over complex terrain：wind-tunnel modeling and analysis techniques [J]. Atmos. Environ. ，1996，30（16）：2839-2852.

[28] 香港特别行政区政府规划署规划及土地发展委员会 . 香港规划标准与准则（编号 49/05 [Z/LO]. 2009 [2018-05-10]. https：//www. pland. gov. hk/pland _ sc/tech _ doc/hkpsg/ full/.

[29] Georgakis C，Santamouris M. On the air flow in urban canyons for ventilation purposes [J]. International Journal of Ventilation，2004，3（1）：1-9.

[30] Niachou K，Livada I，Santamouris M. Experimental study of temperature and airflow distribution inside an urban street canyon during hot summer weather conditions-Part I：Air and surface temperatures [J]. Building and Environment，2008，43（8）：1383-1392.

[31] 郑拴宁，苏晓丹，王豪伟，等 . 城市环境中自然通风研究进展 [J]. 环境科学与技术，2012，35（4）：87-93.

[32] 詹庆明，欧阳婉璐，金志诚，等 . 基于 RS 和 GIS 的城市通风潜力研究与规划指引 [J]. 规划师，2015，（11）：95-99.

[33] 杜吴鹏，房小怡，刘勇洪，等 . 基于气象和 GIS 技术的北京中心城区通风廊道构建初探 [J]. 城市规划学刊，2016，231（5）：79-85.

[34] Liu Y H，Fang X Y，Cheng C，et al. Research and application of city ventilation assessments based on satellite data and GIS technology-a case Study of Yanqi Lake Eco-city in Huairou District，Beijing [J]. Meteorological Applications，2016，23（2）：320-327.

[35] Kress R. Regional luftaustauschprozesse NndihreBedeutung Fur Die RaumlichePlanung [M]. Dortmund，Germeny，institute for Umweltschutz. der Universitat Dortmund，1979.

[36] 刘姝宇，沈济黄 . 基于局地环流的城市通风道规划方法——以德国斯图加特市为例 [J]. 浙江大学学报（工学版），2010，44（10）：1985-1991.

［37］李延明，张济和，古润泽．北京城市绿化与热岛效应的关系研究［J］.中国园林，2004，
　　　20（1）：72-75.

［38］任超，吴恩融，叶颂文，等．高密度城市气候空间规划与设计-香港空气流通评估实践与经
　　　验［J］.城市建筑．2017，（1）：20-23.

第五章　北京市中心城区通风廊道规划气候评估案例

杜吴鹏　何　永　邢　佩　贺　健　程鹏飞　党　冰*

5.1　背景介绍

北京市是一个两千多万人口的特大型城市，人口大量集中于中心城区，由于城市化效应，建筑体量大、密度高，且受区域气候变化影响，城市的通风环境较差，人体舒适程度也受到严重影响[1-3]。另外，北京通风环境局地性强、时间变化大。现阶段北京城市建设与生态环境间的矛盾日益突出，城市热岛效应增强，作为首都，面对日趋严峻的生态环境问题，理应在改善城市风环境方面做出努力。

5.2　所用资料与方法

5.2.1　气象资料

使用的气象资料分为历史气象资料和现场观测获得的气象资料，其中历史气象资料包括了北京市域所有国家气象站至少最近30年的气候数据，以及高密度自动气象站建站以来全部观测的逐小时或逐分钟风向、风速、气温和相对湿度资料；除此之外，气象资料也作为数值模拟边界条件的大气再分析资料用于气象数值模拟。针对通风廊道拟规划区周围无可用气象观测资料，或下垫面较为复杂的情况，开展现场观测以获取现场气象观测资料。

5.2.2　规划和土地利用资料

主要包括带比例尺的现状和规划用地类型图，根据规划范围处理后的现状和规划用地类型电子数据（矢量），以及控制性详细规划中的容积率等城市建设强度相关数据。

5.2.3　遥感和地理信息资料

主要包括覆盖研究区域的高分辨率卫星遥感数据、高分辨率建筑物信息数据（应包括城市建筑物高度和建筑物密度），以及覆盖研究区域的其他高分辨率地理信息数据。

---

* 杜吴鹏，博士，北京市气候中心副主任，高级工程师，研究方向为应用气候和城市规划气象环境评估；何永，博士，北京市城市规划设计研究院，教授级高工，研究方向为城市规划；邢佩，博士，北京市气候中心，高级工程师，研究方向为应用气候和气候变化研究；贺健，硕士，北京市城市规划设计研究院，高级工程师，研究方向为市政规划；程鹏飞，硕士，北京智融天象科技有限公司，技术总监，主要研究方向为应用气候；党冰，硕士，北京市气候中心，工程师，研究方向为城市气候变化及应用气候研究。

5.2.4　其他资料

主要是与北京市城市通风廊道气候评估有关的其他资料，如近 3 年以上的年度环境空气质量报告书、大气环境监测资料、统计年鉴、重大规划或工程项目大气环境影响评价报告等权威、可靠的关于规划城市通风廊道、生态环境、产业发展、重点污染企业等方面的资料。

5.2.5　技术方法

在获得前述的数据资料基础上，采用气象资料统计分析、气象数值模拟、实地观测、热岛卫星反演、城市地表粗糙度、天空开阔度和通风潜力计算等方法，从而获得北京市的风环境特征、热岛时空分布、气象要素精细化空间分布以及针对廊道规划方案的风环境评估，最终提出北京市中心城区通风廊道规划方案和规划、管控策略。其中使用的数值模式主要有：更新城市用地信息的 WRF 模式、城市小区尺度模式以及 CFD 模式。

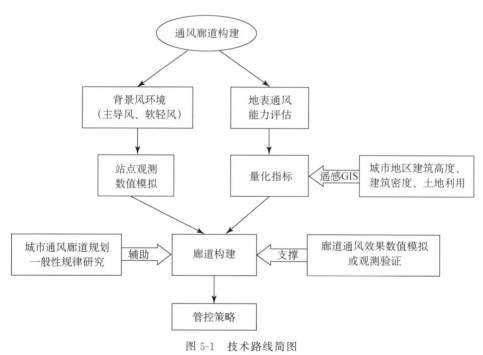

图 5-1　技术路线简图

5.3　现状分析及存在问题

5.3.1　风环境现状

（1）市域风速空间分布

北京地区的风环境受华北背景区域和北京特殊地形的共同影响，通过对北京

20 个国家级地面气象站 2010—2014 年观测数据统计，地面 10 m 处风速的空间分布呈北部和东部高、中心城区和南部及西南部低的分布特征[4]，从图 5-2 中可以看到，风速高值区主要集中在西北部、东北部山区，东部通州地区的风速也相对较高，其中佛爷顶观测站年均地表风速达到 3.5 m/s，上甸子和通州也在 2.5 m/s 以上。风速最小的区域主要分布在中心城区和西南山区，特别是石景山站的风速明显偏低，仅有 1.2 m/s，大兴和霞云岭地区的风速也较低，平均仅有 1.5 m/s。以上特征可能与北部山区位于上风方向、东部平原为气流辐合区、空气平流活动较为旺盛有关，而西南地区空气活动相对静稳，中心城区则受城市高大建筑物阻挡影响，导致风速总体偏小。

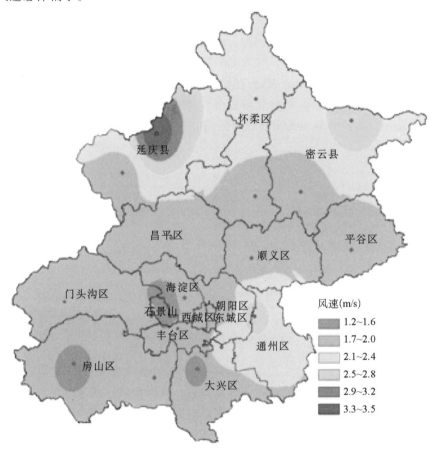

图 5-2　2010—2014 年北京地区 10 m 高度平均风速空间分布

（2）中心城区风速空间分布

北京市中心城区风速空间分布特征（图 5-3）表明，城区风速等值线密集，风速水平梯度大。三环外围风速较大，二环以内存在一个风速次大区域，而在二环和三环之间存在一条"n"型的小风速区[5]。这与北京城市环状结构有关，北京二环到三环之间主要为高密度城市地区，下垫面粗糙度大，二环内主要为老城区，平均建筑物高度低，下垫面粗糙度小。因此，当风吹向城市时，高密度城市区域大的粗糙度使得近地面风速减小，进入老城区由于粗糙度减小而风速略有增大。高密度城市区为主要的工商业中心，人口密度大，排放的污染物较多，该区域风速较小，对污染物的扩散十分不利。

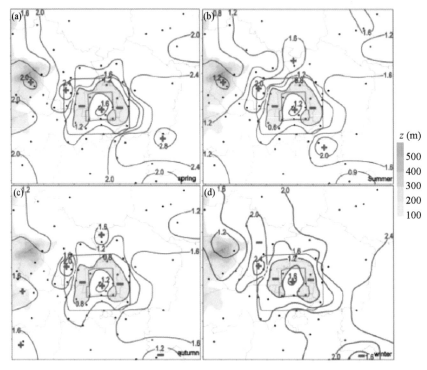

图 5-3　北京市中心城 10 m 高度平均风速（m/s）分布[5]

(a) 春季；(b) 夏季；(c) 秋季；(d) 冬季

（3）风玫瑰特征

污染物的传输路径与风向、风速关系密切，而风向、风速具有明显的季节变化特征。利用 1981—2010 年 30 年观测数据，得到北京观象台站年和冬季代表月（1月）、夏季代表月（7月）的风向玫瑰图（图 5-4），可以看出，全年北京城区西南风（SSW）发生频率最高，其次是北风（N）和东北风（NE），而西风和东风相对较少；冬季 1 月的西北风（NNW）的出现频率明显偏高；夏季 7 月南风（S）风频则明显偏高。

风速较大时有利于污染物的扩散和清除，因此，统计了不同风速条件的风向出现频率，得到北京观象台年均（图 5-5a）、小风天（图 5-5b）和大风天（图 5-5c）

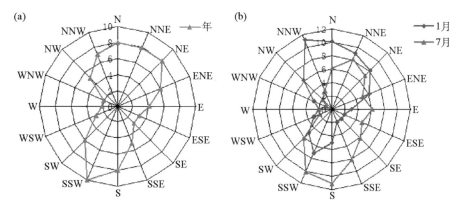

图 5-4　北京观象台站风玫瑰图

(a) 年风玫瑰；(b) 1 月和 7 月风玫瑰

的最大风速的风向频率。从图中可以看到，全年及小风天的最大风速最多出现在西南风时，其次是北风，而在大风天，西北方向的最大风速明显最多。以上表明，在小风天时，较大的风速主要来自于西南风，这也与北京地区的雾和霾主要发生在小风天时一致（大气污染源主要位于北京南部）；而大风天时，较大的风速则以西北风占据主导。

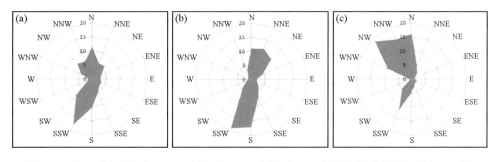

图 5-5　北京观象台年均（a）、小风天（b）、大风天（c）的最大风速的风向频率玫瑰图

（小风天是指日均风速＜1 m/s，大风天是指日均风速≥3 m/s）

5.3.2　热环境现状

根据卫星反演的北京地区和北京市中心城区域热岛强度（图 5-6 和图 5-7）可以看出，北京热岛明显的区域主要集中在中心城、周边卫星城和郊区县城。由于城市人口的增加及建设面积的扩大，主城区和周边各区分散性的强热岛小片区不断增多，而广大山区和农村则无热岛出现，地表温度距平为零或负值。在中心城区域，热岛明显地区主要集中在东南三环至五环、首都国际机场、CBD 区域、回龙观—上地区域、北苑—天通苑区域、中关村等地。

另外，通过对北京市中心城自动气象站气温观测数据的分析（图 5-8），可以看出，中心城西部海拔高度较高的地区温度较低，平原地区温度高。城市温度高于周围非城市地区温度，有较明显的热岛现象；城市中的温度分布也不均匀，出现多

图 5-6 北京市域热岛强度遥感监测

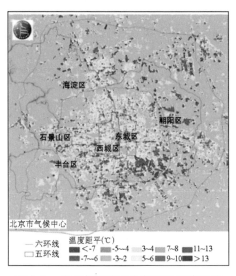

图 5-7 北京市主城区热岛强度遥感监测

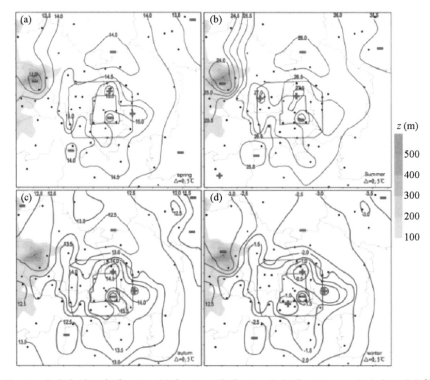

图 5-8 北京主城区春季（a）、夏季（b）、秋季（c）和冬季（d）2 m 温度水平分布[5]

个温度高值中心，不透水率高的地区近地面气温高，而临近水体、公园的地区温度略低，城市公园及绿化降温效果明显。

5.4　北京市软轻风研究

5.4.1　软轻风介绍

风速在 0.3～3.3 m/s、风级为 1 级或 2 级的风定义为软轻风。在静风条件下，通风廊道并不能有效利用这段微弱的风速；而当风速较大时，即便没有通风廊道城区内也具有较好的通风效果，有无通风廊道的通风效果差异并不明显。软轻风风频分布与全风速段风频分布会存在一定差异，从而对通风廊道规划、设计产生明显影响。因此，在对北京市中心城区风环境进行分析以及通风廊道规划过程中，除考虑全风速段各个风向出现的频率以外，还应该重点分析软轻风的风向频率，从而提高廊道的实际通风效果。

5.4.2　软轻风不同风速段风频

将风速划分为 11 个风速段，即 [0，0.5]、(0.5，1]、(1，1.5]、(1.5，2]、(2，2.5]、(2.5，3]、(3，3.5]、(3.5，4]、(4，4.5]、(4.5，5]、>5 m/s。基于北京中心城区的 5 个国家级气象站（朝阳、海淀、丰台、石景山、观象台）2010—2014 年的 10 min 风速、10 min 风向逐时数据，统计各站在 11 个风速段上出现频率最高的风向的变化，并确定出现频率较大的风的风速范围大小，绘制对通风廊道起作用的软轻风玫瑰图，用于指导北京市中心城区次级廊道的规划。

图 5-9 为中心城区各气象站不同风速段的风频分布，可以看出，观象台、朝阳和海淀三站的特征较为相似，即当风速介于 0.5～2 m/s 时多为东风或东北风，风速介于 2～3 m/s 时多为南风或西南风，风速大于 4 m/s 时多为西北风。丰台、石景山两站的特征较为相似，即当风速介于 1～2.5 m/s 时南风或西南风出现频率最高，风速大于 4 m/s 时西风出现频率最高。

通过图 5-10 对城区五站不同风速段的风出现频率的统计可以看出，五站大于 0.5 m/s（即非静风）且出现频率超过 5% 的风，基本都集中在 (0.5，3] m/s 风速段，且朝阳、海淀、丰台和石景山四站在该风速段的风出现的累积频率均超过了 75%，观象台的相应累积频率也超过了 65%。

5.4.3　软轻风风速段与全风速段对比

图 5-11 分别显示了五站对应的 (0.5，3] m/s 风速段以及全风速段在各个方向上的频率分布。由 (0.5，3] m/s 风速段对应的风玫瑰图可以看出，观象台、朝阳和海淀三站在该风速段的风以东北、西南为主，而丰台和石景山两站则以西风和西南风出现较多，东北风频次有所下降，城区不同区域的次级廊道走向可以参考以上各自区域站点高频软轻风的主导风向去构建。通过各站对应的 (0.5，3] m/s

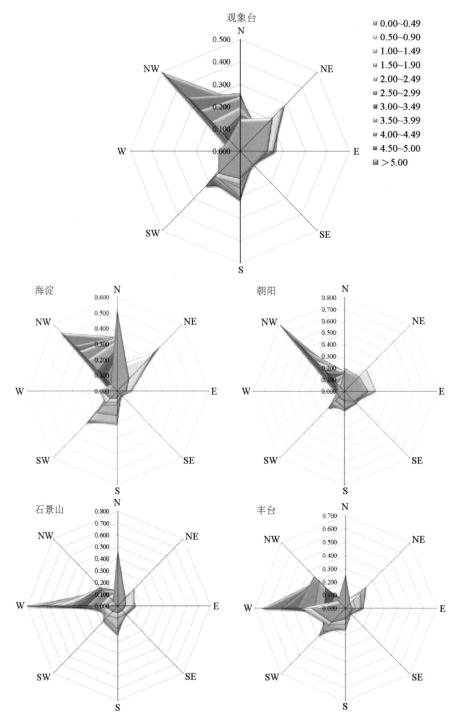

图 5-9　2010—2014 年北京市中心城区各气象站不同风速（m/s）段风频分布

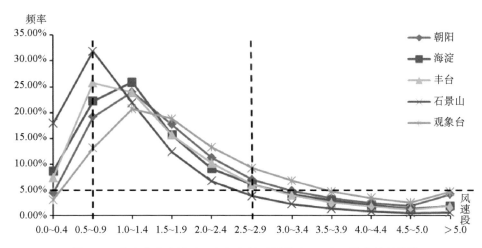

图 5-10 北京市中心城区 5 个气象站不同风速（m/s）段的风频统计

风速段与全风速段的风频玫瑰图以及风频统计表的对比可以看出，五站所对应的（0.5，3］m/s 风速段与全风速段的风频分布均存在一定差异，其中丰台、石景山两站的差异较大，主导风的风向发生了转变。与全风速段相比，五站对应的（0.5，3］m/s 风速段在东北、东、东南、南几个方向上的频率均有所增加，而在北、西北、西三个方向上的频率均有一定的减少。在后续设计工作中，城区不同区域的次级廊道的走向将主要参考以上各自区域站点高频软轻风的主导风向去构建。

5.5 通风潜力计算

利用遥感和地理信息系统（GIS）对地表通风参数进行提取并计算通风潜力。其中，地表通风参数包括开放空间（农田、水体、绿地、广场、未利用地等）、风廊道（道路交通、低矮建筑群、绿化带、广场等）、建筑物信息（建筑高度、密度类型）、其他信息（居住区、办公区、商业区等）。通风潜力的评估依据天空开阔度和地表粗糙度两方面进行。

5.5.1 天空开阔度

天空开阔度，也称天穹可见度（Sky View Factor，SVF），或者叫天空可视因子。北京市中心城区域天空开阔度分布如图 5-12 所示，建筑越密集、建筑物高度越高的地区天空开阔度越小，SVF 小于 0.65 的低值区主要集中于四环之内，局部地区如中央商务区（CBD）SVF 低至 0.35；二环内中心区域则存在着大片的 SVF 大于 0.75 的高值区域，主要是该区域为北京历史文化保护区，分布着大面积的平房、四合院等低矮旧建筑，遮蔽度低；而五环外郊区除了主要的卫星城外，天空开阔度普遍较大，大多数区域大于 0.75。

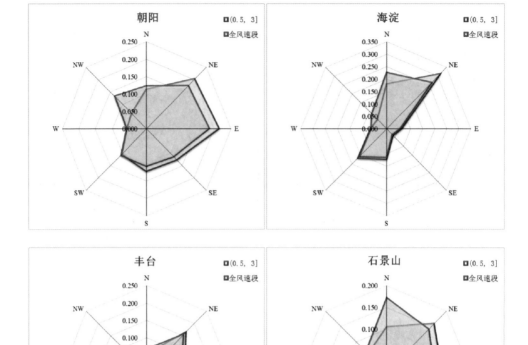

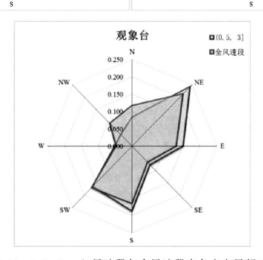

图 5-11　0.5～3 m/s 风速段与全风速段在各方向风频对比

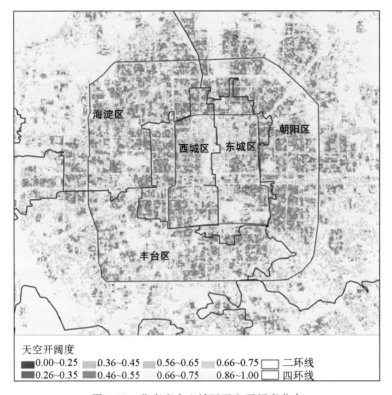

天空开阔度
| ■ 0.00~0.25 | ■ 0.36~0.45 | 0.56~0.65 | ■ 0.66~0.75 | □ 二环线 |
| ■ 0.26~0.35 | 0.46~0.55 | 0.66~0.75 | 0.86~1.00 | □ 四环线 |

图 5-12 北京市中心城区天空开阔度分布

5.5.2 地表粗糙度

地表粗糙度可以由气象学中的动力学粗糙长度 Z_0 来定量表达，动力粗糙度长度是指近地层风速向下递减到零时的高度（以零平面位移高度 Z_d 为高度起点）。由于城市地表粗糙度主要由建筑物引起，郊区地表粗糙度主要由植被造成，因此，地表粗糙度的计算分为城区和郊区。

估算粗糙度长度 Z_0 需要提取的关键参数可分为植被地区和城市区域参数，其中植被地区参数包括植被类型（森林、灌草、农田、裸地、水体）、叶面积指数（LAI）、植被高度；城市地区主要是建筑覆盖率、建筑高度。

由于针对的是北京市中心城区通风廊道规划，因此，这里主要采取估算城市地区粗糙度长度的方法进行 Z_0 的计算。利用北京 1：2000 建筑基础地理信息数据和德国高分辨率卫星影像 Rapid（5 m 分辨率）获取建筑物信息，估算建筑覆盖率和建筑物高度，从而得到中心城区地表粗糙长度空间分布（图 5-13）。北五环、南四环、东四环和西四环间的中心城核心区地表粗糙长度较高，其次清河—回龙观、北苑—天通苑、石景山、通州和大兴卫星城等地的地表粗糙长度也达到了 1.0 m 以上。

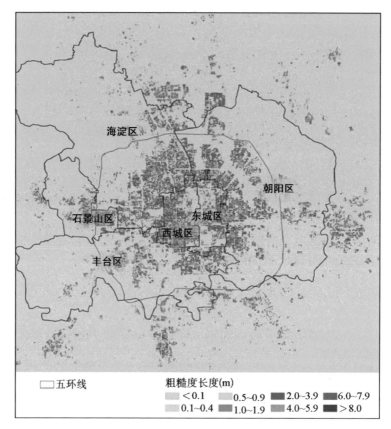

图 5-13　北京市中心城区地表粗糙长度计算结果

5.5.3　通风潜力计算及等级划分

利用计算的粗糙度长度和天空开阔度，对地表通风潜力进行估算和等级划分，进而获得高分辨率的北京市中心城区地区通风潜力等级分布（图 5-14）。中心城范围内通风潜力较大的区域主要为农田、绿地、河道、宽阔街道以及低矮零碎的建筑区。

5.6　城市热岛

采用卫星影像反演得到的地表温度来计算城市热岛强度，将研究区内地表温度与郊区背景温度（郊区农田平均地表温度）的差定义为热岛强度。图 5-15 显示了北京地区 20 世纪 90 年代至近年城市热岛变化卫星遥感检查结果，热岛较强的地区主要位于中心城、机场以及郊区县城。2000 年后北京中心城热岛面积明显增加，特别是东北部的首都机场周边、东部 CBD、金融街及西长安街沿线为热岛最为显著区域。热岛发展趋势为向北、东和南三面扩展，其中向东和向北扩展较为明显，

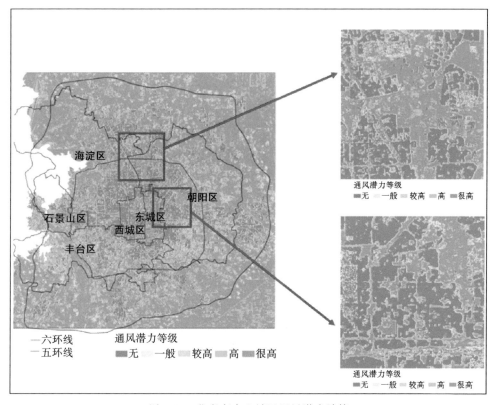

图 5-14　北京市中心城区通风潜力计算

与城市的扩展方向一致。2000 年之后，在平谷、顺义等地出现了分散的热岛中心，同时出现了中心城区热岛与通州、顺义热岛连成片的趋势。

北京市 2017 年较强以上热岛面积为 1614 km²，略小于 2016 年（1642 km²）；城六区热岛面积为 1115 km²，占城六区总面积的 80%，达到历史最高值，副中心通州热岛面积为 228 km²，面积百分比达 25%。

5.7　风环境容量区划

5.7.1　区划方法

开展北京地区风环境容量区划首先需要选取相应的影响指标，指标选取主要基于风环境容量"立体"概念，其受到垂直方向的高度（混合层厚度）和水平方向上风的流动（风速）共同影响。因此，选取水平方向的风速和垂直方向的混合层厚度作为北京地区风环境容量区划的两个重要指标，而在城市中由于人类活动明显加剧，改变地表粗糙度会进一步影响风环境容量大小。这里对风环境容量指数的分级首先采用无量纲化方法，对影响风环境容量的水平风速、混合层厚度和地表粗糙度长度 3 个指标进行归一化处理，得到各分指标影响指数。对于自然的气候特征要

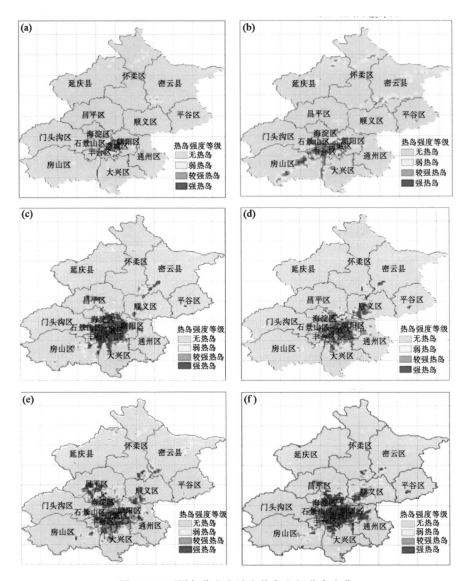

图 5-15　不同年代北京城市热岛空间分布变化

(a) 1990 年、(b) 1996 年、(c) 2001 年、(d) 2008 年、(e) 2013 年、(f) 2017 年

素,其值越大表示风环境容量等级越高,对于地表粗糙度长度指标,其值越大则风环境容量等级越低。

最后,利用等权重加权综合评价法,基于地理信息系统(GIS)空间分析模块中的栅格计算器(RC)进行因子层的计算和叠加,在 GIS 平台下采用自然断点分级法,得到分级阈值和不同等级风环境容量指数空间分布[6]。

北京地区的水平风速和地表粗糙度长度前文已经给出,对于大气混合层厚度的计算，采用国家标准《制定地方大气污染物排放标准的技术方法》（GB/T 3840—1991）中推荐的方法[7]。其原理是首先基于帕斯奎尔稳定度分类法，将大气分为强不稳定、不稳定、弱不稳定、中性、较稳定和稳定 6 个等级，并求出太阳倾角、太阳高度角及太阳辐射等级；其次，利用地面 10 m 高度处的逐时风速以及相应时次的云量观测数据，获得逐时次大气稳定度等级；最后，基于不同稳定度等级条件下混合层厚度计算方法，得到大气混合层厚度值（图 5-16）。

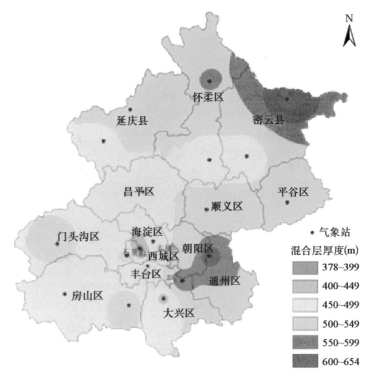

图 5-16　2009—2014 年北京地区年均大气混合层厚度

5.7.2　影响指标分级和区划

通过归一化方法得到水平风速、大气混合层厚度和地表粗糙度长度 3 个风环境容量影响指标，并按照自然断点分级法，将各影响指标分为 5 级（图 5-17），可以看到，风速影响低值区主要分布于北京西南部，包括房山、门头沟、丰台、石景山和海淀，次低值区和中等区主要分布于中部平原，包括昌平、顺义、平谷、大兴和怀柔、密云的南部区域，次高值区主要位于北部山区和东部通州，高值区则分布于延庆北部。混合层厚度影响分指标的等级划分自东北到西南逐渐下降，其中，中心城区西部为低值区或次低值区，东部为中等区。地表粗糙度长度影响分指标的分布呈中心城区、北部、西部山区低，平原地区高的特征，主要是由于中心城区（主要受建筑物影响）和山区（受山体植被影响）粗糙度较大。

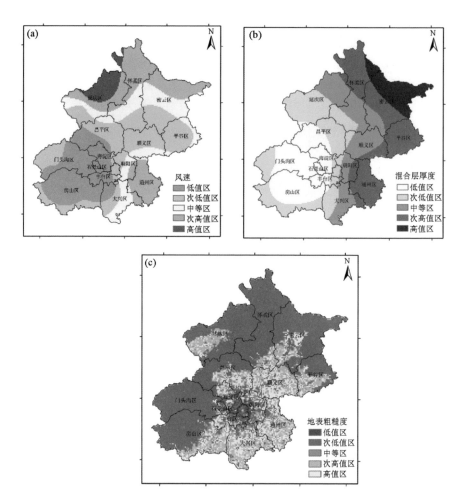

图 5-17　水平风速（a）、混合层厚度（b）和地表粗糙度长度（c）
影响指数等级划分

5.7.3　风环境容量分级和区划

依据以上 3 个分指标，按照前文所述方法，计算得到北京地区风环境容量指数分布，并利用自然断点分级法将风环境容量指数划分为 5 个等级（图 5-18）：分别为低值区、次低值区、中等区、次高值区和高值区。低值区和次低值区风环境容量主要分布在北京西南地区的房山、门头沟、海淀、石景山、丰台以及中心城区的东城和西城等地。受高密度建筑物分布等人为因素的影响，人口密集、地表粗糙度较高的北京二环至四环范围是风环境容量指数最低的区域。特别需要引起注意的是，由于二环内的建筑物高度较为低矮平缓，有关学者的研究也表明，二环内的风速略大于二环至四环之间区域，从图 5-18 可以看到，这里也说明北京二环内的风环境容量指数多为中等区或次低值区，略大于中心城区二环至四环范围。从全市区来看，高值区和次高值区风环境容量指数主要集中在延庆、怀柔、密云等区域的北部以及东部的通州，平原地区多为中等风环境容量区。

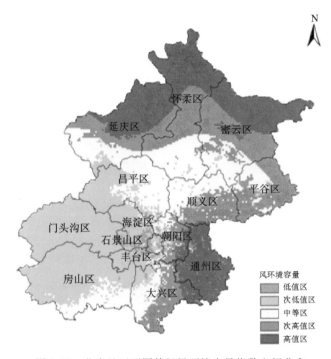

图 5-18　北京地区不同等级风环境容量指数空间分布

5.8　模式模拟

5.8.1　WRF 模式模拟

WRF 模式系统是美国国家大气科学研究中心 NCAR（National Center for Atmospheric Research）、国家海洋和大气管理局 NOAA（National Oceanic and Atmospheric Administration）等多个部门联合开发的新一代高分辨率中尺度预报模式和资料同化系统，分为 ARW（Advanced Research-WRF）和 NMM（Non-hydrostatic Mesoscale Model）两个动力核。ARW 是可压缩、欧拉、非静力平衡模式，同时有静力平衡选项，控制方程组为通量形式，采用地形跟随静压垂直坐标系，水平网格采用 Arakawa-C 交错格式，模式顶层气压为常数。ARW 可用于 10～106 m 空间精度的模拟研究，包括大涡模拟、斜压波模拟和过山气流模拟等理想化模拟。

采用耦合城市冠层模式的 WRF 模式模拟北京中心城区风场和气温，冬季和夏季 10 m 高度风场和 2 m 高度气温场模拟结果见图 5-19 到图 5-22，可以看出，模式能够清晰模拟出北京中心城区冬季盛行西北风、夏季盛行偏南风，且中心城区风速明显低于郊区；在气温的空间分布方面，也能看到中心城区为气温高值区，无论是夏季还是冬季其气温值均明显高于郊区，这也进一步验证了前文利用卫星遥感方法得到的中心城为热岛集中区的结论。

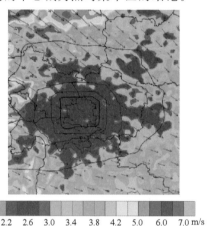

2.2 2.6 3.0 3.4 3.8 4.2 5.0 6.0 7.0 m/s

图 5-19 冬季 10 m 高度风场模拟

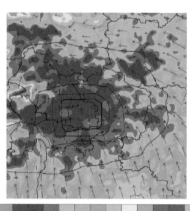

1.6 1.8 2.0 2.2 2.4 2.6 2.8 3.0 3.2 3.4 3.6 3.8 m/s

图 5-20 夏季 10 m 高度风场模拟

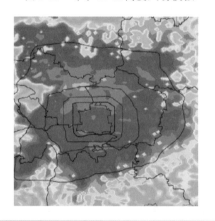

-5.0 -4.0 -3.0 -2.0 -1.0 0.0 1.0 2.0 2.4 2.8 3.2 3.6 ℃

图 5-21 冬季 2 m 高度气温模拟

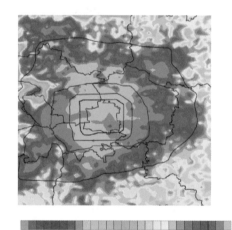

24.8 26.0 27.2 28.2 28.8 29.4 30.0 30.6 ℃

图 5-22 夏季 2 m 高度气温模拟

5.8.2 小区模式模拟

（1）模式介绍

城市小区尺度气象模式由南京大学与北京市气象局共同研发，是具有良好模拟能力和丰富实践经验的城市小尺度（微尺度）城市冠层（建筑物冠层）模式，能细致刻画发生在城市小区尺度范围内的气象场分布特征和污染物扩散问题[8-9]。

　　根据北京中心城区通风廊道规划设想，应对主通风廊道区域严格规划控制，包括控制建设高度和密度等，同时打通障碍点。因此，选择中心城区拟规划改造的通风廊道重点区域，采用小区模式进行通风廊道改造前后的效果验证，从模拟的角度给出城市通风廊道的作用效果。

　　（2）模拟案例分析

　　北京前三门护城河西起西便门附近，东至东便门，全长 7.74 km。公元 1419年，明朝将元大都南城墙南移，并开挖新护城河，即前三门护城河，与其他护城河形成"日"型格局。1965 年，由于修建地铁的需要并同时兼顾城市交通，当年做出改前三门护城河为暗沟的具体实施方案；随着地铁一期工程的进行，前三门护城河全部消失。

　　前三门盖板河区域建设密度大、冷源少、热岛较为严重，因此，假定恢复前三门暗河为明河，连通城市主通风廊道，对局地气象环境条件进行模拟分析。因此，选取前三门盖板河作为通风廊道重点模拟区域，模拟现状和河道改造后的气象场分布特征，重点关注热环境和风环境变化，通过模式模拟反映通风廊道的作用效果。图 5-23 为模式采用的前三门盖板河改造前后建筑高度及土地利用类型示意图。

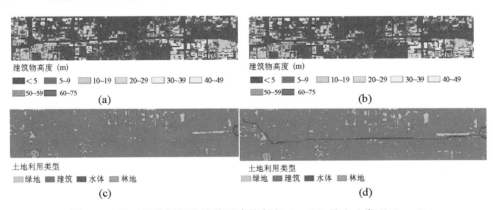

图 5-23　前三门盖板河改造前后建筑高度（a，b）及土地类型（c，d）

　　模拟结果显示（图 5-24 和图 5-25），河道打通后，河道及周边区域温度场和风场有所变化，气温降低，风速增加，主要影响范围为河道及其两侧区域；温度受下垫面影响较大，因此气温的变化幅度随着高度略有降低，即地表降温最为明显，超过 10 m 后气温变化则不太明显；在 0～10 m 范围内，风速变化幅度随高度而增加，即高度越高，风速增加幅度越大；地表至地面 10 m 高的气温降低幅度为 0～1 ℃，各高度层风速增加范围为 0～0.5 m/s；河道为气温和风速变化最显著区域，表明该通风廊道的障碍点打通后，温度明显降低，风速显著增加，有缓解热岛、增强通风的作用。

　　通过计算，打通河道之后模拟区域气温下降超过 0.2℃（$\Delta T < -0.2$ ℃）的面

积达 50000 m²，模拟区域气温下降超过 0.5℃（$\Delta T < -0.5$ ℃）的面积达 30000 m²，距离河道较远区域的气温变化不太明显。

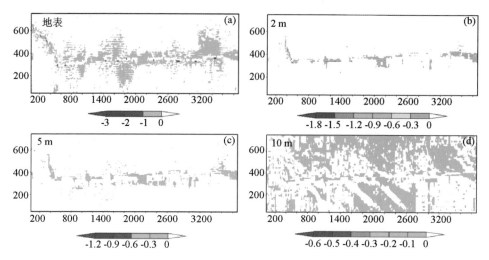

图 5-24　前三门河道改造后与改造前气温差值图（14 时）（℃）

（a）地表气温差值；（b）2 m 处差值；（c）5 m 处差值；（d）10 m 处差值

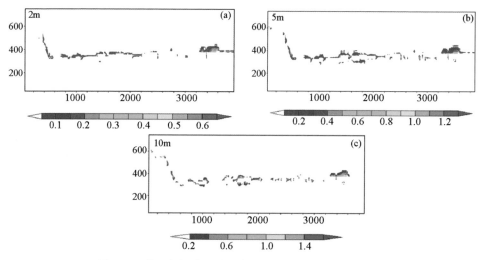

图 5-25　前三门河道改造后与改造前风速差值图（m/s）

（a）2 m 处风速差值；（b）5 m 处风速差值；（c）10 m 处风速差值

5.8.3　计算流体力学（CFD）模拟

选择北京市安华桥周边街区作为典型的北京街区，利用计算流体力学软件对其进行风环境模拟研究，以此分析街区风环境特征，获得风速、街道走向以及建筑布局对街区通风影响的一般规律。

（1）研究对象

选取了以安华桥为中心，北至北土城东路，西至裕民中路，东至安贞路，南至黄寺大街的街区作为模拟分析区域。此街区位于城区中轴线。区域内含有各类住宅小区、商业办公楼、公共建筑等，建筑高度错落、布局密度适中，具有良好的北京城市街区代表性（图5-26）。

图 5-26　街区建筑分布实况图

（2）风速对街区风环境影响模拟结果与规律分析

参考北京市中心城区软轻风统计分析，选取北风风向的 0.5 m/s、1.5 m/s、2 m/s 和 3 m/s 作为初始风速，进行了四次模拟运算，以分析不同风速时街区内的风环境特征，模拟结果（如图 5.27～图 5.30 所示）如下（图的右侧设定为北侧）。

1）不同风速的街区内 2 m 高风速分布状况

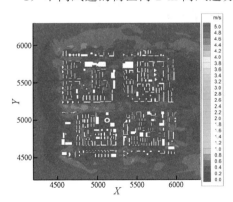

图 5-27　0.5 m/s 初始风速时街区
风速分布图

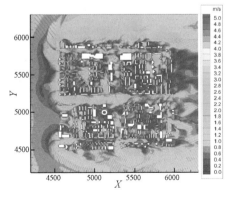

图 5-28　1.5 m/s 初始风速时街区
风速分布图

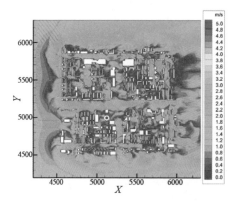

图 5-29　2 m/s 和初始风速时街区
风速分布图

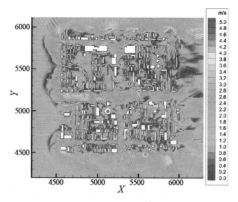

图 5-30　3 m/s 初始风速时街区
风速分布图

2）街区内不同位置随初始风速变化的规律研究

选取街区内 8 个不同的点位置（如图 5-31 所示），读取其 2 m 高风速数值，获得以下不同初始风速下的街区内点位置风速模拟值。

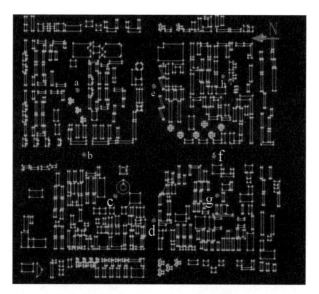

图 5-31　选取的点位置示意图

其中点 b、f、e、d 位于街道，点 a、c、g、h 位于建筑群中心，a、h 点又处于小区内部较宽敞的空间，北侧遮挡较少或建筑物体量较小；g 点东侧和北侧分布有较密集建筑物，同样 c 点的西北和和北侧分布有两个面积较大的建筑。表 5-1 为各点风速值统计结果，图 5-32 为不同初始风速时各点风速值变化折线。

表 5-1　不同风速条件下点位置风速对比（单位：m/s）

初始风速	0.5	1.5	2	3
b 点	0.56	1.77	2.19	3.11
f 点	0.26	0.72	0.90	1.91
e 点	0.22	0.68	1.02	1.72
d 点	0.40	0.99	1.50	1.76
a 点	0.38	1.20	1.61	2.51
c 点	0.18	0.41	0.74	1.06
g 点	0.16	0.47	0.59	1.29
h 点	0.38	0.92	2.18	1.92

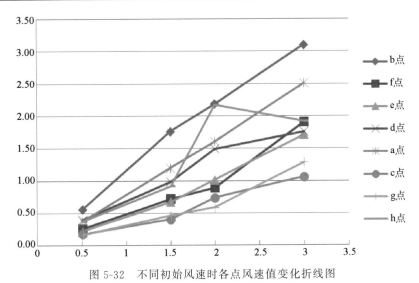

图 5-32　不同初始风速时各点风速值变化折线图

（横坐标：初始风速（m/s），纵坐标：风速（m/s））

3）风速对街区风环境影响的规律研究结论

综合以上分析结果，可得出结论：①随着输入的初始风速增大，街区内平均风速增大，静风区面积减小，顺风方向的街道较建筑区风速变化更为明显，且顺风方向的街道风速明显大于与风向垂直的街道风速；②在建筑群中，任何位置的风速、风向直接受周边建筑高度、布局的影响，但总体上楼宇密度小的区域风速较大。在小区内部，受狭管效应影响，存在面积不等的风速汇聚区，造成局地风速较大（如a点和h点）；③排列与风向垂直且较为密集的建筑群，其阻风效果明显，当10 m高风速输入为3 m/s时，楼宇密集区域仍有许多静风区。

（3）街道走向对通风影响的理想模型研究

1）研究对象

对街区进行简化建模，将建筑群简化为实体的箱体建筑，设置不同走向的风道，通过模拟以分析理想情况下风道与风向之间夹角变化对通风环境的影响关系。模拟设置中的数学模型选取、物理模型及计算网格和边界条件设置与典型街区的风环境模拟与规律研究中设置相同。

2）几何模型

几何模型如图5-33所示，7条风道与入风风向夹角依次为0°、10°、20°、30°、40°、50°、60°。每条风道宽为100 m，建筑体高50 m。为避免风道之间影响，相邻风道入风口间距离为500 m，垂直方向长为2000 m，输入初始风速为3 m/s。

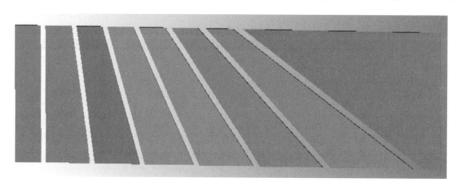

图5-33　理想模型研究几何模型设计简图

3）模拟结果和分析

不同角度廊道内模拟的风速的空间分布和风速对比见图5-34，选取每条风道中距离入风口800 m的位置，读取风速数据，并做对比（图5-35）。可明显看出随着风道走向与入风风向的夹角增大，风道内的风速逐渐下降，当夹角超过50°时，风道中平均分速不足入风风速的50％。同时，可以明显看出风道的狭管效应，部分区域风速大于初始入风风速。因此，建议城市通风风道选择时应尽可能与本区域内中小风速的主导风向顺行，夹角不宜超过45°，同时应考虑风道入口处的楼宇布局，避免狭管效应在大风天时造成风灾等不利影响。

（4）建筑群的高度轮廓与通风环境影响的关系研究

通风廊道规划过程中，在通风潜力差且热岛较强的区域，时常出现现状用地无法满足通风廊道构建情景，应提出除了构建通风廊道外的其他改善此区域通风环境的规划建议，如旧城改造时通过新建建筑物控高、楼宇绿化等手段以改善区域内的气候环境。此处利用数值模拟方法对建筑群的高度轮廓对通风环境的影响进行分析，以期获得在距离通风廊道较远区域进行新建或改造时，通过对建筑高度轮廓进行优化设计从而改善区域风环境的一般规律。

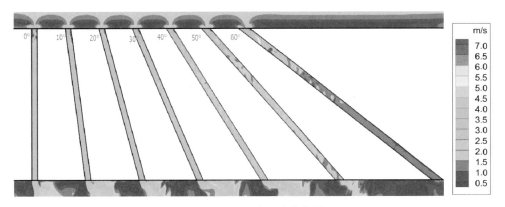

图 5-34　2 m 高风速分布图

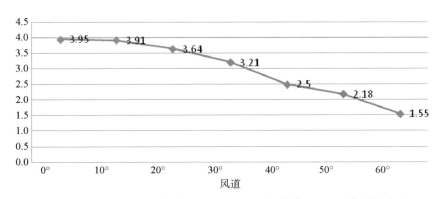

图 5-35　距离通风口相同距离（800 m）风速（单位：m/s）模拟值对比

1）建模设计

建立理想模型，假设某区域有 42 栋建筑物，研究过程中，保持建筑布局（位置）、建筑总体量（总体积）、建筑物长宽（60 m×30 m）不变的情况下，仅对各栋建筑的高度进行改变，建立了 5 种不同高度轮廓的算例（图 5-36）。

2）模拟结果对比分析

输入初始风速为 3 m/s，经模拟计算，获得不同高度轮廓下的风场图，其中 1.5 m 和 10 m 高度风场对比如图 5-37 和图 5-38 所示。

读取每个算例中每栋建筑后侧 1.5 m 高度风速数值，并进行统计分析，对比结果如表 5-2 所示。从不同设计方案的风速模拟结果可以看到，采用递增方案（方案 2）、对角递增方案（方案 4）以及高低错落方案（方案 5），模拟区域内的平均风速、最大风速以及最小风速总体上较高，区域内通风环境较好，其中，递增方案的平均风速最大，高低错落方案的最大风速和最小风速均最大。而若采用均高方案（方案 1）和中心高方案（方案 3）则模拟范围内的风速相对较小，通风环境明显降低。

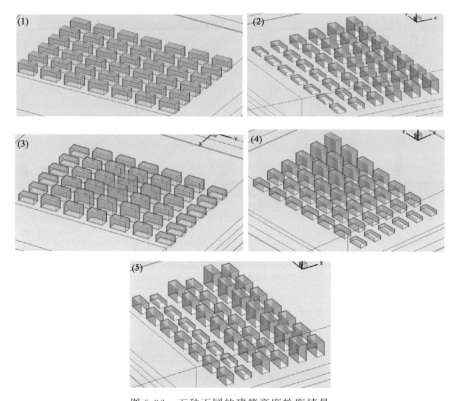

图 5-36　五种不同的建筑高度轮廓情景

（分别为：（1）建筑物高度一致方案；（2）建筑物在初始风向上依次递增方案；

（3）区域中心高、四周依次递减方案；（4）沿对角线高度递减方案；（5）高度错落排列方案）

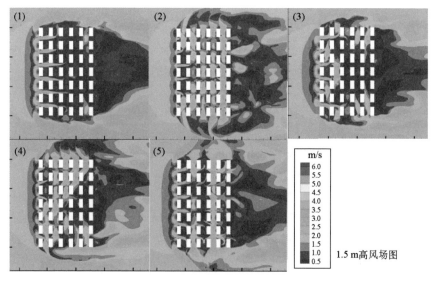

图 5-37　1.5 m 高风场图对比

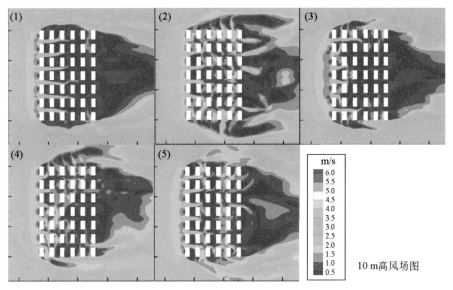

图 5-38　10 m 高风场对比

表 5-2　不同方案风速模拟结果对比（单位：m/s）

算例	1 均高	2 递增	3 中心高	4 对角递增	5 高低错落
平均风速	0.58	1.65	0.98	1.31	1.03
最大风速值	1.38	2.59	2.33	2.64	2.95
最小风速值	0.19	0.43	0.18	0.27	0.60

5.9　观测验证

为验证通风廊道效果，利用便携式自动气象站，在初步设定的主要通风廊道（街道）、次要通风廊道、小区周边等地点进行气象要素的观测实验，并利用北京市气象局长期固定的自动气象站观测数据进行分析研究，最终为风廊道相关的研究提供实测数据支撑。

5.9.1　现场观测

（1）观测方案

利用 3 个移动气象站，在昆玉河通风廊道，选取典型天气进行 24 h 日夜不间断观测，得到逐分钟的风速、风向、气温和湿度等气象数据。观测时，将 3 个气象站分别安置于通风廊道中（一号站）、次级通风廊道旁（二号站）、小区周边（三号站），3 个气象站两两间距大于 300 m。

（2）观测结果分析

对三个气象站 10 min 平均风速观测结果的分析可知，一号站（通风廊道中）

的风速总体上最大，二号站（次一级通风廊）次之，三号站（小区周边）风速总体最小，说明本次观测实验中气象站观测到的风速按站离通风廊道由近到远依次减小，这一规律在一号站和三号站结果之间表现得最为明显。同时也注意到，三号站在一天中某些时刻的风速会大于二号站，可能是小区周边受城市建筑物影响产生诸如街道狭管效应等复杂的风况（图5-39）。

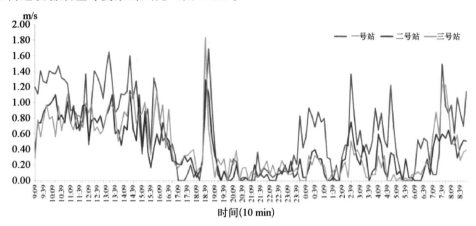

图 5-39　2015 年 8 月 26 日 09 时 00 分—8 月 27 日 09 时 00 分三个气象站风速观测结果对比

　　对三个气象站 10 min 平均气温观测结果的分析可知，三个站的气温日变化趋势基本相同，都是日间开始升温至午时 15 时左右温度最高，随后开始下降至凌晨 06 时气温达到最低。日间一号站（通风廊道中）和二号站（次一级通风廊）的气温明显低于三号站（小区周边），且昼夜之间温差也相对三号站较小，而三号站为城市下垫面，夜间降温较快温度较低，到凌晨后受太阳辐射影响温度上升较快，到日间气温较高，早晚温差大（图5-40）。

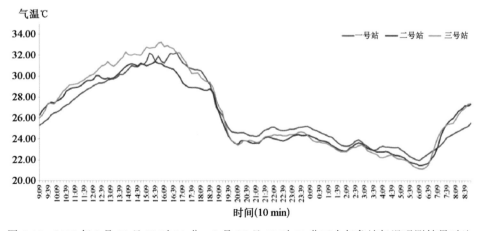

图 5-40　2015 年 8 月 26 日 09 时 00 分—8 月 27 日 09 时 00 分三个气象站气温观测结果对比

5.9.2 固定自动气象站对比观测

利用典型天气过程中自动气象站观测的风速变化，研究通风廊道对城市风速大小的影响。首先，由于通风廊道的主要作用是利于清洁空气的引入，因此，选择典

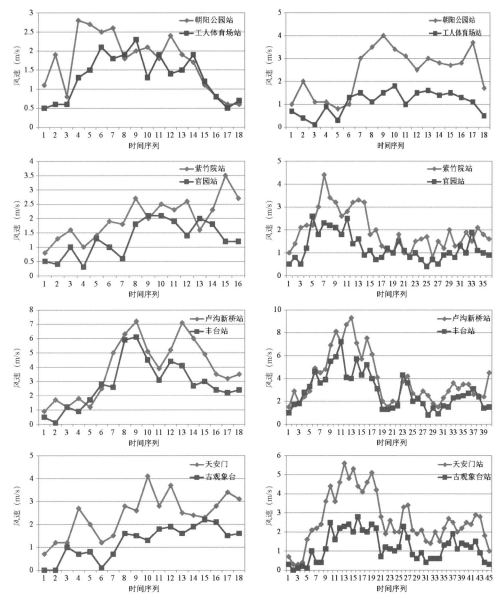

图 5-41 朝阳公园站、卢沟新桥站和天安门站与工人体育场站、

丰台站和古观象台站典型时段风速对比

（左图：夏季典型时段；右图：冬季典型时段）

型偏北风过程；其次，作为对比的不同自动站要距离较近，且其中一个自动站较另一自动站距离城市现有通风廊道较近或通风条件较好；最后，分别选择夏季和冬季两种典型天气过程的风速进行对比。从图 5-41 中可以看到，距离通风廊道较近的朝阳公园站、卢沟新桥站和天安门站比距离通风廊道稍远的工人体育场站、丰台站和古观象台站风速略偏大，一定程度上表明通风廊道对局地风速有略增大作用，对改善局地通风环境会有一定效果。

5.10　通风廊道规划方案

在中心城区软轻风研究、数值模拟以及通风廊道风效应观测和效果实证基础上，获得北京市中心城区通风廊道规划一般性规律。城市主通风廊道（一级）建议规划宽度不低于 500 m，廊道走向应尽量与城市背景主导风向平行，与主导风向的夹角最好在 30°以内，主通风廊道数量 4～6 条；城市局部通风廊道（二级）规划宽度建议不低于 100 m，条件较好时尽可能达到 300～500 m，廊道走向应与局地软轻风主导风向平行，最大夹角不应大于 45°，最好在 30°以内，数量为 10～15 条。由于北京市中心城区为典型的棋盘布局，通风廊道的长度在此不做限定，构建方案中建议主通风廊道尽量贯穿城市中心区或城市边缘，次级通风廊道主要沟通中心城区与城区外围，以便用来与主通风廊道的联通衔接。

结合北京风环境特征和城市特点，构建通风廊道时应充分利用绿地、河道、景观大道等通风潜力较大的用地，打通新鲜空气流通通道，并在通风口和连接点严格控制对通风廊道造成阻碍的规划建设项目。

5.10.1　北京市通风廊道规划设计原则

通过前文的数值模拟和资料分析可以看到，合理的通风廊道设置对改善局地风速、降低城市热岛有显著作用。基于北京地区风环境、热环境以及大气环境敏感性，北京地区以偏北风和偏南风为主，其中清洁空气来源主要为偏北风，在软轻风条件下，东北风风频有所增加。另外，考虑到北京西北部山地、绿地、公园等生态冷源较多，结合通风潜力现状，在设置一级通风廊道时，中心城区西部廊道的走向应主要源于西北方向，走向以西北—东南和偏北—偏南为主，这样既可以充分利用生态冷源和山谷风环流，又可以明显改善城市热岛较为严重的中关村区域和通风能力较差的中心城西南部区域的风环境，同时，这样的规划设置也满足了中心城区西部和西北部聚集敏感性较高的要求。中心城区东部和北部一级廊道的设置则建议充分利用通风潜力较大的公园和绿地，以南北走向为主，一定程度上对中心城区东北部、东部和东南部大气环境布局敏感性较高有所减弱，同时便于引导上游空气贯穿中心城区，减弱城区北部、东部以及东南强热岛区的热岛强度，改善局地气候环境。二级廊道的设置除了与局地软轻风主导风向一致外，还要起到辅助和延展主通风廊道通风效能以及沟通、连接局地生态冷源和风环境较差区域的功能。

在廊道方向的设置方面，通过观测和模拟可知，当廊道走向与主导风向的角度在 30°左右及以内时，最能发挥廊道的通风能力，当大于 45°后，通风效果会极大减弱。因此，建议廊道的走向与局地软轻风的主导风向或次主导风向保持在 45°以内。如果廊道的作用主要为沟通生态冷源和局地热岛，则建议其走向要沿着通风潜力较大的区域，且最好近似为直线，这样更能发挥廊道的"增风速"和"降热岛"作用。

综合上述的分析，在总结国内研究成果制定北京通风廊道规划一般性规律基础上，以及在通风廊道效果实地观测事实和典型区域通风廊道对热环境的影响研究结果支撑下，结合北京市中心城区不同区域的软风环境和前期通风潜力分布研究成果，特别是基于改善北京市中心城区北部、东部、西部二环到四环风速较小、重要商业和经济中心热岛强度大的目的，拟在北京中心城区构建 5 条主通风廊道（一级廊道）和 15 条次级通风廊道（二级廊道）。而在北京市城市总体规划中，确定了北京中心城区通风廊道规划方案（图 5-42）。

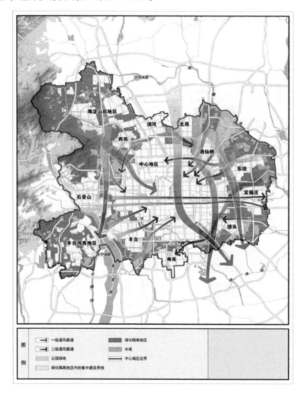

图 5-42　中心城区通风廊道规划方案（来源：《北京城市总体规划（2016—2035 年）》）

5.10.2　一级通风廊道规划方案

北京市中心城区 5 条一级通风廊道具体规划方案为：①东五环绿化带；②植物

园—昆明湖—昆玉河—玉渊潭；③西五环绿化带；④太平郊野公园—东小口森林公园—奥林匹克公园—故宫—天坛—十里河；⑤清河郊野公园—朝来森林公园—太阳公园—CBD东扩区—东四环绿化带—镇海寺郊野公园—鸿博公园。

5.10.3　二级通风廊道规划方案

北京中心城区15条二级通风廊道具体规划方案为：①香山公园—万安公墓绿地—旱河路—永定河路—定慧桥；②奥森公园—清河—颐和园—四海桥；③黄港桥（沿京承高速）—来广营桥—望和桥—太阳宫桥。④京密路—五元桥—四元桥—三元桥—东直门；⑤坝河—芍药居—小月河—西土城；⑥坝河—亮马河—东直门；⑦仰山桥—仰山公园—鸿华高尔夫庄园—黄草湾郊野公园—北辰高尔夫球场—望和桥；⑧清河郊野公园—朝来森林公园—京包铁路沿线—东五环绿化带；⑨东坝郊野公园—石各庄公园—兴隆公园—古塔公园—四方桥—十八里店桥—旺兴湖郊野公园—南苑机场（沿东南四环）；⑩京沈高速—白鹿公园—古塔公园；⑪永定河大桥—李营桥—玉泉营桥—北京南站（沿京沪高铁）—陶然亭公园—天坛；⑫世纪森林公园—丰台大桥—菜户营桥（沿京广线）；⑬大宁水库—宛平桥；⑭永定河—西长安街—木樨地—长安街—四惠—远通桥；⑮木樨地—西便门桥—前三门大街—通惠河。

5.11　应对城市气候问题的规划控制管理策略

构建通风廊道的目的主要是增加城市通风量，改善局地气候环境，提高人体舒适度。北京市中心城区通风廊道宜结合城市绿廊、绿楔等绿色空间以及河流、城市主干道等进行建设，特别要对通风廊道上的建筑高度和密度以及建筑物的排布进行严格管控。结合前面研究成果，在几个方面提出北京中心城区通风廊道规划控制管理策略：①建议风廊规划与软轻风条件下的主导风向一致，角度不能大于45°，充分发挥廊道的通风效应，并尽可能借助于河流、绿地、公园、开敞空间等，形成贯穿中心城区的数条生态廊道。②在主要通风廊道处，应禁止高密度的建设开发，保持空间的开阔程度，尽可能降低建筑物覆盖率；建筑排列应与软轻风玫瑰相结合，并尽可能增加绿化，保留和增加生态冷源用地，尽可能利用合理的建筑布局和风廊规划来降低热岛效应和改善区域环境质量。③建议在城市建筑群之间布局一定数量的开阔空间（如绿地公园、广场等），使近地面风速在开阔区域得到一定恢复，以减少密集建筑区内静风区的面积。④由于风道狭管效应存在，应考虑风道入口处的楼宇布局，避免狭管效应在大风天时造成不利影响。此外，建筑高度轮廓的变化对建筑区内部的风环境影响显著，通过对建筑高度轮廓的优化可以明显改善局地通风环境，尤其应避免大规模同型体同高度建筑的排列，尽量沿顺风风向依次增加建筑高度。⑤建议综合提高北京市中心城区的绿化覆盖率。研究表明，绿化覆盖率在30％以上时绿地才有缓解热岛效应的作用，同时绿地的增加对局地通风效应的增强十分明显。此外，在土地资源紧缺的情况下应加强综合绿化，例如实施屋顶绿化、墙面垂直绿化、窗阳台绿化、高架悬挂绿化、高架桥柱绿化、棚架绿化、绿荫停车场绿化等。同时，在绿化植被的选择上应根据北京气候特点，选择既耐旱又可减缓热岛效应的植物，并且能充分利用城市集雨和中水做到节水灌溉。⑥建议合理增加中心城区内的水体范围。很多研究表明随着城市水体面积的增加，无论集中或分散的布局，均能使城市的通透性和夏季人体舒适度显著提高，与集中型相比，分散型水体布局能够更有效地缓解城市夏季热岛强度和提升通风廊道的风效应。⑦建议合理规划未来城市发展总体布局，优化城市规划布局，改善气温、风速、湿度以及污染扩散能力和大气环境状况。采用较好的城市布局能够有效地调节城市局地气候环境，比如散状的城市布局能够使得城市区域日平均温度最低、强热岛范围最小，湿度最大，风速最大。⑧建议加强北京中心城区规划气候环境研究和气候可行性论证工作。城市规划与区域气候环境间存在明显的相互影响和制约，为确保区域规划科学合理，在高密度的城市开发建设，空间开阔程度以及建筑物覆盖率、建筑排列布局方式等方面均应开展气候环境研究和气候可行性论证，最大程度发挥生态冷源和城市通风廊道的作用以降低热岛效应，减少因规划设计不当而导致的气象和环境问题。⑨建议重视廊道的"关键节点区"，对于目前难以实施的廊道建设，应随着功能疏解、低端产业外迁以及城市综合治理，对部分廊道用地逐步腾退或提升。⑩针对具体廊道和具体地块，建议开展廊道的分级管控和通风廊道规划建设气候效益评估工作。

参考文献

[1] 杜吴鹏，房小怡，刘勇洪，等 . 基于气象和 GIS 技术的北京中心城区通风廊道构建初探 [J]. 城市规划学刊，2016，5：79-85.

[2] 李书严，陈洪滨，李伟 . 城市化对北京地区气候的影响 [J]. 高原气象，2008，V27（5）：1102-1110.

[3] 刘勇洪，徐永明，马京津，等 . 北京城市热岛的定量监测及规划模拟研究 [J]. 生态环境学报，2014，（7）：1156-1163.

[4] 杜吴鹏，房小怡，黄宏涛，等 . 北京近年地表风速和大气混合层厚度变化特征研究 [J]. 环境科学与技术，2017，40（6）：149-156.

[5] 窦晶晶，王迎春，苗世光 . 北京城区近地面比湿和风场时空分布特征 [J]. 应用气象学报，2014，（5）：559-569.

[6] 杜吴鹏，房小怡，刘勇洪，等 . 面向特大城市的风环境容量指标和区划初探—以北京为例 [J]. 气候变化研究进展，2017，13（6）：526-533.

[7] 中国环境科学研究院，中国气象科学研究院，中国预防医学科学研究院，等 . GB/T 3840-1991 制定地方大气污染物排放标准的技术方法 [S]. 北京：中国标准出版社，1991.

[8] 苗世光，张朝林，江晓燕，等 . 城市小区气象条件与污染扩散精细预报研究 [J]. 环境科学

学报，2006，26（10）：1729-1736.

[9] 苗世光，蒋维楣，王晓云，等．城市小区气象与污染扩散数值模式建立的研究 [J]．环境科学学报，2002，22（4）：478-483.

第六章　香港城市气候应用的十五年探索
与实践：从城市规划应用到建筑设计

任　超　吴恩融[*]

6.1　背景概述

　　香港位于亚热带季风气候区，夏季高温、高湿，冬季较为温和。其三面环海，多山地，由于受到地形的影响，从 20 世纪 40 年代以来城市发展一直采用集约高密度模式，现已成为世界闻名的高密度城市之一。在现有约为 1100 km² 里的土地面积上居住着约 750 万居民。其中仅有 23.8% 的土地为建设用地，超过三分之一的土地为郊野公园和自然保护区，受到香港法律控制。

图 6-1　香港高密度市区景象

　　香港政府对于城市生态环境，特别是城市气候及大气环境非常重视，在近 15 年间，先后制定和颁布了《水污染管制条例控制法》《海上倾倒物料条例》《空气污染管制策略》《废物处置条例》《噪音管制条例》等法规条例，开展多项有关城市气候与环境的顾问项目，颁布多项技术通告和设计指引，逐步将科学研究与评估成果应用到本地城市规划、城市设计及建筑设计多个层面（表 6-1）。为生态多样化、保育物种及遗传多样性、和香港长远可持续发展提供有效保障。

　　[*] 任超，香港大学建筑学院副教授，香港中文大学未来城市研究所名誉研究员，研究方向为城市气候应用、生态可持续设计与规划；吴恩融，香港中文大学姚连生建筑学讲座教授，未来城市研究所副所长、环境、能源及可持续发展研究所的可持续城市设计及公共卫生项目组长，研究方向为绿色建筑、环境与可持续建筑设计方法，城市规划与都市气候学。

表 6-1　香港政府及行业协会开展的有关城市气候应用的顾问项目[1]

时间/政府部门	顾问研究	技术条例及设计指引	设计层面
2003—2005 规划署	《空气流通评估方法——可行性研究》	2005 年香港政府前房屋及规划地政局和前环境运输与工务局联合颁布《空气流通评估技术通告》；2006 年 8 月《香港规划标准与准则》第 11 章加入空气流通意向指引	建筑设计层面 地盘设计层面 地区规划层面 城市设计层面
2004—至今 房屋署	《可持续公屋建设的微气候研究》	2004 年由房屋署针对其下公共屋邨的建设与设计开展相关微气候研究	建筑设计层面 地盘设计层面
2006—2009 屋宇署	《顾问研究：对应香港可持续都市生活空间之建筑设计》	2010 年 6 月香港政府可持续发展委员会向政府提出《优化建筑、设计缔造可持续建筑环境》51 项建议，包括可持续建筑设计指引；2011 年香港政府屋宇署颁布《认可人士、注册结构工程师及注册岩土工程师作业备考 APP151——优化建筑设计缔造可持续建筑环境》及《认可人士、注册结构工程师及注册岩土工程师作业备考 APP152——可持续建筑设计指引》	建筑设计层面 地盘设计层面
2006—2012 规划署	《都市气候图及风环境评估标准——可行性研究》	2007 年香港政府规划署开始逐步修订及更新各地区的规划法定图则《分区计划大纲图》；2007 年开始于新市镇与新发展区等规划项目中应用，如：观塘市中心重建、西九龙文化区发展等	地区规划层面 城市规划与设计层面
2010—2013 规划署	《有关为进行本港空气流通评估而设立电脑模拟地盘通风情况数据系统的顾问研究》	2013 年开始在规划署网站上公布地盘通风情况数据系统供公众使用	建筑设计层面 地盘设计层面 地区规划层面

续表

时间/政府部门	顾问研究	技术条例及设计指引	设计层面
2016—2018 香港绿色建筑议会	《香港绿色建筑议会都市微气候指南》	2018 年完成，该指南介绍切合香港环境的都市微气候设计策略，以及优秀案例供香港建筑业界参考	建筑设计层面
2015 环境局	香港气候变化报告 2015	香港在应对气候变化行动上所做的贡献，致力让香港整体规划以至个别发展项目均依从可持续发展原则，平衡社会、经济及环保方面的需要	城市规划与设计层面
2017 环境局	香港气候行动蓝图 2030⁺	由香港政府 16 个决策局和部门共同制订的报告，详述香港 2030 年的减碳目标及相应措施	城市规划与设计层面 建筑能耗层面
2016—2018 规划署	香港 2030⁺：跨越 2030 年的规划远景与策略	一项全面的策略性研究，旨在更新及指导全港长远规划与发展策略	城市规划层面

　　本章将简述涉及香港城市气候应用的相关顾问项目，从而小结香港 15 年来的探索与实践经验，以供中国其他城市参考和借鉴。

6.2　空气流通评估——可行性研究

6.2.1　项目简介

　　2003 年非典型肺炎在短短两个月内夺走了香港近 300 人的生命，前后致使近 1500 人受到感染，一度造成社会恐慌，政府集中主要人员调查及检讨非典型肺炎快速传播的原因。随后公布的《全城清洁策划小组报告——改善香港环境卫生措施》提出：在建筑物设计方面，"重新注意建筑物的设计，特别是排水渠和通风系统的设计"；在城市设计方面，"……落实城市设计指引，改善整体环境，尤其是通风情况，亦正研究日后的大型规划和发展计划，引进空气流通评估"；在公共屋邨管理方面，"改善城市和建筑设计以提供更多休息用地、开设更多绿化地方，令空气更加流通"[2]。这也正是开展《空气流通评估方法》这一政府顾问项目的大背景。

　　《空气流通评估方法》顾问项目以香港高密度城市结构为重点，针对建筑物户外总体通风环境，提供空气流通评估方法、标准、应用范围和实施机制，特别是为土地用途规划，以及发展建议的初步规划与设计，制订一般的指导原则，区别于《建筑物条例》下的各别建筑物设计及室内自然通风设计，以及《环境影响评估条例》下的空气质量影响评估[3]。

这里采用风环境测试（风洞测试或者电脑数值模拟），选择风速比为评价指标（图 6-2）。

$$VR_i = \frac{V_{pi}}{V_{\infty i}}$$ (6.1)

式中，V_{pi} 代表该位置内从 i 方向吹来的行人路上的风速；$V_{\infty i}$ 代表从 i 方向吹到该地盘的风速；VR_i 代表从 i 方向吹过该地盘的风速比。

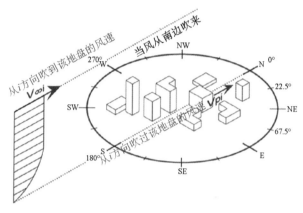

图 6-2　风速比示意图[4]

结果是，香港政府将相关成果编入《香港规划标准与准则》第十一章（城市设计指引）中，推荐在地区与（建筑）地盘不同尺度下改善空气流通的意向性设计指引[5]，利用概念图（如图 6-3 所示）有效地向设计人员和普通大众介绍相关设计措施，如通风廊的构建和连接、利用绿化带开敞空间的衔接增加城市通风程度、建筑群房后退的设计等。

2006 年 7 月政府发出《空气流通评估技术通告第 1/06 号》以及其附件 A《就香港发展项目进行空气流通评估技术指南》，制订出空气流通评估涉及的建筑开发项目类型和应用实施机制。

6.2.2　城市规划应用[1]

目前政府的新市镇规划（如新界粉领北古洞新市镇）、新发展区（如旧启德机场发展计划[6]），以及大型公共屋邨等都纷纷开展空气流通评估，并纳入相关土地用途规划研究，用于控制建筑分布、街道走向以及地区发展强度等。私人楼宇开发方面，政府虽无强制条例执行空气流通评估，但是私人开发商一般在提交楼宇设计图时，也会开展相应的空气流通评估，以便城市规划委员会项目评审顺利通过。

启德机场在 1998 年前是世界上最繁忙的机场之一。新机场启用后，位于市区

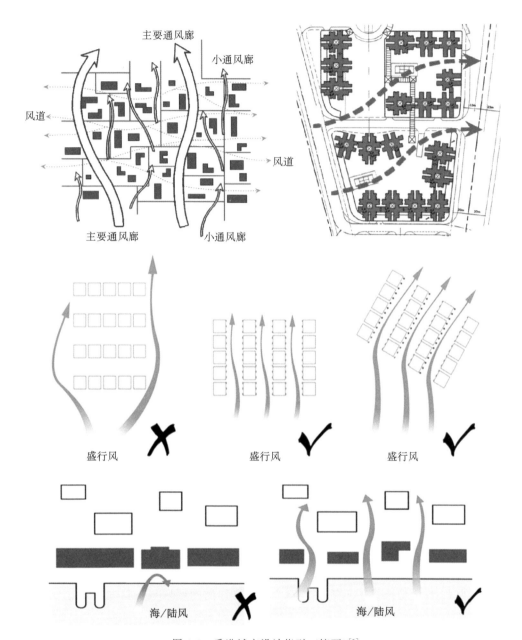

图 6-3 香港城市设计指引（摘要）[5]

邻近九龙和维多利亚港的机场旧址提供了一个很好的发展机会（图 6-4）。香港政府在 2004 年开展启德规划检讨并以"零填海"为出发点，建议了三个概念方案大纲图（图 6-6）供公众咨询以及进行相关技术研究，包括空气流通研究，以制定初步发展大纲图。启德旧机场地盘是一个狭长的地形，总面积达 133 公顷（1 公顷＝

10000 m²，下同），具有广阔的海港景观，并毗邻高密度发展区，该地盘主要盛行风为东南向。

图 6-4　前启德机场的位置[7-8]

该项目属于新发展区（NDA）规划项目，是香港第一次应用实施空气流通评估的项目（项目参考编号：AVR/G/01）。该评估主要分为两个部分：初步评估与详细研究。

初步评估：希望通过计算流体力学（CFD）模拟对三个概念方案进行风环境研究，为制定初步发展大纲图提供建议。其中，地盘风环境特性由 WWTF 的风洞实验开展后得出（图 6-5）。

图 6-5　风洞实验[9]

(a) MM5 模拟结果的风玫瑰图；(b) 风洞实验 1：2000 的模型；(c) 测试点

空气流通评估的结果显示，三个概念方案大纲都发现了一些问题区域，图 6-7的左图为 CFD 模拟结果所示概念方案大纲图 6-6 的问题区域。这些问题区域主要

图 6-6　启德规划检讨中的三个概念方案大纲图[7]

包括：①主要街道走向与东南盛行风向不一致；②大体量的裙楼阻挡来风；③铁路车厂及上盖项目造成背风区风速较低。初步发展大纲图考虑了空气流通评估研究结果的这些问题区域，对大纲图草图进行了改进（图 6-7），迁移了铁路车厂并改化为东南—西北向的发展地块，这样盛行的东南风可以进入该区域，并且可以进一步沿着街道渗入西北向临近启德的地区。

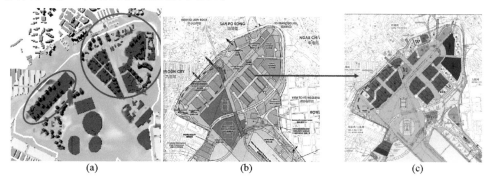

图 6-7　CFD 模拟结果所示概念方案大纲图 6-6 的一些问题区域（a），
改进初步发展大纲草图中的街道走向顺应盛行风向[9]（b、c）

此外，根据空气流通的结果，还针对初步发展大纲图提出了一些修改，包括采用面积 2 公顷以下的小型地块、改善行人道风环境、取消裙楼和网格式街道布局，30％的用地为休息用地、多元化的园景网络以及缔造更多自然的绿化环境（图 6-8）。

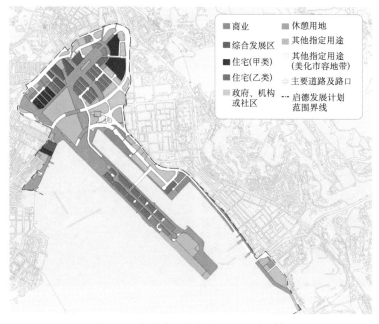

图 6-8　启德分区大纲图（2018 版）[7]

根据空气流通评估结果[9]，为配合启德的城市和园景设计，所有建设项目的发展概念[6]包括：①"不设平台"设计（图 6-9（a））。②预留通风廊及非建筑用地（图 6-9（b））。③划分成 2 hm² 以下的小型地块（图 6-9（c））。④整体绿化率不少于 30%。⑤不少于 20%需设于行人区；为不少于 20%的天台面积进行绿化（图6-9d）：其中 98 公顷的休息用地（占总土地面积 30%），为主要的歇息空间，用来降温及舒缓热岛效应；同时提供多元化园景网络及提供更多自然绿化环境。⑥有序的建筑物高度（图 6-9e，图 6-9f）：应用层级高度概念由海岸至内陆缓缓上升。

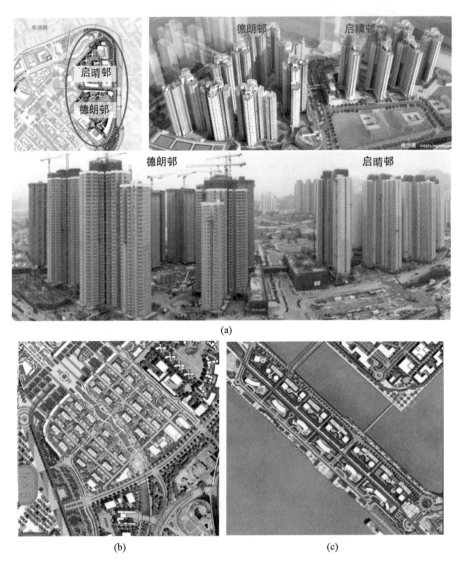

(a)

(b)   (c)

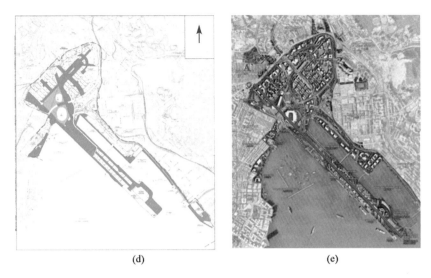

图 6-9 启德建设项目的发展概念与模拟效果图[10]

（a）不设平台的建筑设计—启德公共屋邨德朗邨和启晴邨；（b）预留的通风廊及非建筑用地；

（c）小型建筑地块；（d）休息用地与园景网络；（e）剖切线；（f）未来建成后的模拟效果图

　　另外，针对初步评估结果，明确了问题及重点关注区域。随后，又陆续开展了详细研究，包括：启德第 1A 及 1B 区公共租住房屋发展计划（AVR/G/18）、启德发展计划（工程检讨（AVR/G/63））、启德发展计划（德坊（AVR/G/64））、启德发展计划工程研究与前期工程设计及施工-勘察、设计及施工（AVR/G/76）及启德邮轮码头大楼（AVR/G/70）。

6.3 都市气候图及风环境评估标准——可行性研究

作为《空气流通评估》的后续研究项目，香港规划署再次委托香港中文大学的研究团队调查香港整体城市气候状况与资源，考察建立可实施的风环境评估标准的可行性。城市气候研究主要针对夏季城市热岛、风环境状况以及香港居民的室外人体舒适度三个方面来开展（图 6-10）[11]。其评估结果绘制成城市气候分析图以及城市气候规划图[12]。城市气候规划图的城市气候信息应用于城市规划及辅助相关设计，特别是更新分区计划大纲图（Outline Zoning Plan）有助于制订规划指标和控制土地类型、建筑开发强度和城市形态等（图 6-11）。

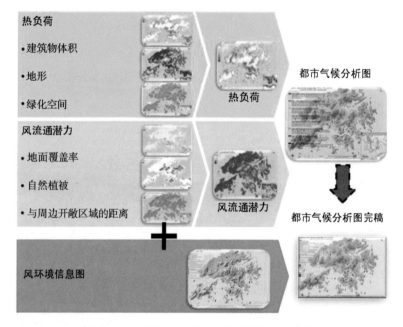

图 6-10　香港城市环境气候图框架与子图层

鉴于香港复杂的城市形态和混合土地用地状况，城市气候图的绘制不仅考虑土地利用信息、地形地貌、植被信息，更重要的是选取详细精准的三维城市形态信息。一方面使得城市气候分析与评估和城市、建筑形态相衔接，更重要的是便于落实后续规划和设计的应用。

该项研究还有其他值得注意的创新：①风环境信息图绘制是第一次归纳总结了香港背景风环境、地形所成的管道效应、局部地区的海陆风环流系统以及下行山风的情况。同时划分风环境区域，并针对未来的发展提出规划指导建议。这些信息更新了香港城市规划中设计师们对于香港风环境的认知，便于他们检视各区风环境及其特点，在选择道路走向、建筑设计时有可靠的科学依据。②另外一个就是对于室

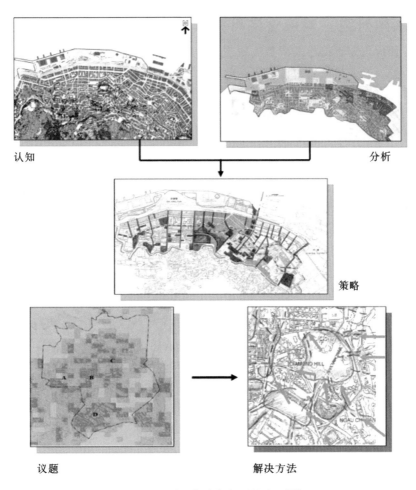

认知　　　　　　　　　　　　　　　　　　　　分析

策略

议题　　　　　　　　　　　解决方法

图 6-11　香港都市气候图的应用[11]

外人体舒适度的调查。由于缺少全球亚热带室外人体舒适度的调查，在设计或规划时没有室外热舒适指标可供参考。因此，在 2006—2007 年开展了针对香港城市居民的超过 2700 份热舒适度问卷调查。结果发现香港人在夏季远比欧美人耐热，超过 28 ℃后才会开始有明显不舒适。因此，为了达到舒适的城市居住环境，基于前期研究结果，风环境评估标准包括两个达标方法：以防止滞风环境的出现的评估表现方法，以及对于弱风环境下无法达标而提出的补偿设计措施。

　　该项目完成后，陆续得到中国内地城市和澳门地区，以及新加坡、荷兰和法国邀请，帮助其所在城市进行城市气候评估与规划应用。

6.4 顾问研究：对应香港可持续都市生活空间之建筑设计

为了回应规划署提出需要关注和改善的香港城市生活空间问题（包括城市通风及采光设计、城市热岛效应、行人空间环境、城市绿化及保护山脊线），香港政府屋宇署委托研究团队开展优化都市生活环境的可持续性研究。该项研究首先检讨香港建筑法规条例及实际运作中有关涉及以上城市生活空间品质的问题，其后根据香港实际情况，针对新建楼宇提出三个关键指引：控制楼宇之间的透风度促使城市内部空气流通，窄街后退确保行人区域的空气流通，提高楼盘内的绿化覆盖率以改善微气候环境及舒缓城市热岛效应（图 6-12）[13]。

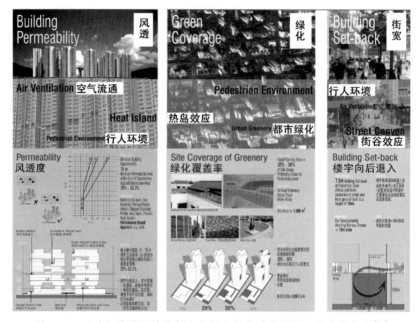

图 6-12　《对应香港可持续都市生活空间之建筑设计》的建议指引[13]

随后香港政府屋宇署基于所提出的三项关键指引，编制出《APP151—优化建筑设计，缔造可持续建筑环境》及《APP152—可持续建筑设计指引》两个供认可人士、注册结构工程师及注册岩土工程师作业备考的建筑设计指引（图 6-13）[14-15]。为配合实施该两项设计指引，香港政府发展局从 2011 年 4 月起实施将APP152 作为审批豁免楼宇总面积 10％的考虑条件，以鼓励私人开发商在实际楼宇开发项目中采取这些推荐的设计措施。

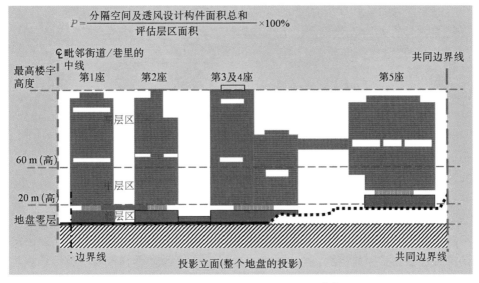

图 6-13　楼宇透风度计算及示意图[14]

6.5　都市微气候指南

6.5.1　项目简介

香港绿色建筑议会主要致力于推动和促进香港建筑方面的可持续发展和水平，并针对亚热带高密度建筑环境制订各种与绿色建筑环评相关的策略与规范。香港绿色建筑委员会于 2016 年委托顾问团队开展都市微气候研究，期望能为本地设计师提供有关城市微气候的知识和启发微气候设计。因此，该指南一方面利用简单平实的字语普及城市气候的基本知识，另一方面基于选区回顾了本地和海外与（亚）热带城市微气候应用相关政策、导则和成功案例，确立影响人体热适度的主要城市微气候要素为风、热辐射、温度和降水，并根据本地楼盘所处的不同城市环境归纳出适用于实践改善城市微气候的 31 项建筑设计策略（如图 6-14、6-15 所示）[16]。研究成果也与绿建筑环评的评分系统相衔接。该指南供建筑业从业者、设计师、政府及普通大众参考，暂无法律效力。

6.5.2　建筑设计应用

香港本地采用微气候设计的最大发展商是香港房屋委员会。它承担设计、施工和管理香港公共屋邨，位列全世界最大公营房屋计划之一。辖下现有公营租住房屋单位数 756000，香港有约 30% 的人口居住其中。2003 年非典型肺炎爆发后，新落成约有 100 个建筑项目，均采用微气候研究，其结果贯穿整个在设计、施工和使用的全过程。

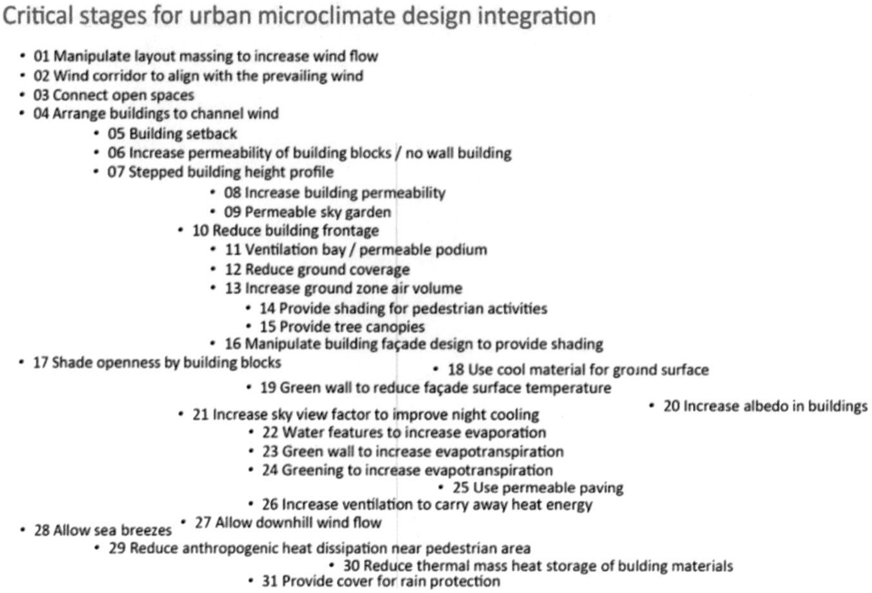

Critical stages for urban microclimate design integration
• 01 Manipulate layout massing to increase wind flow
• 02 Wind corridor to align with the prevailing wind
• 03 Connect open spaces
• 04 Arrange buildings to channel wind
• 05 Building setback
• 06 Increase permeability of building blocks / no wall building
• 07 Stepped building height profile
• 08 Increase building permeability
• 09 Permeable sky garden
• 10 Reduce building frontage
• 11 Ventilation bay / permeable podium
• 12 Reduce ground coverage
• 13 Increase ground zone air volume
• 14 Provide shading for pedestrian activities
• 15 Provide tree canopies
• 16 Manipulate building façade design to provide shading
• 17 Shade openness by building blocks
• 18 Use cool material for groınd surface
• 19 Green wall to reduce façade surface temperature
• 20 Increase albedo in buildings
• 21 Increase sky view factor to improve night cooling
• 22 Water features to increase evaporation
• 23 Green wall to increase evapotranspiration
• 24 Greening to increase evapotranspiration
• 25 Use permeable paving
• 26 Increase ventilation to carry away heat energy
• 27 Allow downhill wind flow
• 28 Allow sea breezes
• 29 Reduce anthropogenic heat dissipation near pedestrian area
• 30 Reduce thermal mass heat storage of bulding materials
• 31 Provide cover for rain protection

图 6-14 结合建造过程的 31 项改善城市微气候的建筑设计策略（a）[16]

目标1：调整部局，增加风力
目标2：风走廊与盛行风一致
目标3：连接开放空间
目标4：设计建筑物间的通风道
目标6：提高建筑物的透水性/无围屋大厦
目标11：设计通风孔/透水孔

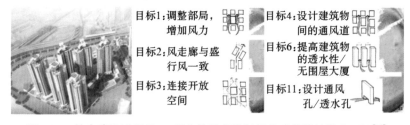

图 6-15 结合建造过程的 31 项改善城市微气候的建筑设计策略（b）[16]

6.6 有关气候变化的应用

有关香港气候变化的科学研究主要由本地学者和香港天文台的科学家开展，香港政府环境局于 2015 年发表《香港气候变化报告（2015 年）》旨在呼应香港在应对气候变化方面的措施与贡献[17]。同时香港政府其他部门也都纷纷响应，如发展局及其辖下的部门也都积极参与及研究各项应对动作，从而致力让香港整体规划和单个发展项目遵从可持续发展原则（图 6-16）；运输与房屋局会在公共房屋及运输层面，推行减排节能[18]。

随后，香港政府还颁布了《香港气候行动蓝图 2030^{+}》以履行《巴黎协定》的条款，其中有关城市规划方面的应用主要涉及透过美化园景为城市“降温”，拓展铁路网络整合城市规划、房屋及运输，改善步行环境的品质和街道景观，而在楼宇与基建方面主要推广节能及提升能源效益的措施。

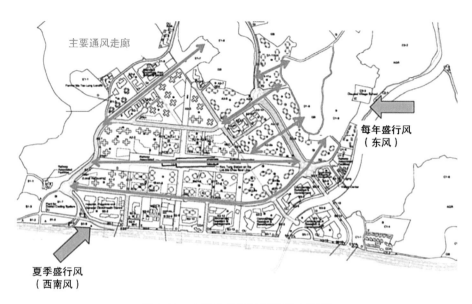

图 6-16　古洞北新发展区通风走廊[18]

　　《香港 2030+：跨越 2030 年的规划远景与策略》是一项政府检讨香港未来跨越 2030 年全港长远发展的策略性研究[19]。其中提出面向规划宜居的高密度健康城市，建议善用现有的自然资源，提供生态走廊，重塑自然资源网络，特别是都市森林策略，同时在进行规划与设计时须要考虑城市气候及空气流通因素（图 6-17），这些目标都凸显对气候变化挑战和威胁的应对，使香港具备相应的抗击力[19]。

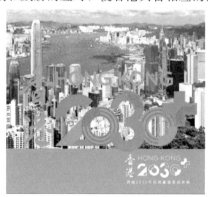

图 6-17　《香港 2030+：跨越 2030 年的规划远景与策略》[19]

6.7　经验总结与展望

　　香港自 2003 年至今，政府规划和建设部门已陆续开展相关城市气候应用超过 15 年。香港中文大学研究团队参与了大部分的政府顾问项目，作为研究人员和香港市民，现将相关的应用经验总结[1]如下，以供其他城市参考。

（1）基础数据信息平台的构建与支撑

为了有利于城市气象数据、污染数据、土地用地数据与规划数据等的收集与融合，因此必须加强专业机构间、专业机构、各级政府与各部门间的协作，构建信息共享平台[20]。例如：香港地政总署负责收集和绘制城市建成和自然环境数据，包括地形高程信息、建筑街道、土地利用等，非常全面，数据的获取也非常容易。如果是政府委托开展的顾问项目，通常是免费使用。同时也对公众和研究机构人员公开。

（2）科学量化城市气候规划与设计

城市规划不应再停留在"纸上画画，墙上挂挂"的纸上概念性设计方案阶段，方案的深化和优劣选取不应是图面表达效果，更为重要的是方案背后的科学分析和定量化评估的支撑。比如在香港透过风洞实验得到风速比计算数值，评估建筑方案对基地和周边风环境的影响。香港也利用大型电脑流体力学模拟结果获得精确的风环境时空数据，并将其地图化，纳入城市风环境评估的基础信息系统。

（3）精细化城市规划与城市管理

透过多年来参与香港政府的相关顾问研究项目，可以发现各项研究中政府一方对于城市管理目标量化明晰，各部门分工协作职责清楚，对于完成的研究成果落实的管控也是标准和透明的。例如：空气流通评估项目的报告均可在政府规划署网站上获取。不同部门的研究项目也会有跨部门其他人员的参与。

（4）政府、研究机构及企业的跨学科及跨部门的多方协作

"城市气候应用"的目标是提升城市居住环境品质，包括改善城市空气流通、缓解城市热岛和提高公共健康与热舒适度等。城市规划方案的有效期短则十年，长可达数十年，而其影响深远甚至可达百年。一旦出错，大拆大建又浪费人力、物力。因此，在城市开发建设时，有必要明确建设项目对城市气候环境的影响评估，并将这些相关城市气候应用和改善措施纳入规划方案深化和优选的过程[21]。香港规划署的城市规划委员会在评审建设项目时，会邀请气象部门、环保部门、公共卫生部门的相关人员参与指导。

"罗马不是一日建成的"，同样，改善人居环境，甚至是修复生态环境，也不是一日之功。城市生态系统可以包括两个部分，城市人类以及人类聚居和生存环境。而在生存环境中囊括经济、社会文化环境、人为建成环境、生物环境以及自然环境。自然环境以大气、水、土等组成[22]，是赖以生存的基本要素。气候环境必须作为自然资源加以保护，为达成生态文明建设，就必须将其纳入管控和城市发展应用范围。

参考文献

［1］任超．城市风环境评估与风道规划-打造"呼吸城市"［M］．北京：中国建筑工业出版社，2016.

［2］全程清洁策划小组及政务司司长办公室．全城清洁策划小组报告-改善香港环境卫生措施立法会参考资料摘要［Z/LO］．（2003-06-21）［2018-04-18］．http：//www. legco. gov. hk/yr02-03/chinese/panels/fseh/papers/fe0815tc ＿ rpt. pdf.

［3］Ng E. Feasibility Study for Establishment of Air Ventilation Assessment System-Final Report ［M］. Hong Kong：Department of Architecture，The Chinese University of Hong Kong，2005.

［4］Ng E. Policies and technical guidelines for urban planning of high-density cities-air ventilation assessment（AVA）of Hong Kong［J］. Building and Environment，2009，44（7）：1478-1488.

［5］Plan D. Section 11-Urban Design Guidelines. Hong Kong［Z/LO］．（2005-07-10）［2018-04-18］. http：//www. pland. gov. hk/pland ＿ en/tech ＿ doc/hkpsg/full/ch11/ch11 ＿ text. htm ♯ 1. In-troduction.

［6］NG A. Kai Tak-A sustainable and green development. Paper presented at the International Conference on "Planning for Low Carbon Cities"，Hong Kong［Z/LO］．（2009-06-18）［2018-04-18］. http：//www. hkip. org. hk/plcc/download/Ava ＿ NG. pdf.

［7］香港城市规划委员会．启德规划检讨［Z/LO］．（2018-02-15）［2018-04-18］．http：//www. ozp. tpb. gov. hk/default. aspx.

［8］香港特别行政区土木工程拓展署．启德发展计划：启德分区计划大纲图［Z/LO］．（2007-11-04）［2018-04-18］．http：//www. ktd. gov. hk/

［9］CPMJV. Kai Tak Development Comprehensive Planning and Engineering-Stage 1 Planning Review-Technical Note 4（AVA Report for Draft PODP），Final Report. 2007［Z/LO］．（2007-09-27）［2018-04-18］. http：//www. pland. gov. hk/pland ＿ en/info ＿ serv/ava ＿ register/ProjInfo/AVRG01 ＿ AVA ＿ FinalReport. pdf.

［10］CEDD. Kai Tak Development. Hong Kong［Z/LO］．（2013-11-21）［2018-04-18］. http：//www. ktd. gov. hk/eng/

［11］Ng E，Katzschner L，Wang Y，et al. Working Paper No. 1A：Draft Urban Climatic Analysis Map-Urban Climatic Map and Standards for Wind Environment-Feasibility Study Technical Report for Planning Department HKSAR［M］. Hong Kong：Planning Department of Hong Kong Government，2008.

［12］Ren C，Ng E，Katzschner L. Urban climatic map studies：a review［J］. International Journal of Climatology，2011，31（15），2213-2233.

［13］HKBD. Building Design to Foster a Quality and Sustainable Built Environment. Hong Kong：Hong Kong Government［Z/LO］．（2011-06-13）［2018-04-18］. http：//www. bd. gov. hk/english/documents/pnap/signed/APP151se. pdf.

[14] BD. Practice Note for Authorized Persons，Registered Structural Engineers and Registered Geotechnical Engineers PNAP APP-152：Sustainable Building Design Guidelines（Chinese Version），Building Dept. of the Hong Kong Government [Z/LO]．（2011-07-11）[2018-04-18]. https：//www. bd. gov. hk/english/documents/index _ pnap. html.

[15] BD. Practice Note for Authorized Persons，Registered Structural Engineers and Registered Geotechnical Engineers PNAP APP-152：Sustainable Building Design Guidelines，Building Dept. of the Hong Kong Government [Z/LO]．（2016-11-17）［2018-04-18]. https：// www. bd. gov. hk/english/documents/index _ pnap. html.

[16] 香港绿色建筑议会 . HKGBC Guidebook on Urban Mircroclimate Study，HongKong [Z/LO]. 2018 [2018-04-18]. https：//www. hkgbc. org. hk/eng/urbanmicroclimate. aspx

[17] ENB. Hong Kong Climate Change Report 2015 [Z/LO]．（2015-03-09）[2018-04-18]. https：//www. enb. gov. hk/sites/default/files/pdf/ClimateChangeEng. pdf.

[18] 香港政府 . 新闻公报：环境局发表香港气候变化报告 2015 [Z/LO]．（2015-07-15）［2018-04-18]. http：//www. info. gov. hk/gia/general/201511/06/P201511060771. htm.

[19] 香港政府规划署 . 香港 2030+：跨越 2030 年的规划远景与策略 [Z/LO]．（2016-08-27）[2018-04-18]. http：//www. hk2030plus. hk/SC/document/2030＋Booklet _ Chi. pdf.

[20] Ng E，Ren C. China's adaptation to climate & urban climatic changes：A critical review [J]. Urban Climate，2018，23：352-372.

[21] Ng E. Towards Planning and Practical Understanding of the Need for Meteorological and Climatic Information in the Design of High-density Cities：A Case-based study of Hong Kong [J]. International Journal of Climatology，2012，32（4），582-598.

[22] 沈清基 . 城市生态与城市环境 [M]. 上海：同济大学出版社，1998.

第七章　厦门土地利用气候评估案例研究

刘姝宇　宋代风　曾赫铭*

7.1　背景

鉴于建设过程对城市气候要素的忽略、城市气候研究与建设实务的脱钩[1]，城市热岛、通风受阻、空气污染等城市气候问题随着快速城镇化进程而日趋严重。在当前城市发展全面转型阶段，相关专项研究的合理介入能够在很大程度上提升城市精细化管理水平、提高城市系统抵御力。就城市气候问题管控而言，全面化、系统化的城市气候地图被认为是迄今为止气候与空气卫生防护方面最为有效的专项工具[2-4]。该工具通过对城市气候问题现状与发展的调查与分析，判断土地利用方式改变所致的城市气候影响，是应对城市气候问题、开展精细化城市设计的有效预设环节。我国幅员辽阔、气候条件与地形地貌千差万别，城市气候地图的研究思路在各地落实既有共同之处，也存在巨大差异。基于独特的政治经济影响与生态建设意义，选择厦门市开展实验性探索，以期为当地土地利用与城市规划提供支撑。

厦门市地处东南沿海、九龙江入海处，背靠漳州、泉州平原，濒临台湾海峡。市区陆地面积 1699 km²，含思明区、湖里区、集美区、海沧区、同安区、翔安区等 6 个行政区。厦门市空间发展重心的变迁可概括为"岛外陆地—海上岛屿—回归陆地"。中华人民共和国建立初至 1978 年，由于受到海防前线国家投资少、"大跃进"对生产力的破坏和"文化大革命"的影响，当地社会经济发展水平较低；1980年设立经济特区以来，建设速度加快，逐渐成为我国东南沿海重要的中心城市、港口及旅游城市。1989 年以后获批建设的杏林、集美、海沧台商投资区（岛外）成为对外开放的重要窗口。21 世纪以来，在"跨岛发展"战略的指导下，推进岛内外一体化建设成效显著。根据《厦门市城市总体规划（2010—2020）》草案，2020年建设用地将达到 440 km²，常住人口目标为 500 万。通过岛外新城建设的推动、产业园区格局的整合、城市交通设施布局的分散化，城市空间结构和中心体系将构建"一岛一带双核多中心"的组团式海湾城市[5]。

20 世纪 80 年代以来的飞速发展使这座"海上花园"面临严峻挑战，城市气候

---

* 刘姝宇，博士，厦门大学建筑与土木工程学院建筑系系主任，副教授、硕士研究生导师，中国城市科学研究会会员，中国建筑学会会员，主要研究方向为城市气候问题解决导向下的城市设计与住区设计方法；宋代风，博士，厦门大学建筑与土木工程学院建筑系副教授、硕士生导师，中国城市科学研究会会员，中国建筑学会会员，主要研究方向为城市气候问题解决导向下的城市设计与住区设计方法、可持续雨水管理导向下的住区与城市设计；曾赫铭，厦门大学建筑与土木工程学院硕士研究生。

问题的恶化已成为不争事实。主要表现有热岛扩张、相对湿度降低、雾和霾日增多、能见度降低、酸雨与暴雨频发、内涝加剧等，且近 10 年来城市气候环境严重恶化[6]。1953 年至 2012 年的年均气温整体从 20.1 ℃升至 21 ℃，且 21 世纪以来上升趋势明显[7]；根据两个典型自动气象站（厦门站、同安站）的气象观测结果显示，岛内、岛外的年均相对湿度自 20 世纪 90 年代的 78% 降至 72% 甚至更低，且近 10 年下降速度加快[8]；1954 年至 2004 年厦门地区历年暴雨发生日数从每年 3 d 升至 5 d[7]；1954 年以来，当地每年雾和霾日数则从零升至 90 d，2003 年以来该数值呈井喷式增长；与此同时，霾的持续日数也迅速增加，每年均有若干次连续出现 3 d 以上的霾，连续霾日最长达 7 d[9]。此外，厦门市独特的地理与气候条件导致总体风向不利于空气质量提升。冬、春季节霾日数占全年霾的 70%，此时大陆高压控制主导风又将北面大陆的污染物送到厦门，这使得居民不仅要承担本地经济增长与机动车增加的环境负荷，还可能受到泉州、莆田等地市开发的负面影响。

图 7-1　厦门城市气候图集

　　城市气候环境的恶化为实现资源节约型、环境友好型"美丽厦门"的发展目标提出巨大挑战。就城市环境优化的必要性及独特的政治经济影响而言，厦门急需引入城市气候地图及相关专项研究，进而为土地利用与城市规划探寻一条更具预防性与前瞻性的道路。为了从城市气候角度为当地城市规划与设计提供有力支撑，由厦门大学建筑与土木工程学院、福建省气候中心组成的多学科合作团队，借鉴德国斯图加特、中国香港等先行地区的研究经验，自 2014 年以来开展厦门市城市气候地图研究。该地图于 2015 底初步编制完成，于 2016 年得到进一步优化算法，并于

2017 年在污染源数据方面得到优化与补充，主要成果以图集形式问世（图 7-1）。一方面，针对当地气候、地理及城市建设信息开展汇编与展示；另一方面，本研究从城市气候环境优化角度对市域范围内的土地展开气候功能评估与区划，为土地利用与规划设计提供引导性建议，从而为"美丽厦门"目标的实现贡献微薄力量。

7.2　研究内容

城市气候地图编制的关键任务在于明确急需改造的区域及其改进方向。为此，各地结合自身的气候特征、基础数据与技术水平等客观条件探索适用性研究方法，如基于室外人体舒适度（或其替代性指标）评估的城市气候地图编制、基于区域气候生态功能识别的城市气候地图编制。其核心在于寻找城市中的气候环境恶劣区，并针对性地予以优化。

为了确保规划建议的靶向性与资源的合理配置，面对我国东南沿海城市复杂的气候条件与多样化的可利用资源，放弃了将某种气候性能指标是否达标作为城市气候"问题区"的划定依据，转而以地块建设是否导致局地气候"过载"取而代之。由此，城市气候地图中"问题区"的定位被转化为对下垫面特征及其气候承载力的研究。广义上，气候承载力指在一定时间和空间范围内，气候资源对社会经济某一领域乃至整个区域社会经济可持续发展的支撑能力[10]；此处则特指对土地利用强度及其方式的支撑力。故核心思路和主要任务在于，通过对比城市气候现状与由下垫面引发的城市气候改变理想值，明确当地气候资源对土地利用的支撑能力，将超出当地气候承载力的区域识别为"问题区"，并通过原因分析解释当地城市气候与城市建设的相互作用，从而通过制定对策保障城市建设在气候系统变动范围内的可持续或良性发展，实现由直接优化城市气候环境向管控城市建设负面气候效应的思路进化。

7.3　资料与方法

7.3.1　数据获取

用于服务土地利用与规划设计的城市气候地图系统旨在提供能够诠释当地气候与空气卫生重要性的基础资料，描述气候资源的空间分布，评估研究范围内土地的气候生态价值，并为政府、规划师、公众等利益相关方建立形象、直观的气候资源价值图谱，进而明确空间规划的挑战[11]。区域性城市气候地图系统的研究范围通常主要涉及所在行政区管辖范围。特殊情况下，考虑到气流运行规律对当地气候的重大影响，研究范围也可突破行政区范围，转而以地理与景观单元为辅助边界。这里范围覆盖厦门市全部 6 个行政区。

根据地域资源特征与技术条件，数据采集囊括土地利用、地形地貌、气象观测、数值模拟、卫星遥感和污染源分布等方面的 6 类基础信息。数据源为辖区内近年 Landsat TM 卫星遥感影像数据、数字高程模型（DEM）数据、市内外 31 个自动气象站近年监测数据、《厦门市城市总体规划修编（2010—2020）》和《厦门天地图》，以及《福建天地图》等开放数据库。

7.3.2 城市气候问题现状评估

（1）城市热岛

热岛能反映城市建设在持续改变自然环境过程中所产生的区域气候影响，其分级依据主要有城乡间地表温度差和土地的夜间降温能力[11-12]。自等温线法被用来展示即时气温分布以来，城乡两地测温点温差就被作为热岛强度的一贯计算方式，一日间的城乡温差变化可解释为空气受太阳辐射变化所导致的升、降温速度差[10,13]。日落后城市空气降温慢于乡村，热岛效应最强。故地表平均气温、地表降温能力被作为热岛分级指标。由于热岛随季节、昼夜变化而异，应分别获取晴朗条件下冬夏两季一日间的成对温度数据。

选取 2011—2015 年冬夏晴朗无云天气条件下 4 个典型日（冬、夏各两组）10时、13 时遥感数据，利用红外、近红外、热红外三通道合成地表亮温。经修正的早、晚地表亮温图被作为热污染评估的基础。土地的夜间降温能力为早、晚温度差，平均温度参数为早、晚温度均值。地表的平均温度越高、夜间降温参数越小，则热岛强度越高；地表的平均温度越低、夜间降温参数越大，则日落后的冷空气生成能力越强。由此获得厦门市的热污染分布的 12 个等级。

结果显示，厦门市的热岛多呈独立斑块状，夏季部分热岛核心区将连成片，且热岛核心区与工业、企业区分布之间存在强相关性。

（2）通风条件

通风条件反映城郊空气交换水平。我国幅员辽阔，各地主导通风条件的系统风需分类讨论，同时应兼顾海陆风、山谷风、热岛环流等可将城郊新鲜空气引入建成区的局地环流[14-15]。其中，主导风向区、季风变化区需考虑单季或双季主导风，兼顾主要局地环流；无主导风向区需考虑多个系统风频的影响，同时兼顾局地环流；准静止风区则应将局地环流作为主要通风因素。此外，鉴于对污染物扩散的显著阻碍，逆温应受到广泛关注。

在厦门，无法仅用当地气象站的风环境监测结果开展通风条件评估。第一，监测网密度较大导致图纸精度受限。第二，自动气象站的风玫瑰图汇总显示，各地区主导风向无法完全与全市主导风向保持一致，这说明地形与局地气流的影响显著。故必须找出影响当地通风条件的关键因素[16]。首先，厦门市地处亚热带季风气候，具典型的季风特性（秋、冬季为偏北风，夏季为偏南风）。其次，厦门市由多个岛屿与沿海地块组成，海岸线曲折，仅厦门岛岸线长约 234 km，15 时之后海陆风影响明显。再次，冬季厦门地区受冷高压控制、空气干燥、层结稳定，频繁出现的逆温使近地面污染物难以扩散,从而导致 21 世纪以来 PM_{10} 浓度在冬季均超过 70%[9]。故将系统风、海陆风、逆温概率的耦合作为通风条件评估思路。平均风速越大、相应风频越高、逆温概率越小,则通风条件越好。其中,选取典型系统风日(2014 年 1 月 5 日、15 日、21 日、6 月 12 日、14 日为偏北风典型日,2014 年 6 月 6 日、21 日为偏东风、南风典型日),模拟了 4 个时段(02 时、08 时、14 时、20 时)的风向、风速分布情况;选取风向日变化明显且符合海陆风特点的典型日为典型海陆风日,采用中尺度气象模式 WRF 模拟,经多层嵌套获得 02 时、08 时、14 时、20 时的风向、风速分布情况;利用 2014 年逐日 20 时各高度层的温度场数据,计算出各点全年出现逆温的累计日数。

结果显示,厦门市的通风条件基本从东南到西北递减,受逆温影响,同安、集美、海沧的内陆建成区通风条件最差。

7.3.3　下垫面形态特征提取

（1）地表热储存

在气候温暖、日照时间长的地区,城市能量平衡受人工热通量影响较小,主要受制于下垫面形态对辐射交换的影响。故地表热量储存性能可揭示城市热质量对气温的阻尼效应,并受多因素影响。建筑群的几何特征使日间吸收太阳辐射的地表面积增加,并阻碍了夜间热量释放与扩散,故建筑物的体积能反映地表蓄热能力;由于地表硬化率与建筑体量极大,堆放场地与停车场对开放空间的侵扰显著,常引发工业区严重热污染[17];道路引发的土地封盖会加速降水流失、影响降水蒸发与植物蒸腾的降温作用,同时机动交通污染物将提高空气蓄热性能;相反,鉴于植被对区域气温与空气流动的积极作用,非建设用地通常被认为具有气候调节功能;受地表热辐射、气压和气体体积变化的影响,大气层温度随海拔升高而下降。故建筑物体积、工业区、非建设用地、海拔高度和道路宽度被作为地表热储存性能评估指标。

（2）地表粗糙度

作为研究地气作用的重要地表参数,地表粗糙度能在一定程度上反映近地面气流与下垫面之间的物质与能量交换、传输与作用强度,可作为近地面气流模拟的简化手段[18],而构筑物和建筑物引发的气流阻碍远大于植被对气流的阻碍[11]。考虑地形起伏、构筑物和建筑物的影响,利用著名气象学家烈陶（Heinz H. Lettau）的粗糙度长度公式 $Z_0 = S/A$ 可获得各考察风向上的迎风面粗糙度长度 Z_0 分布现状,其中,S 为网格内的建筑物迎风面投影面积;A 为网格内的建筑物基底面积。初始风向的确定需考虑具体的气候条件与城市气候问题特征。

7.3.4 气候承载力评估

（1）热污染承载力

鉴于问题形成机制中的角色差异，建成区与开放空间的热污染贡献需分别讨论。其中，建成区是热岛诱因，需管控，其热污染承载力取决于下垫面引发问题的能力。热岛主要由人工下垫面日间持续蓄热、夜间放热且二次吸热所致，故热岛与地表热储存在理论上的正相关性；而现实中，通风、反射率、蒸发量、人工热通量等其他因素均可能影响此相关性。就某一地块而言，若地表热储存量大、热岛强度小，则其他因素能有效抑制热污染生成，该地块对地表热储存提升措施形成"耐受"；若地表热储存量小、热岛强度大，则其他因素能加剧热污染，在该地块加建将致严重后果。二者偏差越大，地表热储存对热岛的贡献越小，其他因素的影响越强。故热污染承载力由热岛强度与地表热储存性能决定。

开放空间与绿地则可缓解热岛，需受到保护，其热污染承载力决定于缓解问题的能力。热岛区开放空间与绿地、冷空气生成区森林的热污染承载力最低，若其遭破坏，热岛可能扩展或加剧；非热岛区绿地的热污染承载力一般，可容忍适度破坏；非冷空气生成区森林的热污染承载力最高，此处的开发活动不会影响现有热岛。

（2）空气流通承载力

各地块对气流阻碍的贡献取决于其是否位于通风廊道及通风条件。鉴于对城市通风的特殊贡献，通风廊道中的地块敏感性较高，空气流通承载力普遍不高。若通风廊道内地块的通风条件好，则此处下垫面改变不易形成气流阻碍、具有一定的空气流通承载力，应维护；若通风廊道内地块的通风条件差，则此处下垫面改变极易形成通风阻碍、空气流通承载力低，必须优化。

其中，通风廊道不仅取决于下垫面形态与结构，更取决于城市通风系统各组成部分的气候功能及其在空间与内容上的联系[14]。首先，通风路径可由基于地块迎风面阻挡系数分析的最小成本路径法获取[18]。受到各地地理与气候条件影响，可利用风资源（即迎风面方向）可能包含各季主导风及主要的局地环流。其次，通风廊道宽度设定需兼顾地块通风条件和廊道宽度经验值问题。研究显示，风速与其影响范围正相关；且任何情况通道宽度不小于 50 m，冷空气通道理想宽度为 400～500 m[17]。考虑网格精度，建议通风廊道最小宽度取 100 m。

（3）大气污染承载力

大气污染源类型主要有点源、面源、线源，分别源自工业企业、居住区、交通运输。厦门市污染浓度分布呈现"工业区—居住区—生态区"递减的空间特征，可以认为当地大气污染主要源于工业排放与机动车排放[19]。鉴于环境保护与城市建设的部门分割与条块隔离问题，多数污染源及其污染物排放强度数据的获取成为气候分析过程中普遍难以逾越的壁垒。鉴于对数据完整性与可获取性的考虑，当前可主要针对机动车移动线源开展大气污染承载力评估，以反映现行路网中各路段污染物贡献程度。在不考虑地形、建筑物遮避、机动车类型的情况下，机动交通的污染物贡献程度与车流量正相关。车流量越大，噪声与大气污染贡献越大，需采取疏导与防护措施。在基础数据齐全、技术条件允许时，还可综合大气运行状况开展污染物扩散模拟以判断动态污染物贡献。

根据厦门大学规划系在 2014 年某日上午高峰时段（07：00—09：00）开展的全市机动交通流量统计数据计算出时均车流量，并将时均车流量在 10000 辆以上的路段作为严重污染路段。严重污染路段主要分布在主岛内外连接路段、各行政区之间的连接路段、厦门岛西北部码头与工业区。

7.4　结果分析

7.4.1　气候分析图

为了编制厦门地区首版以服务土地利用及规划设计为目标的气候分析图，用以在二维空间上简明扼要地反映当地城市气候环境现状。该图纸以已有的描述性数据资料，即土地利用现状图和地形图为基础支撑，整合区域中最为重要的气候环境信息，用来描述某一地区城市气候状况，区分城市建设对城市气候影响的差异性。

厦门市气候分析图能够反映土地利用信息、精细气候区划、冷空气生成地分布、大气污染源分布、通风条件、各季主导风向、各地区风玫瑰等信息，利用颜色与符号区分具备各种城市气候特征的土地类型及其范围（图 7-2）。其中，精细气候区划描述城市气候特征相似区域的微气候特点。这些差异主要产生于地形、土地利用方式、地表热储存、交通负荷、热岛状况、地表亮温、逆温和风向、风速等方面的差异。在城市建成区，由于微气候特征主要由实际的土地利用方式和建筑群类型决定，精细气候区划又可按主要的土地利用类型或者开发用途命名。此外，气候分析图明确给出重要的交通排放源、工业生产排放源的位置。其中，空气污染贡献较大的交通负荷区域主要包括重度污染道路、中度污染道路。前者主要涉及高峰时段平均每小时机动车车流量大于 10000 辆的道路。气候分析图则以栅格宽度示意性地表示污染物对周边的影响。而空气污染贡献较大的工业企业区域则主要用以阐明强污染源的位置信息。有条件时，固定燃烧源、工艺过程源、道路机动车（停车场、汽车客运站）、非道路移动源（机场、火车站、港口、码头）、工业园区亦可展示。该图纸网格精确度控制在 100 m×100 m，各分区气候分析图也可予以呈现（图 7-3）。鉴于应用软件精度的限制，成果精度还有待进一步提升。

研究成果能够提供一系列有趣的结论。一方面，热岛、通风条件、污染源现状等分项问题的调查与分析明确了当地城市气候问题的分布特征。在厦门，夏季热岛

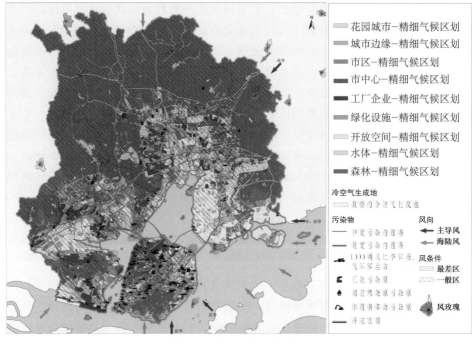

图 7-2　厦门市气候分析图

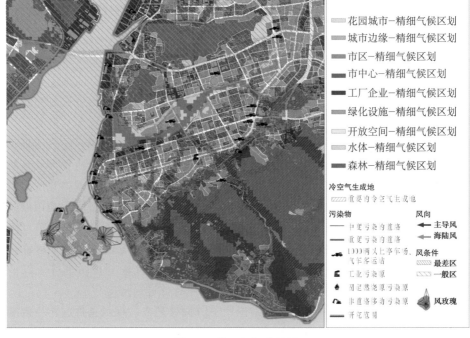

图 7-3　分区气候分析图

核心区有连结成片的趋势，热岛核心区与工业区相关性极高；由于逆温频发、风速低，西北部内陆地区通风严重受阻，沿海及海湾非建设用地对通风改善至关重要；严重污染路段主要集中在行政区之间的干道、厦门岛西北部码头与工业区。另一方面，针对研究结果的统计分析揭示了当地城市建设的气候影响规律。第一，在厦门，建筑密度仍是形成强热岛的主要因素。例如，鉴于高土地覆盖率与高建筑密度，工业区极易引发强热岛；同时，各种高密度建设区普遍较低密度区表现更热。第二，城中村、工业区的高敏感区占比最高、且面积随着敏感性提升而显著增加，亟待城市更新以缓解热岛、促进通风。第三，受益于高绿地率，超高层区、CBD对区域气候扰动最低。第四，其余建成区表现相近，须基于各类气候功能区发展目标与设计策略因地制宜地开展微气候研究，以精细引导建设。这也表明，在城市气候问题更为复杂、多样的城市或地区，仅以用地功能类型来区分土地利用与规划设计策略的思路对城市气候问题解决而言效用有限；而基于系统化、精细化气候分析的规划设计建议则更具针对性和可操作性。

7.4.2　规划建议图

作为宏观气候分析的主要成果，气候分析图、规划建议图分别给出城市气候病的"诊断书"与"处方"。规划建议图用以整合气候承载力评估成果，明确各类气候功能区的土地利用与规划设计策略，以便为后续城市建设提供技术支撑。鉴于城市气候特征、可利用资源、土地利用特征等方面的差异性，各地规划建议图编制方法会因气候承载力评估方法的差异而不尽相同。这里气候承载力评估的基本原则主要如下：①热污染承载力被作为气候承载力评估的重要考量因子。对地表热储存提升措施耐受程度越高，则在多因素影响下地块的热污染承载力越高，可在一定程度上承担加建任务。基于城市气候环境优化的考虑，热污染承载力低的区域、热岛中心等地应开展城市更新，以便缓解这些区域的热污染状况，避免其中的热污染与大气污染向周边区域蔓延、进而对周边建成区造成进一步不利影响。②空气流通承载力被作为气候承载力评估的重要考量因子。亦即，潜在通风廊道的通风效率应得到优化。鉴于对城市通风的特殊贡献，通风廊道中地块的空气流通承载力较低，其对于空气流通的支撑性能普遍应得以维护、提升甚至大规模优化。本案例中的通风廊道定位考虑了下垫面粗糙度、平均风速等因素。因此，相应来风条件下通风廊道内地块的相对风速本已较其周边区域高，后续通风廊道建设应顺应此趋势，优化通风廊道内的建成区与开放空间、减小下垫面粗糙度，留出贯穿建成区的绿化廊道，以便促进空气流通。③大气污染承载力被作为气候承载力评估的重要考量因子。对于车流量大、噪声与大气污染贡献大的交通要道而言，其大气污染承载力较低。因此，上述区域应采取必要的交通疏导与污染防护措施。④植被及其气候调节功能被作为气候承载力评估的重要考量因子。植被对缓解城市气候问题有重要意义，应给予保留和扩建。夜晚，植被所在地通常是新鲜空气或冷空气生成地；白天，树木较多的地区是重要的热补偿区域。建成区的绿化用地将直接对周边地块的微气候环境产生积极影响；同时，建成区边缘的绿化用地能够推动区域空气交换；彼此相连的大规模绿化用地带来了区域空气更新潜力；在与建成区发生关联时，对开放空间与建成区之间的空气交换至关重要。因此，基于城市气候环境优化的考虑，大规模开放空间不宜作为建设用地。当然，具体情况还需结合绿地的气候调节功能而综合考量。⑤整个研究范围内的土地被划分为9个部分，并分别从设计任务与原则、设计程序与关键步骤、强制性要求与引导性准则、空间布局模式与技术集成等方面给出土地利用与规划设计建议（图7-4）。在此，建成区、开放空间、道路需分开讨论。其中，三个部分涉及至今为止尚未开发的开放空间；五个部分针对已开发的建成区；一部分涉及污染物密集的街道区域。

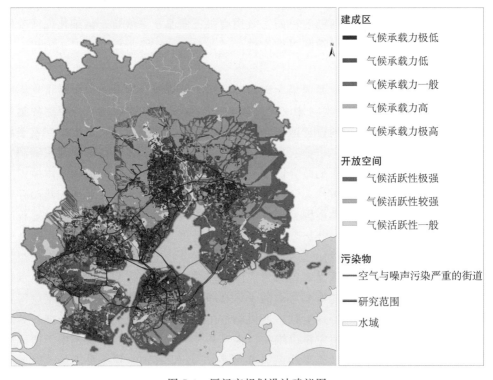

图 7-4　厦门市规划设计建议图

7.5　应对城市气候问题的规划策略

　　厦门市土地利用气候评估在研究方法上做出以下尝试。其一，鉴于城市气候问题系统庞大、因素众多、关系复杂的特征，基于对地块气候功能的分析从系统论角度厘清各因素间的关系、寻找改善整个城市气候环境的突破点。其二，采用定性与定量相结合的方法，从控制论的角度把握概念内涵，从整体上提出一套全面有效的

表7-1　城市气候地图对山水格局概念的优化

山水格局规划用地分类	城市气候地图规划设计建议	占比（%）	问题现状					发展预期			优化措施								
			热污染	逆温	位于风道入口	通风弱	大气污染	热污染	通风条件	大气污染	控制建筑体量	降低建筑密度	减少非透水地表	提高阴影率	增加绿化	拓展风道	控制污染源	限制工业区	后续专项评估
地标性摩天核区	气候承载力一般的建成区	23.3	•		•				↓		✓	✓	✓	✓	✓	✓			
	气候承载力低的建成区	6.4	••	•	•			↑	↓	↑	✓	✓	✓✓	✓✓	✓	✓✓			✓
	气候活跃性极强的开放空间	58.1		•	•				↓	↑	✓	✓✓	✓✓	✓✓	✓	✓✓	✓	✓	✓✓
	气候活跃性较强的开放空间	12.1	•	•	•			↑	↓	↑	✓	✓	✓✓	✓	✓	✓✓	✓	✓	✓
中心区核心地带（超高层区）	气候承载力极高的建成区	0.5	•	•	•		•		↓		✓	✓	✓✓	✓	✓	✓			✓
	气候承载力一般的建成区	20.6	•	•	•		•	↑	↓	↑	✓	✓✓	✓✓	✓✓	✓	✓✓	✓	✓	✓✓
	气候承载力低的建成区	16.5	••	•	◎		•••	↑↑	↓	↑	✓✓	✓✓	✓✓	✓✓	✓	✓✓	✓	✓	✓✓
	气候活跃性极强的开放空间	3.8	•••	•	◎	•	•••	↑↑	↓	↑	✓✓	✓✓	✓✓	✓✓	✓	✓✓	✓	✓	✓✓
	气候活跃性较强的开放空间	40.9	•••	•			•••	↑	↓	↑	✓✓	✓✓	✓✓	✓✓	✓	✓✓	✓✓	✓	✓✓
	气候活跃性较强的开放空间	17.6	•	•				↑	↓	↑	✓	✓	✓✓	✓	✓	✓		✓	✓
中心区（高层区）	气候承载力极高的建成区	0.2																	
	气候承载力一般的建成区	8.9	••	•			••	↑	↓	↑	✓	✓	✓	✓	✓	✓			✓
	气候承载力低的建成区	26.7	••	•			••	↑	↓	↑	✓✓	✓	✓✓	✓✓	✓	✓✓	✓	✓	✓
	气候承载力低的建成区	17.1	•••	••			•••	↑	↓	↑	✓✓	✓✓	✓✓	✓	✓	✓✓	✓✓	✓	✓✓
	气候活跃性较强的开放空间	3.9	••	••			•••	↑	↓	↑	✓✓	✓✓	✓✓	✓✓	✓	✓✓	✓✓	✓	✓✓
	气候活跃性较强的开放空间	27.5	••	••			••	↑	↓	↑	✓	✓	✓	✓	✓	✓		✓	✓✓
	气候活跃性较强的开放空间	14.4	•	•			•	↑	↓	↑	✓	✓	✓	✓	✓	✓		✓	✓✓
	气候活跃性一般的开放空间	1.3									✓								✓
临近中心区（小高层区）	气候承载力极高的建成区	7.7							↓		✓	✓	✓	✓	✓	✓	✓		✓
	气候承载力一般的建成区	22.4	•••	•	•		•	↑	↓	↑	✓	✓✓	✓✓	✓	✓	✓✓	✓	✓	✓✓

续表

分区	指标	数值
（上接表）	气候承载力低的建成区	28.2
	气候承载力极低的建成区	8.0
	气候活跃性的开放空间	19.5
	气候活跃性较强的开放空间	13.0
	气候活跃性一般的开放空间	1.2
工业集中区、科研教育、生态景观次要敏感区（多层区）	气候承载力高的建成区	7.4
	气候承载力一般的建成区	19.7
	气候承载力低的建成区	26.2
	气候活跃性极强的开放空间	11.8
	气候活跃性较强的开放空间	16.5
	气候活跃性一般的开放空间	17.5
		0.9
生态敏感、田园生态保护区	气候承载力高的建成区	3.4
	气候承载力一般的建成区	19.7
	气候承载力低的建成区	19.7
	气候活跃性极强的开放空间	4.9
	气候活跃性较强的开放空间	20.4
	气候活跃性一般的开放空间	29.5
		2.5
非建设用地	气候承载力一般的建成区	2.0
	气候承载力低的建成区	1.5
	气候活跃性极强的开放空间	0.2
	气候活跃性较强的开放空间	13.7
	气候活跃性一般的开放空间	78.4
		4.2

说明：•表示问题存在，••表示问题严重，•••表示问题严重；◎表示部分分区域问题严重；↓表示减弱，↑表示加剧，↑↑表示严重加剧；√表示推荐措施，√√表示强制措施。

操作措施与实施框架。在精细化城市规划与景观生态规划过程中，若片面地以生态学原理为主导而未高度整合城市气候方面的专项要求，则研究结果的合理性可能受到质疑。这里对《美丽厦门山水格局概念规划（2014）》提出的建筑高度控制概念进行校勘，则可发现若干有待优化之处（表7-1）。作为典型情况之一，部分低气候承载力地区被划入高强度开发区。为此，该区域的局地气候将在大概率上受到强扰动，为当地或毗邻区域带来污染隐患。即便在无法据此大幅度调整规划的情况下，城市气候地图也可为潜在的城市气候问题恶化区提供补救措施建议。

鉴于其形态相关性、系统性与综合性特征，城市气候地图可作为科学引导土地利用与城市规划的有效辅助工具，亦可在自然科学研究、工程实践活动、城市建设管理之间建立紧密关联。其成果的可视性使城市气候信息转译为规划设计人员可理解与应用的语言，使各种设计策略均有据可循、并能"落实到位"；同时，该方法可在各尺度的气候分析之间建立联系，使上层研究成果作为下层面研究工作的依据与框架条件，从而增加设计策略与措施建议的系统性与科学性；该工具可综合展示多个问题的特性有利于信息统筹、资源共享，可作为跨学科交流协作的信息平台与技术支撑。因此，从宏观层面上来说，城市气候地图的科学编制与成功实施将成为城市气候问题应对策略合理提出与顺利落实的关键所在。需要重点解决的问题有：

①问题解决导向下的城市气候评估方法创新。作为迄今为止气候保护与污染防控的最有效专项研究，城市气候地图的编制及其规划介入具有积极的现实意义。鉴于当前气候功能评估个性化趋向以及幅员辽阔、气候复杂多样的国情，各地应因地制宜地探索地域性的城市气候地图编制方法，基于长期、详尽的气象跟踪与调查分析认识问题、寻找可用资源、确定原理解，进而以问题解决为导向提出各类气候敏感区的划定标准、评估城市建设对城市气候问题生成与解决的影响。

②系统化、全面性的数据库建设。面对当前环境保护与城市建设的部门分割与条块隔离，应大力推动囊括土地管理、城市建设、气象监测、污染防治等多方信息的全尺度数据库建设。全面的基础信息是问题诊断与处方开具的必要前提；各尺度研究的关联性将提升成果科学性。微气候研究应从中尺度气候分析那里获得边界条件与发展目标，而非孤立存在；敏感区与非敏感区微气候评估的目标将截然不同。鉴于当前研究方法的多样性、现状表达对后续研究与纵向比较的支撑力、与孤立的气候分析图或规划建议图成果相比，地方上受系统化数据库支撑的整套气候图集系统更具价值。

③跨学科、跨部门的协作机制完善。经济新常态背景下的精细化城市管理不仅要强调专业团队的技术创新，更应依赖规划流程中协作机制的完善。问题与基本国情的差异导致国外某些技术与方法无法在我国直接套用。技术条件不足、观测点网络密度较小、数据精度有限等问题只能在实践中通过城市气候学家与规划建设专家的持续沟通得以弥补，技术路线的针对性优化、有效数据的筛选也必须在实践中从

相关领域获得支撑。与此同时，鉴于城市气候评估的专业性与技术性，建立能直接参与规划管理的地方性城市气候研究机构也对协作规划的开展与成果的连贯性至关重要。

城市建设是引发热岛效应、大气污染、空气交换变弱、噪声污染等城市气候问题的主要因素。城市人口的增加势必带来城市扩张的压力，而城市扩张所致的城市下垫面改变正是引发城市气候问题的核心要素。如不及时预防或改进，快速城市化无疑将加剧城市气候问题的生成频率与严重程度。因此，基于城市建设及其结果难以逆转的特性，有必要摸清各类城市气候问题的现状、分析自然环境与人为因素对城市气候的影响、辨别当地可利用的气候资源、系统全面地提出措施建议与实施框架，从而为城市规划乃至建设项目提供科学可行的建设参考与决策依据。

参考文献

[1] Eliasson I. The Use of Climate Knowledge in Urban Planning [J]. Landscape and Urban Planning, 2000, 48 (1): 31-44.

[2] Ren Chao, NG Edward, Yan-Yung, et al. Urban Climatic Map Studies: a Review [J]. International Journal of Climatology, 2011, 31 (15): 2213-2233.

[3] 刘姝宇. 城市气候研究在中德城市规划中的整合途径比较 [M]. 北京：中国科学技术出版社, 2014.

[4] 房小怡, 王晓云, 杜吴鹏, 等. 我国城市规划中气候信息应用回顾与展望 [J]. 地球科学进展, 2015, 30 (4): 445-455.

[5] 厦门市规划委员会. 厦门市城市总体规划 (2010-2020) 草案公示 [Z/LO]. (2015-11-27) [2018-04-26]. http://www.xmgh.gov.cn/zwgk/ghgs/ghbzcg/ztfags/201501/t20150130_48665.htm

[6] 徐涵秋, 陈本清. 城市热岛与城市空间发展的关系探讨-以厦门市为例 [J]. 城市发展研究, 2004, 11 (2): 65-70.

[7] 苏明峰. 厦门市气候变化及其应对建议 [J]. 海峡科学, 2011, 55 (7): 16-18.

[8] 郑礼新, 张少丽, 黄阳霞, 等. 厦门城市空气湿度气候变化特征 [J]. 福建气象, 2009, 10 (5): 18-23.

[9] 范新强, 孙照渤. 1953-2008 年厦门地区的霾天气特征 [J]. 大气科学学报, 2009, 32 (5): 604-609.

[10] 於琍, 卢燕宇, 黄玮, 等. 气候承载力评估的意义及基本方法 [M]. 见：王伟光, 郑国光主编. 气候变化绿皮书：应对气候变化报告. 北京：社会科学文献出版社, 2015: 289-301.

[11] Verband Region Stuttgart. Klimaatlas Region Stuttgart [Z/LO]. (2008-10-07) [2018-04-26]. http://www.stadtklima-stuttgart.de/stadtklima _ filestorage/download/klimaatlas/Klimaatl-as-Region-Stuttgart-2008.pdf.

[12] Matzarakis A, Röckle R, Richter C J, et al. Planungsrelevante Bewertung des Stadtklimas-

Am Beispiel von Freiburg im Breisgau [J]. Gefahrstoffe-Reinhaltung der Luft，2008，68 (7/8)：334-340.

[13] Fezer F. Das Klima der Städte [M]. Gotha：Perthes，1995.

[14] 朱瑞兆 . 风与城市规划 [J]. 气象科技，1980，(4)：3-6.

[15] 刘姝宇，沈济黄 . 基于局地环流的城市通风道规划方法-以德国斯图加特市为例 [J]. 浙江大学学报（工学版），2010，44（10）：1985-1991.

[16] Kress R. Regionale luftaustauschprozesse und ihre Bedeutung für die räumliche planung [M]. Dortmund：Institut für Umweltschutz der Universität Dortmund，1979.

[17] Horbert M. Klimatologische Aspekte der Stadtund Landschaftsplanung [M]. Berlin：Technische Universität Berlin Universitätsbibliothek，2000

[18] Man Singwong，Nichol J E，Pui Hangto，et al. A Simple Method for Designation of Urban Ventilation Corridors and its Application to Urban Heat Island Analysis [J]. Building and Environment，2010，45（8）：1880-1889.

[19] 施益强，王坚，张枝萍 . 厦门市空气污染的空间分布及其与影响因素空间相关性分析 [J]. 环境工程学报，2014，12（8）：5406-07.

第八章　成都市通风廊道专项规划案例研究

程　宸　刘继华　覃光旭*

8.1　研究背景

8.1.1　目的与意义

　　近地层风场条件的变化，是城市化影响局地气候的一个重要方面。建筑物的存在增加了城市下垫面的粗糙度，总体上降低了城市的平均风速，从而减少了城市街区内部的空气流通效率，增加了城市局部地区的空气污染程度。因此，城市规划不仅需要适应区域气候条件，更需要通过城市自身的合理空间配置来缓解因城市化引起的城市大气环境问题。

　　城市通风廊道是一个既古老又新颖的话题，其主要指利用江河、湖泊、山谷等自然通风道和人工建立的绿地、水体以及城市主干道来引导城市空气流动、改善城市空气品质的技术手段。城市通风廊道合理的布置对于确保城市局地空气流通、加快城乡空气交换有着重要的作用，能达到降低城市热岛、提高人体舒适感的效果，已成为城市建设和规划中必不可少考虑的因素。世界上没有任何一个国家像我国一样在如此短的时间内经历快速发展与环境的严峻挑战，相比较国外特别是发达国家多为从景观出发的通风廊道，我国通风廊道承载了更多的功能，更体现了低影响开发理念在城市大气环境方面的体现。因此，很有必要将气象学科和城市规划学科紧密联合起来，基于当地的气候背景条件，充分发挥城市特点，科学合理地构建城区通风廊道系统，并最终用于廊道的规划实施。

　　值得提出的是，在 2015 年 11 月国家住房城乡建设部正式发布的《城市生态建设环境绩效评估导则（试行）》[1]中，关于"局地气象与大气质量"的评估内容和相应指标被纳入导则，将作为环境影响评估四大主要方向之一，有效推进城市生态建设。这进一步明确了大气环境研究对科学开展城市生态规划具有重要意义。

8.1.2　成都市气候环境问题浅析

　　成都市位于四川盆地西部，地势西北高、东南低，亚热带湿润季风气候给这里带来了丰富的热量和降水，但其特殊的地形和自然气候特点不利于低层空气流通扩散。已有学者的模拟结果表明[2]，成都市所在的四川盆地一年四季 950 hPa（海拔

---

*程宸，硕士，北京市气候中心，工程师，研究方向为城市气候评估、城市规划设计气候可行性论证；刘继华，硕士，中国城市规划设计研究院，高级规划师，研究方向为城市规划、城市生态规划；覃光旭，博士，中国城市规划设计研究院西部分院，高级规划师，研究方向为城市生态规划、生态学。

高度 400 m 左右,离地高度约 10 m),低空平均流场表现为逆时针方向的气旋,气流为辐合运动,不利于盆地低层空气污染扩散。

利用 30 年气候整编资料分析发现,和北京、上海、广州、深圳、武汉、重庆等城市相比,成都市的年平均风速较小,静风频率最高(图 8-1)。可见,成都市自身低空污染扩散气象条件不利,容易产生大气污染。

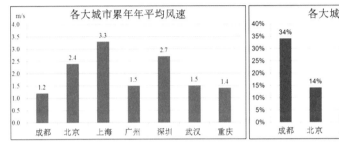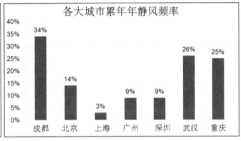

图 8-1 成都与各大城市累年平均风速和静风频率对比

与此同时,随着成都市经济快速发展,综合实力显著增强,城市扩张明显,人类活动影响所产生的局地气候与大气环境问题也日益突出。城市热岛范围受城市发展影响而扩大,强度也趋于扩大化、多极化、"空心化"发展,局地热岛极值可达 10 ℃以上[3]。图 8-2 为成都市不同年份的热岛卫星遥感反演结果。可见,成都市域范围内城市热岛范围随时间扩张明显,热岛呈蔓延式发展,由 20 世纪 90 年代初的单个强热岛中心(中心城区)逐步发展至 2014 年多个强热岛中心(中心城及周围区县),城市热环境状况堪忧。对热岛进行现场调研发现,在中心城北部及东北部密集建设了大量高层建筑,东南部龙泉驿沿山地区存在一定规模的开发建设、且山前存在大量坡耕地破坏了林地,以上地区均为强热岛区。而中心城西部清水河连接百花潭、浣花溪、清水河公园等公园绿地,对周边热岛具有缓解作用,低于中心

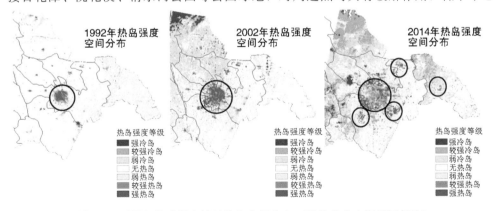

图 8-2 不同年份成都市城区热岛空间分布(强热岛中心以黑圈标注)

城其他地区。这充分说明水体、绿地、林地等生态用地对于改善局地热环境具有重要作用。

此外，随着工业和机动车发展，成都市大气环境压力日趋加大，空气污染呈现向煤烟与机动车尾气混合型污染的发展的态势，大气环境质量下降明显。环保部网站 2014 年公布的全国城市空气质量显示，成都空气污染程度较上海、重庆、广州、深圳、昆明等国内大城市严重，也不及省内的绵阳、德阳市。成都市环境质量公报也表明，2007—2014 年成都市区可吸入颗粒物 PM_{10} 和 NO_2 浓度均超过国家二级标准限值，且有上升趋势（图 8-3）。

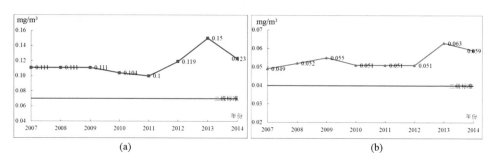

图 8-3　成都城区 2007—2014 年 PM_{10}（a）和 NO_2（b）年平均浓度变化

成都市一直将建设"田园城市"作为发展的重要目标，就更加需要在新一轮城市总体规划中注重局地气象与大气环境的影响，在城市建设、产业结构、能源消耗等诸多方面考虑大气因子，如产业建设的气候可行性、城市建筑的通风状况等。因此，需要开展"成都市城市通风廊道构建及规划策略专题研究"，支撑《成都市城市总体规划（2016-2035）》工作。

8.2　研究内容与方法

8.2.1　主要研究内容与技术路线

首先通过对气象站观测数据统计分析以及气象模式数值模拟的方式，研究成都市背景风环境，特别是集中建设区对城市通风廊道起作用的软轻风的风场特征；此外，利用城市地区建筑高度、密度和土地利用数据，通过遥感和地理信息系统技术计算相关量化指标，对集中建设区地表通风能力进行评估；在充分调研、研究城市通风廊道规划一般性规律基础上，结合背景风环境和地表通风能力评估结果，构建城市通风廊道系统，并提出通风廊道规划建议和管控策略。同时，在有条件的情况下，开展通风廊道风效应的数值模拟验证或观测验证。

研究技术路线如图 8-4 所示。

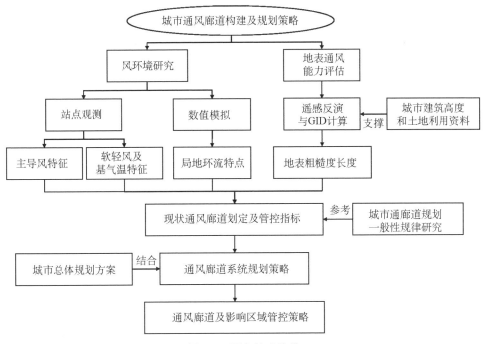

图 8-4　研究技术路线

8.2.2　风环境研究内容与方法

主要包括规划城市市域范围内常年主导风、局地环流风等风环境研究，以及城市集中建设区的精细化风环境和热环境研究，并分析存在的风、热环境问题及可能产生的原因。

（1）主导风向统计分析

利用规划城市市域范围内的国家级气象站长时间序列观测资料，统计年平均及不同季节风向频率并绘制风玫瑰图，分析得到全年及不同季节主导风向和次主导风向信息，指导通风廊道构建。

（2）风场数值模拟

使用中尺度气象模式 WRF，通过多重嵌套降尺度，采用 27 km、9 km、3 km、1 km 的 4 重区域嵌套，选取合适的物理过程参数化方案并调用城市冠层模型，模拟得到规划城市典型天气条件下水平分辨率不大于 1 km 的风场。模拟结果应科学体现地形和城市下垫面对背景风场的影响。选择风向、风速与常年风向、风速相近的天气，以及重污染情况下的天气，作为典型天气条件进行数值模拟。

（3）局地环流分析

参考山体走向以及附近气象站风玫瑰图，结合风场数值模拟结果，综合确定属于山（谷）风的风向，并确定局地环流风场影响范围。

（4）软轻风分析

根据我国《风力等级》国家标准，将风速为 0.3～3.3 m/s 的风定义为软轻风，即扣除了无风和大风后，城市通风廊道通风效果明显的风段。利用城市市域范围内50 个区域自动气象站 2013—2015 年连续 3 年逐小时观测资料，分析集中建设区内软轻风主导风向及风速分布。

（5）软轻风条件下气温分布分析

利用城市市域范围内 50 个区域自动气象站 2013—2015 年连续三年逐小时观测资料，分析集中建设区内软轻风条件下的气温分布特征。

8.2.3　地表通风能力评估内容与方法

空气经过粗糙不平的地表面，受到摩擦力的作用，空气流动的速度，也就是风速会越来越小。地面粗糙度越大，作用于空气的摩擦力也就越大，相应的风速减小的也就越多。为了能对地面粗糙度进行量化分析，通常使用粗糙度长度 Z_0（即理论上平均风速随高度减小到零时的高度，单位为：m）对地面粗糙度进行度量。

根据德国风能协会的研究，开阔的田野，有起伏的丘陵和非常分散的矮建筑物、小村庄、小城市或者拥有高大灌木树木的粗糙不平的田野，所对应的地表粗糙度长度 Z_0 一般均小于 0.6 m。所以，通风廊道构建重点是研究城市地区的地表通风能力，由于城市地表粗糙度主要由建筑物引起，利用城市地区建筑物高度和建筑物百分比等地理信息数据，结合土地利用情况和高分辨率遥感数据，计算成都市集中建设区内的地表粗糙度等，进而评估地表通风环境现状，寻找出可能构建城市通风廊道的区域。受资料限制，将建筑高度由地块平均高度资料代替，基于成都市二圈层地块高度和建筑覆盖率进行地表粗糙度长度的计算，并重点针对 Z_0 大于 0.6 m 的区域进行细化与分析。

这里采用 Grimmond 建立的形态学模型对城市地区地表粗糙度长度 Z_0 进行估算，具体方法参见 4.1.3 节。

8.2.4　研究资料

这里所用资料主要包括城市规划、遥感和地理信息系统以及气象三大类，具体见表 8-1。

表 8-1　研究所用资料清单

数据类型	数据名称	主要用途
城市规划	成都市总体规划范围内的土地利用功能现状图、规划图；成都市中心城控制性详细规划图	用于城市空间布局规划的气象、大气环境研究
	成都市总规划范围内的绿地系统、水网河道，及其他生态廊道规划图、现状	用于城市绿廊、水网的通风以及改善热环境效果分析
GIS 与遥感	成都市高分辨率地形数据（DEM）、河流水系、道路，以及精细到乡镇或县一级的行政区划 GIS 矢量数据	用于基本自然地理条件、城市地理方位把握，以及成果图的绘制
	成都市规划区 shp 格式 2016 年用地现状图电子文件，含建筑高度、用地性质、建筑密度属性	用于计算地表粗糙度，评估地表通风能力，支撑城市通风廊道构建
	覆盖规划区的高分辨率卫星遥感影像	用于精细化的城市热环境、城市地表通风环境分析
气象	成都市域范围内国家级气象站近 30 年（至少 10 年）气候整编资料（风向、风速、气温、降水、相对湿度、气压）	用于地区盛行风环境等气候背景分析
	总规划范围内区域自动气象站近 5 年观测的逐小时数据：包括 10 min 风向、10 min 风速、气温、降水、相对湿度、气压 6 个要素	用于精细化的风环境、热环境分析，进而研究通风廊道、城市热岛
	FNL 全球再分析资料（Final Operational Global Analysis，FNL）	生成数值天气预报模式 WRF 的气象初始场

8.3　研究结果分析

8.3.1　风环境研究结果

（1）主导风向

利用成都市域范围内 13 个国家级气象观测站，近 30 年风向、风速观测资料，统计分析市域内常年和季节主导风向发现，成都市域范围内主导风向为东北风，次主导风向为北风，西北部都江堰等沿山地区盛行西北风，南部蒲江等地夏季西南风较多（如图 8-5 所示）。

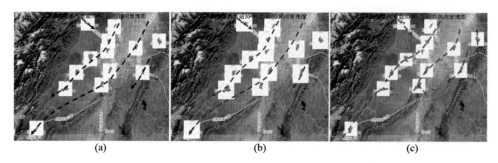

图 8-5　成都市域国家级气象站 30 年年平均（a）、冬季平均（b）、
夏季平均（c）风向频率玫瑰图

　　对平原地区的温江、新都，以及山前地区的都江堰、郫县等典型地区近 10 年观测的风向频率结果也表明，成都平原地区盛行东北风，西部龙门山前西北风出现频率也较高（如图 8-6 所示）。

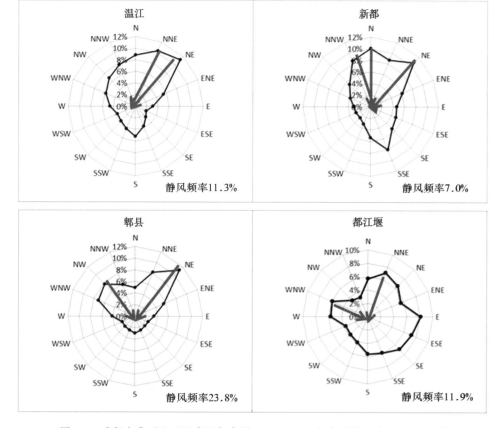

图 8-6　成都市典型地区国家级气象站 2006—2015 年年平均风向频率玫瑰图

（2）风场模拟结果

利用 WRF 模式，模拟典型天气条件下覆盖成都市域的 1 km×1 km 空间分辨率 10 m 高度风场。采用 27 km、9 km、3 km、1 km 的 4 重区域嵌套，选取合适的物理过程参数化方案并调用城市冠层模型，进行 1 km 分辨率的风场数值模拟。

成都市域内国家级气象站观测结果统计分析表明，该地区常年盛行东北风，夏季出现偏南风较多。故选取 2014 年 1 月 21 日东北风和 2014 年 7 月 26 日偏南风天气作为典型天气条件，利用 WRF 模式分别模拟成都市域这两个典型天气个例的风场，另外，模拟 2014 年 1 月 31 日重污染条件下的风场进行对比。

图 8-7 为成都市域范围内东北风典型天气条件下的风场模拟结果。可见，成都市域内总体盛行东北风，但一天当中不同时刻，受山谷风环流影响，风场表现出一定的局地性特征：即凌晨（02 时）西部沿山地区出现由西部山区吹向平原地区的山风，日间山风效应减弱（08 时），至午后转变出现由平原吹向西部山区的谷风（14 时），到了夜间又出现山风（20 时）。东北风时，凌晨 02 时，都江堰、彭州、

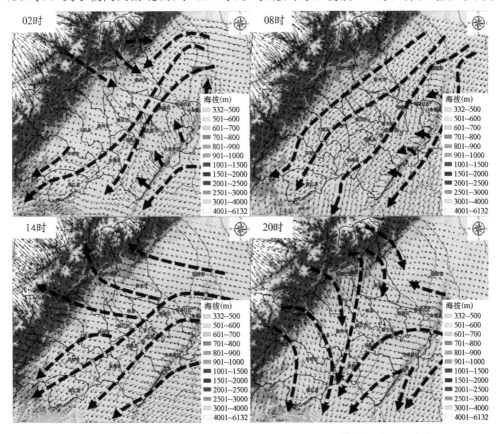

图 8-7　成都市域范围内东北风天气条件下的典型时刻风场数值模拟结果（单位：m/s）

崇州、大邑等地市的西部沿山地区出现由西部山区吹向平原地区的山风（西北风），在14时则相反，出现由平原吹向山区的谷风（东风和东南风），而都江堰国家气象站观测的年平均风向频率玫瑰图也显示此站常年盛行西北—东南风，可见成都市域内西部沿山地区受山谷风环流影响显著。

由风速模拟结果（图略）可知，冬季东北风情况下，凌晨成都平原风速较小，早上开始偏北风从彭州、青白江、新都等地市进入平原风速开始增大，至午后15时后风速又开始减小，晚间20时前后西北部山风流入后成都平原地区风速又开始增大。可见晚间成都市西北部山风有利于平原地区风速增大、局地大气环境改善。特别是都江堰和彭州沿山地区的山风主要对成都城区的风环境产生影响。

成都市域范围偏南风典型天气条件下的风场模拟结果（图8-8）表明，成都市域内一天中不同时刻风向差异很大。凌晨02时西部沿山地区出现由西部山区吹向平原地区的山风与南部的偏南风在中心城附近交汇，使得中心城风速较小；日间08时山风效应有所减弱，至午后14时转变出现由平原吹向西部山区的东南风（谷风），到了夜间20时又出现西北向的山风。偏南风时，凌晨02时，都江堰、彭州、崇州等地市的西部沿山地区出现由西部山区吹向平原地区的山风（西北风），在14时则相反，市域范围出现由平原吹向山区的谷风（东南风），而都江堰和龙泉驿国家气象站观测的年平均风向频率玫瑰图也显示有东南风出现。成都市地处青藏高原和四川盆地交界处，高原和平原日夜间受太阳辐射不同，产生较大的热力差异，形

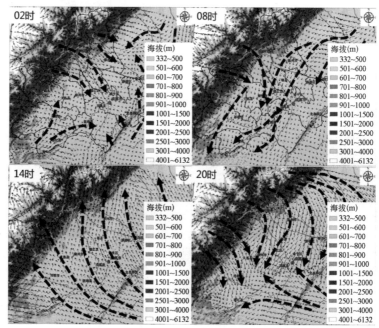

图8-8　成都市域范围内偏南风天气条件下的典型时刻风场数值模拟结果（单位：m/s）

成较强的山谷风环流。注意到 02 时，龙泉驿等东部沿着龙泉山地区，也出现一定的山风，但因龙泉山相对西部青藏高原诸山要小很多，故产生的山谷风环流效应也只能影响到沿山很近的地带。

夏季偏南风条件下的风速模拟结果（图略）表明，凌晨成都平原风速较小，早上出现偏北风风速稍有增大，至中午 12 时左右出现偏南风风速显著增大，至 18 时风速又开始减小，等到晚间 20 时西北部山风流入后成都平原地区风速又开始增大。同样体现出晚间西北部山风有利于平原地区风速增大、局地大气环境改善。

对比成都市域范围内冬季污染条件下和一般条件下的典型时刻风场数值模拟结果可知，冬季污染情况下的风场较平时表现出风速较小、风向更为杂乱的特征（图8-9 所示）。

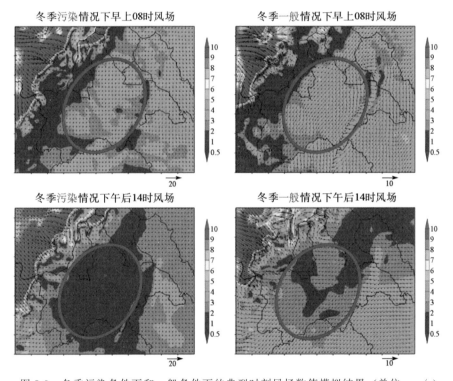

图 8-9　冬季污染条件下和一般条件下的典型时刻风场数值模拟结果（单位：m/s）

（3）集中建设区软轻风

图 8-10 标注了所用的成都市集中建设区内及周边区域自动气象站分布情况，可见城市地区和西部山前平原地区均存在足够数量的自动站供分析精细化气象环境。由图 8-11 图可见，成都市集中建设区内全年软轻风和地区盛行风向类似，即以东北、西北向为主，南部有东南风，城区外围（东、西）和山前（沿龙泉山）出

现风向变化，城市内部较为复杂。

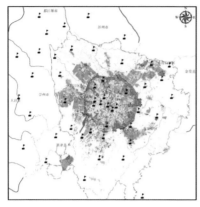 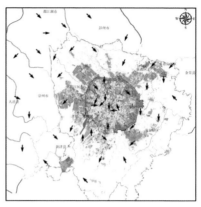

图 8-10 成都市集中建设区内及
周边区域自动气象站分布

图 8-11 成都市集中建设区及周边
区域自动气象站观测的软轻风
年平均主导风向

分季节看，冬季软轻风以东北、西北向为主，南部有东南风，城区外围和山前出现风向变化，但城市内部仍以东北和西北风为主（图 8-12）；夏季软轻风虽也以东北、西北向为主，但在南部，观测到的东南方向软轻风的站点较冬季更多，城市内部较为复杂（图 8-13）。

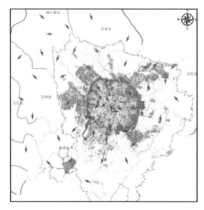 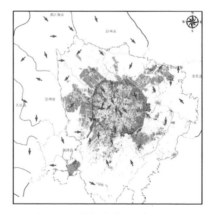

图 8-12 成都市集中建设区及
周边区域自动气象站观测的
软轻风冬季平均主导风向

图 8-13 成都市集中建设区及
周边区域自动气象站观测的
软轻风夏季平均主导风向

如图 8-14 至图 8-16 所示，集中建设区内软轻风平均风速，呈现中心城区最小，西北向次之，东部和西南部较大的分布特征。冬季风速总体小于年平均和夏季风速，且冬季中心城区小风范围较大，风速由中心城区向郊区递增。

（4）软轻风环境分析图

在以上研究基础上，绘制了成都市集中建设区内的软轻风环境分析图（图 8-17），为通风廊道构建及城市功能区布局提供依据。其包括集中建设区内软轻风主导风向、风速空间分布，以及软轻风影响区域分析。该图在示意出了软轻风风向和风速分布的同时，还表达了各个方向的软轻风抵达城区后，受城市形态影响，在城

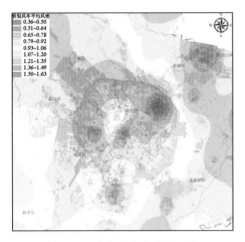

图 8-14　成都市集中建设区内
软轻风年平均风速空间分布
（单位：m/s）

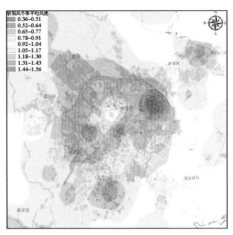

图 8-15　成都市集中建设区内
冬季软轻风平均风速空间分布
（单位：m/s）

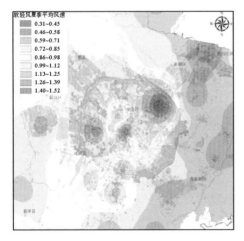

图 8-16　成都市集中建设区内
夏季软轻风平均风速空间分布
（单位：m/s）

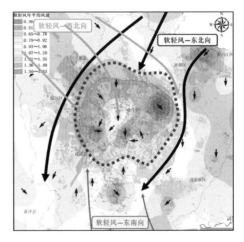

图 8-17　成都市集中建设区内
软轻风风环境分析图
（单位：m/s）

郊结合地带被阻挡，出现绕流，使得城区风速小于郊区，体现出城市下垫面对软轻风具有显著影响。

（5）软轻风条件下气温分布

如图 8-18 至图 8-20 所示，集中建设区内软轻风条件下的平均气温，呈现中心城区向周围郊区递减的趋势。冬季城区与郊区间的温度差异较夏季更为明显。中心

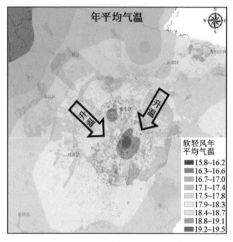

图 8-18　成都市集中建设区内软
轻风条件下年平均气温空间分布
（单位：℃）

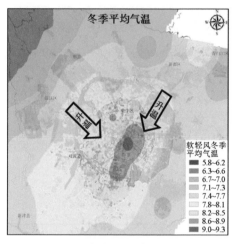

图 8-19　成都市集中建设区内冬季
软轻风条件下平均气温空间分布
（单位：℃）

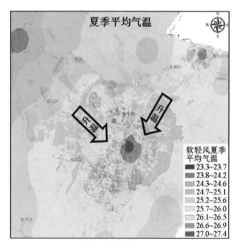

图 8-20　成都市集中建设区内夏季
软轻风条件下平均气温空间分布
（单位：℃）

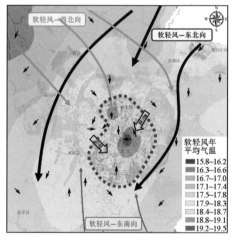

图 8-21　成都市集中建设区内
软轻风条件下气温分析图
（单位：℃）

城区南部气温较西部、北部高。

在以上研究基础上，绘制了成都市集中建设区内的软轻风条件下气温分析图（图 8-21），为通风廊道构建及城市功能区布局提供依据。其包括集中建设区内软轻风主导风向、软轻风条件下的气温空间分布，以及软轻风对气温影响区域分析。中心城区南部处于风向下游，热量传输加之软轻风较难贯通，使得南部气温较西部、北部高，体现出城市下垫面对软轻风产生的影响也会对近地面气温具有影响。

（6）风环境研究小结

对成都市风环境和气温的分析表明，成都市域常年盛行东北风和北风，西部沿龙门山地区存在由山区吹向平原地区的山风，是平原地区重要的清洁空气来源；集中建设区内软轻风以东北、西北向为主，南部有东南风，中心城区东西侧外围和沿龙泉山前出现风向变化；城市内部较为复杂，城市下垫面造成软轻风在城郊边缘被阻挡减弱、产生绕流，使得城市内部风速较小；软轻风对城市气温具有影响，风向下游、风较难贯通处近地面气温较高。

8.3.2　地表通风能力评估结果

基于地块平均高度和建筑覆盖率计算得到的地表粗糙度长度的空间分布显示（图 8-22），二圈层以外大部分地区的地表粗糙度长度较小（$Z_0 < 3.6$ m），但在南部、东南部、西部地区有部分区域粗糙度长度较大（$Z_0 < 5.6$ m），尤其是南部个别区域的地表粗糙度长度在 8.5 m 以上。

中心城大部分地区的地表粗糙度长度在 1.7 m 以上，东南部大部分地区的粗糙度长度整体大于 3.7 m，市中心部分区域的粗糙度长度高达 8.5 m 以上（图 8-23）。

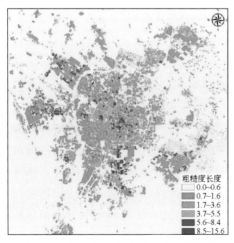

图 8-22　成都市集中建设区内地块粗糙
度长度空间分布（单位：m）

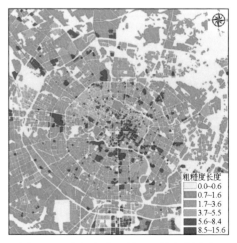

图 8-23　成都市中心城区地块粗糙度长
度空间分布（单位：m）

8.4 成都市城区通风廊道系统构建及规划策略

8.4.1 通风廊道系统构建原则

参考北京市中心城区通风廊道系统规划方案，其城市主通风廊道贯通中心城或延伸至中心城内部，宽度大于 500 m，二级廊道宽度 80～500 m，连接主通风廊道与城市核心地区。北京市内部结构组团化，宽阔绿地、水体或道路多，北京市中心城区通风廊道可贯穿城区或延伸至城区内部。成都市城区内部更为紧密，三环路以内宽阔绿地、水体或道路较少，故考虑成都区别于北京市，直接贯穿城区难度较大，可实行东北、西北方向一级廊道延伸至城区内部后，连接二级廊道贯穿城区的方式，二者通风廊道系统结构如图 8-24 所示。

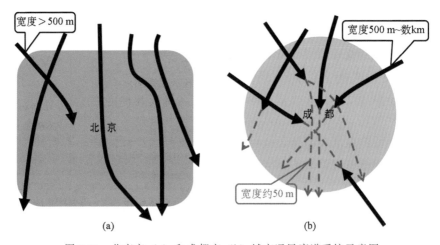

图 8-24 北京市（a）和成都市（b）城市通风廊道系统示意图

结合成都市气象条件研究成果，地表通风能力评估结论，以及对国内外通风廊道构建一般性规律的总结，并考虑成都市实际城市结构，成都市通风廊道系统构建应遵循的原则为：①顺应城市主导风向。研究表明，主要通风廊道走向与主导风向的夹角不超过 30°可使城区内通风效果与空气运动达到最大化。在成都市常年盛行东北风和北风，软轻风主导风向也是如此，因此，重点引导东北和偏北主导风和软轻风进入中心城区。②利用局地环流。城市周边由于热力作用，可能存在局地风环流（山谷风、海陆风等），可因地制宜，利用局地风场特征构建通风廊道。基于成都气象观测数据分析和数值模拟结果，识别出西部沿龙门山地区存在由山区吹向平原地区的山风，是平原地区重要的清洁空气来源，因此，还应利用西北向山风构建通风廊道。③因地制宜，尊重城市自身格局。成都市中心城区结构紧密，三环路以内宽阔绿地、水体或道路较少，地表粗糙度较低的通风环境较好，带状空间尺度也较小，城市通风廊道系统构建应采取利用主通风廊道（一级廊道）延伸至城区内部后，连接次级通风廊道（二级廊道）贯穿城区的构建方式。④利用河道、路网等通风能力较强的地块，而非大拆大建。街道和河道地表粗糙度较低，也更为开阔，通风能力较强，可作为城市通风廊道的载体，基于风场特征和用地规划，选择适宜的街道和河道；在街道两侧建设紧密型道路绿带，修复、拓宽和保护河道，并控制通风廊道两旁的建筑高度、密度和布局方式。⑤关注小风和高温区域。结合城市精细化风场和温度场特征，通风廊道应重点贯穿城区风速较小地区，提升局地空气流通性，同时分割城区气温较高地区，改善局地热环境，并保持空间的开阔程度以防止热岛加剧和连片发展。⑥结合城市生态规划。整合城市自然山水要素，利用生态绿地、江河湖泊水系等具有通风排热功能的天然冷源系统，营造城市通风廊道。相关研究表明城市大型绿地内温度较周围温度平均低 1～2 ℃；绿地使吹向四周的风速增加，可令其周围尤其是下风方向的温度降低，影响范围可达 3 km。因此，依据成都市城市地貌和生态规划确定城市周边生态冷源，结合风场特征，构建通风廊道将冷源的新鲜空气引入城区。

8.4.2　成都市现状通风廊道划定

（1）现状城市主通风廊道划定

基于研究，划定如图 8-25 所示的成都市现状城市主通风廊道（一级通风廊道）。

廊道方向：城市主通风廊道应与软轻风主导风向基本平行，即东北—西南和西北—东南走向，在现有城市建设用地无法完全满足的情况下，廊道与软轻风主导风向夹角尽量保持在30°以内。

廊道构成：主要为北部地区楔形绿地为主的开敞空间，这些狭长区域地表粗糙度较低、通风能力较大。在廊道用地载体上，除绿地外，还包括楔形绿地内及周边现有交通干道、天然河道、非建筑用地等空旷地。

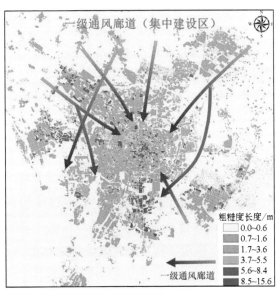

图 8-25　成都市现状城市主通风廊道
（一级廊道）划定

廊道指标：根据成都市楔形绿地尺度和城市地区地表粗糙度计算结果，主通风廊道的宽度一般不小于500 m，相同方向长度大于5000 m。

廊道作用：连通郊区生态冷源与城市中心，将东北、北向软轻风以及西北向清洁冷空气引至城区外围，同时结构性的分割集中建设区，整体提升热环境格局。

（2）现状城市次级通风廊道划定

成都市现状城市次级通风廊道（二级通风廊道）划定结果如图8-26所示。

廊道方向：与主通风廊道连接，方向尽量和软轻风主导风向平行，即东北—西南和西北—东南走向，在现有城市建设用地无法完全满足的情况下，次级廊道与主通风廊道的夹角应小于45°。

廊道构成：沿着城市地区地表粗糙度较低、通风能力较强的狭长地区构建。在用地上，除增加可行的通风廊道用地外，可依托城市现有街道、公园、河渠、低矮分散建筑群等作为廊道的载体。

廊道指标：根据成都市城市地区地表粗糙度计算结果，以及城市内部主要河道、道路尺度，次通风廊道的宽度应不小于50 m，相同方

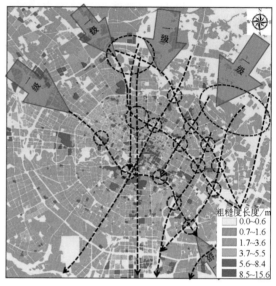

图8-26　成都市现状城市次级通风廊道
（二级廊道）划定

向长度1000 m以上为宜，廊道内障碍物垂直于气流流动方向的宽度应尽量小于廊道宽度的10%。

廊道作用：次级通风廊道与主通风廊道相连成网络，辅助和延展主廊道通风效能，弥补主廊道在现有用地覆盖下无法贯穿城市中心区的缺陷，同时在城区内部，沟通、连接局地绿源，贯穿风环境较差区域、分割高温区。

8.4.3　成都市通风廊道系统规划及管控策略

（1）城市通风廊道系统规划方案

基于上述现状通风廊道系统划定结果，在城市总体规划层面，结合生态隔离区、环城生态区和城市内部的道路、河流、公园绿地划定城市通风廊道，形成城市一级通风廊道6条和二级通风廊道24条（如图8-27所示）。其主要目的是增加城市空气流通，改善局地气候环境，提高人体舒适度。

（2）城市通风廊道系统管控策略

在以下几方面提出成都城市通风廊道规划控制管理策略。

一级通风廊道由楔形绿地和环城绿化带形成的开敞空间构成；宽度应不小于500 m，沿主导风向长度不小于5000 m。严格按照廊道边界进行管控；廊道内障碍

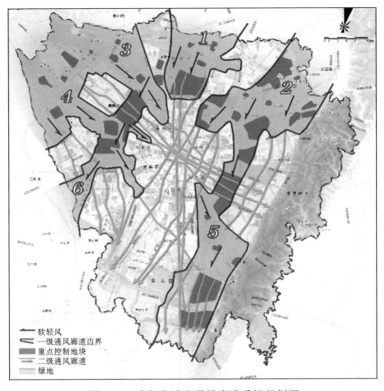

图 8-27　成都市城市通风廊道系统规划图

物垂直于气流方向的宽度小于等于廊道总宽度的 10%，严控大气污染产业布局，逐步腾退污染企业，严格控制建设用地比重；区内重点控制地块应加强开发强度管控，并采用利于通风的空间模式。

二级通风廊道由城市建设区内河流、公园、绿地、道路及其两旁绿化带、低矮分散建筑群等通风能力较强地块构成；宽度应不小于 50 m，沿主导风向长度不小于 1000 m；廊道内严格管控开发建设行为，障碍物垂直于气流方向的宽度小于等于廊道总宽度的 10%；内部新增建设或城市更新均应开展气象环境影响专项评估；廊道内建成区原则上应减量增绿，进一步提升廊道通风能力；廊道内新建地区应严格控制高度强度，采用利于通风的空间模式。

8.4.4　通风廊道影响区域分区管控

此外，基于通风廊道系统规划，以及城市功能区布局，对集中建设区内用地适宜性进行了分析，绘制了基于通风廊道规划的成都市集中建设区通风廊道影响区域分区管控如图 8-28 所示。

其中，控制开发强度、修复绿地水体区包括：北部和西北部以楔形绿地为主的开敞地带；郫县、温江与西绕城高速间；青白江、新都与龙泉山间沿东绕城高速延

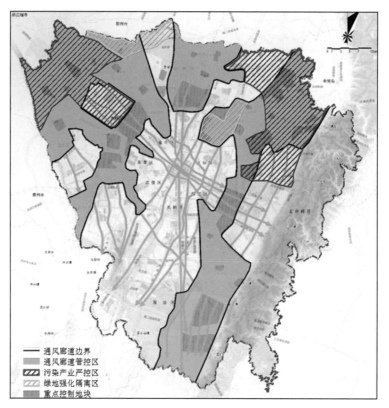

图 8-28　基于通风廊道规划的成都市集中建设区通风廊道影响区域分区管控图

伸至龙泉驿南部；东南部龙泉驿以南及沿山区；次级通风廊道内部及廊道周边
50 m 范围内的区域。这些区域以绿地、水体修复为主，保持空间的开敞性，禁止
大规模开发建设，有条件的降低已有建筑物覆盖率和建筑高度，区域内地块更新时
需加强建筑密度、排列布局的气象环境影响评估，引导地块单元更新产生向好的环
境影响，从而保证改造后的气候环境得到提升。

严控污染产业区包括：东北部青白江、新都等主导风向上游地区；郫县城区及
西北部开敞区域，处于西北向清洁空气上游地区；以及东绕城公路以东至龙泉山
前，为山脉与大型城市所夹区域，局地扩散条件较差。

同时，在以下区域设置绿化隔离带：东北部青白江至东北绕城公路之前区域，
用于隔离青白江工业集中区与中心城区；彭州东南部，用于隔离彭州工业集中区与
西北走向通风廊道上游。

8.5　结语

成都市特殊的地形和气候条件不利于低层空气流通扩散。随着城市发展，城市
热岛效应增强，大气环境问题压力增大，对于这样一个"田园城市"，在新一轮城

市总体规划中合理构建城市通风廊道，管控利于局地气候环境的城市空间格局尤为重要。为此，开展了成都市城市通风廊道构建及规划策略专题研究，分析了背景风环境，特别是对通风廊道起作用的软轻风风场特征，并利用城市建筑数据，通过计算相关量化指标对集中建设区地表通风能力进行了评估，最终参考国内外城市通风廊道规划性规律研究，因地制宜地提出了适用于成都市的城市通风廊道系统构建方案：结合生态隔离区、环城生态区和城市内部的道路、河流、公园绿地划定城市通风廊道，形成城市一级通风廊道 6 条和二级通风廊道 24 条，同时制定了相应的规划建议和管控策略。

参考文献

[1] 住房城乡建设部 . 城市生态建设环境绩效评估导则（试行）[Z/LO]. 2015 [2018-04-23]. http：//www. bjghw. gov. cn/web/static/articles/catalog _ 24000/article _ 4028535751334f2d 0151e6851637053b/4028535751334f2d0151e6851638053d. pdf.

[2] 刘文 . 成都经济圈（城市群）大气边界层模拟 [D]. 西安：西南交通大学，2011.

[3] 夏佳，但尚铭，陈刚毅 . 成都市热岛效应演变趋势与城市变化关系研究 [J]. 成都信息工程学院学报，2007，22 卷增刊：6-11.

第九章　遂宁市海绵专项规划案例研究

任希岩　常　魁　李文杰　陆品品　马京津*

2013 年 12 月，习近平总书记在中央城镇化工作会议上指出：为什么这么多城市缺水？一个重要的原因是水泥地太多，把能够涵养水源的林地、草地、湖泊、湿地给占用了，切断了自然的水循环，雨水来了，只能当污水排走，地下水越抽越少。解决城市的缺水问题，必须顺应自然，比如在提升城市排水系统时要优先考虑把优先的雨水留下来，优先考虑更多利用自然力量排水，建设自然积存、自然渗透、自然净化的"海绵城市"。

国家为了进行城市雨水排涝、加强基础设施建设，在 2013 年分别要求开展城市排水防涝工作[1]和加强城市基础设施建设工作[2]。2014 年 10 月，住房和城乡建设部发布《海绵城市建设技术指南（试行）》[3]，对海绵城市建设的规划、设计、工程建设、维护管理等方面提出了初步的技术指导。

2015 年 10 月，国务院办公厅印发《关于推进海绵城市建设的指导意见》[4]，提出具体工作目标：通过海绵城市建设，综合采取"渗、滞、蓄、净、用、排"等措施，最大限度地减少城市开发建设对生态环境的影响，将 70％的降雨就地消纳和利用。到 2020 年，城市建成区 20％以上的面积达到目标要求；到 2030 年，城市建成区 80％以上的面积达到目标要求。

海绵城市是指通过加强城市规划建设管理，充分发挥建筑、道路和绿地、水系等生态系统对雨水的吸纳、蓄渗和缓释作用，有效控制雨水径流，实现自然积存、自然渗透、自然净化的城市发展方式。2016 年 2 月 21 日，中共中央、国务院印发《关于进一步加强城市规划建设管理工作的若干意见》[5]，明确提出"推进海绵城市建设""恢复城市自然生态"等措施。2016 年 2 月 4 日国家发展改革委印发的《城市适应气候变化行动方案》中明确提出，保障城市水安全，推进建设海绵城市。

2015 年 4 月，遂宁市在第一批申报国家海绵城市建设试点的 34 个城市中脱颖而出，成了我国第一批国家海绵城市建设试点，开启了绿色城市、生态城市、海绵

* 任希岩，博士，教授级高级工程师/中国城市规划设计研究院水务与工程院副总工程师、中规院（北京）规划设计公司生态与市政院总工程师，研究方向为城市规划、生态规划与设计、海绵城市规划设计、气候变化、应急与综合防灾；常魁，博士，中国城市规划设计研究院，高级工程师，主要研究方向为市政基础设施规划、生态规划、海绵城市规划设计；李文杰，硕士，中规院（北京）规划设计公司，高级工程师/市政所主任工程师，主要研究方向为给排水工程规划设计、海绵城市规划设计；陆品品，博士，中国城市规划设计研究院，高级工程师，主要研究方向为市政基础设施规划设计、生态规划、海绵城市规划设计、城市黑臭水体治理；马京津，硕士，北京智融天象科技有限公司，高级工程师/技术总监，主要研究方向为气候变化、应用气候、海绵城市规划设计、应急与综合防灾。

城市建设的新征程。在建设过程中，从规划顶层设计、到系统化治理方案、再到每个项目的设计建设，均在考虑如何应对降雨的变化解决城市内涝问题[6,7]，确保城市安全，并在其后气候变化条件下的不同历时降雨变化分析中进行了有益的探索，为我国海绵城市建设、气候适应型城市建设提供了宝贵的借鉴经验，为世界探索城市建设与气候变化的适应型提供了借鉴案例[8,9]。

9.1　城市基本情况与面临问题

9.1.1　城市区位与地理特征

遂宁市地处四川盆地中部腹心，长江一级支流嘉陵江水系涪江中游，介于$105°03'26''\sim106°59'49''$E、$30°10'50''\sim31°10'50''$N，属四川盆地中部丘陵低山地区，地貌类型单一，为典型的川中丘陵区。丘陵约占全市总面积的69.44%，河谷、台阶地占25.64%，低山占4.92%。地势由西北向东南呈波状缓倾，大致是东西向中部涪江倾斜，东高于西。中心城区北部地形较为平坦，最低高程270 m、最大高程约为300 m，地形坡度基本保持在10%以下。

9.1.2　降雨特征

遂宁市地处中纬度亚热带的四川红色盆地中部，属亚热带湿润季风气候，夏秋多雨，冬春干旱。1961—2013年年均雨量945.2 mm，最多可达1313.6 mm（1965年），最少仅有549.8 mm（2006年），年降水量的变异系数达到18.2%。年内降水分布呈单峰型，月雨量最大的是7月（189.7 mm）、最小的是12月（13.4 mm），汛期5—9月总雨量达到713.9 mm，占全年雨量的75.5%（图9-1）。1961—2013年多年平均蒸发量1100 mm，其中7月蒸发量为165 mm，12月为

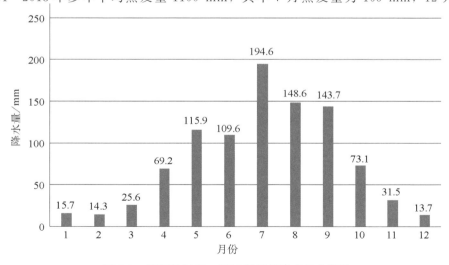

图 9-1　遂宁市 1983—2016 年月均降水量分布图

25 mm,4—8月月均蒸发量在 100 mm 以上。1961—2013 年水面蒸发平均为 790 mm,陆面蒸发平均为 590 mm。

据遂宁市气象站 1983—2016 年降水量资料统计,遂宁站年降水量总体呈增加趋势,气候倾向率为 30.2 mm/10a,多年年平均降水量为 942.0 mm,降水量年际变化较大,最大值出现在 2013 年,降水量达 1311.0 mm,最少年份为 2006 年,降水量仅为 549.8 mm,最多与最少年降雨量相差 761.2 mm,表明降水量的年际变化很大。

通过统计分析遂宁市 1983—2016 年场次降雨情况(表 9-1),降雨间隔 1 h,年均降雨 67 次;降雨间隔 24 h,年均降雨 43 次。随着场雨间隔时长越长,平均场雨次数越少,并且平均场雨次数变化逐渐变小。

表 9-1　遂宁市 1983—2016 年场次降雨统计表

间隔(h)	1	2	3	4	5	6	7	8	9	10	11	12
场雨次数	67	64	61	60	59	58	56	56	55	54	53	52
间隔(h)	13	14	15	16	17	18	19	20	21	22	23	24
场雨次数	51	50	49	48	48	47	46	45	44	44	43	43

遂宁市 1961—2013 年 3 h 最大降水量(图 9-2)多在 50~100 mm,3 h 极端最大降水量为 150.1 mm,也出现在 2013 年 6 月 30 日。3 h 最大降水量在 50 mm 以上的有 39 年,频率为 72%;3 h 最大降水量在 100 mm 以上的有 6 年,分别出现在 1981 年、1989 年、1991 年、2001 年、2002 年和 2013 年;3 h 最大降水量在 150 mm 以上的仅有 2013 年这一年。

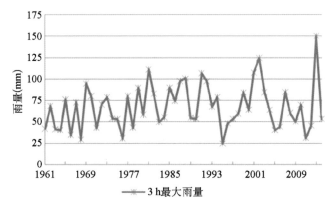

图 9-2　遂宁市 1961—2013 年 3 h 最大降水量分布图

长历时降雨中(表 9-2),24 h 降水量超过 50 mm 共发生 91 次,平均每年发生约 3 次,其中 50~100 mm 暴雨共发生 67 次、100~200 mm 的暴雨共发生 23 次、超过 200 mm 的暴雨共发生 1 次。实测最大 24 h 暴雨量极大值为 323.7 mm(发生时间为 2013 年 6 月 30 日）。暴雨多出现在 6—9 月，集中在 7、8 月，其他月份或有暴雨，但其范围较小、强度不大。暴雨量呈增加趋势，年内峰值由不足 50 mm 增加到 150 mm（图 9-3）。一次暴雨历时 3~5 天，主雨峰历时 1~2 天。

表 9-2　遂宁气象站超过 50 mm 暴雨各月发生次数统计表（2003—2014 年）

名称		各暴雨量级发生次数（次）			极大值（mm）	发生时间
		50~100 mm	100~200 mm	>200mm		
遂宁气象站		67	23	1	323.7	2013 年 6 月 30 日
其中：各月出现次数	4 月	0	—	—		
	5 月	6	1	—		
	6 月	13	4	1	323.7	2013 年 6 月 30 日
	7 月	19	9	—		
	8 月	19	7	—		
	9 月	7	2	—		
	10 月	3	—	—		

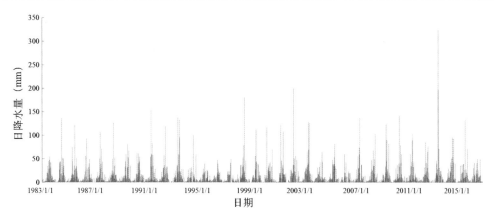

图 9-3　遂宁市 1983—2016 年日降水量图

9.1.3　水文水系特征

遂宁市地处四川盆地中部，生态本底良好，自然环境优越。自然山体主要位于城区的东、西两侧，是区域生态屏障的主要组成部分；涪江穿城而过，联盟河、开善河、明月河、东湖、鹭栖湖等河湖伴其左右；建成区绿化覆盖率 38.3%，于 2010 年创国家园林城市。穿城而过的涪江使得规划区具有较长的水系岸线和丰富多样的水体景观；沿涪江形成的带状生态廊道，为动、植物提供了生存载体，同时也为市民休闲活动提供了宝贵的开敞空间；下游过军渡电站雍水形成了水位相对稳定的观音湖水面，为沿岸湿地景观打造提供了重要支撑；充足的水量和宽阔的水面具有较强的水体调蓄和净化功能（图 9-4）。

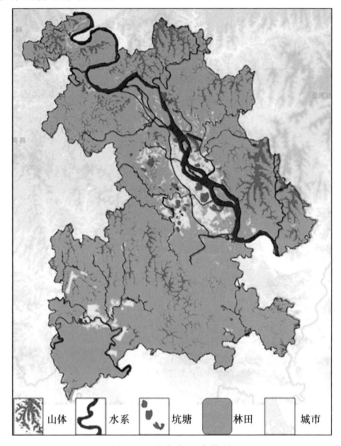

图 9-4　遂宁市山水格局

遂宁市境内主要有涪江、琼江、郪江、梓江等大小溪河 700 多条，总长 3704 km，江河密度达 0.69 km/km²。其中 100 km² 以上的有 7 条，500 km² 以上的有 3 条，1000 km² 以上的有 3 条。中心城区主要河道有涪江、联盟河、开善河和明月河等（表 9-3）。

表 9-3　中心城区河道水文特征一览表

河流名称	断面形式	长度（km）	宽度（m）	河底标高（m）	多年平均流量（m³/s）	年平均径流量（亿 m³）
涪江	梯形	35.3	850～2000	282.5～262.5	456	144
明月河	梯形、矩形	8.5	10～40	337.0～273.0	0.13	0.04
开善河	梯形、矩形	29.1	20～40	340.0～266.0	0.97	0.31
联盟河	梯形、矩形	33.8	15～90	440.0～269.0	0.86	0.27

9.1.4　土壤情况特征

根据四川省、重庆市地质图，遂宁市按地质条件可分为两类：以砂砾为主的冲洪积平原区（涪江平坝区）和以红色砂岩、泥岩为主区域（红土丘陵区）（图9-5）。

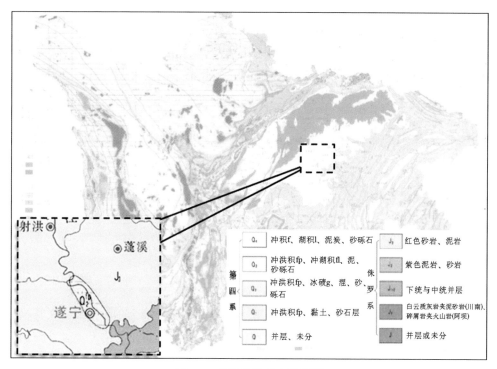

图 9-5　四川省遂宁市地质图

对 17 个建设项目的勘察报告进行统计分析，中心城区土层主要由第四系填土层（Q4ml）、第四系全新统冲洪积层（Q4al＋pl）、侏罗系上统遂宁组（J3）组成。靠近涪江的涪江平坝区，主要包括老城区、国开区南强片区、河东新区等，土层自上而下为填土、耕土、粉土、粉砂、砾石、卵石和泥岩；相对远离河岸的红土丘陵区，主要包括国开区西宁片区、西部现代物流港、安居区等，土层自上而下依次为填土、黏土、粉质黏土、泥岩。

选择河东新区的国玉金都和物流港 B-1 号桥分别作为平坝区和丘陵过渡区的典型代表进行采样。从图 9-6 和图 9-7 中可以看出，涪江平坝区的土壤渗透性较好，而红土丘陵区的土壤渗透性较差。

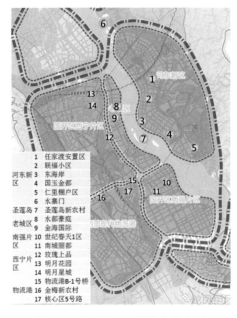

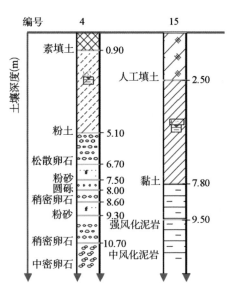

图 9-6 中心城区土层勘察分布图   图 9-7 典型采样点位的土壤分布

9.1.5 城市主要水问题

（1）城市生活排污污染较重，水环境质量堪忧

主城区内联盟河、明月河、开善河和吉祥组团的芝溪河等小流域河流水质污染较为严重。开善河水质类别为Ⅳ类，联盟河、明月河水质类别为劣Ⅴ类，芝溪河水质类别为Ⅴ类。主要超标因子是氮、磷、有机物等。明月河、米家河 2016 年列入国家黑臭水体清单。

遂宁市主要污染物排放以城镇生活源为主。污染来源包括直排口排放污染和合流制管网溢流污染。中心城区合流制管道系统主要位于老城区及国开区西宁片区北部，总面积约 18.6 km²。雨污管道混接严重，污水收集系统很不完善，旱季时混接的雨水管道存在污水直排，雨季时合流制溢流污水排放对水体造成较大污染。

（2）城区低洼地建城较为普遍，内涝点数量较多

2013 年 6 月 30 日遂宁市遭受了历史上最强一次暴雨，全市 24 h 最大降水量达到 569.3 mm，中心城区最大降水量为 323.7 mm，全市共出现内涝积水点 45 个，其中十余个是因在相对低洼地区上建设城市而致。

9.2 研究内容

海绵城市建设研究的内容非常丰富，对于城市建设与气候变化的因素，具体说是海绵城市建设与城市降雨的关系，这里重点集中在对城市系列年降雨的分析、长

历时（≥24 h）降雨和短历时（2～3 h）降雨的研究和分析。

统计分析遂宁市1983—2016年场次降雨情况，降雨间隔1 h，年均降雨67次；降雨间隔24 h，年均降雨43次。随着场雨间隔时长越长，平均场雨次数越少，并且每年平均场雨次数变化逐渐变小。

按照间隔2、6、12、24 h内无降雨量的条件作为场雨划分标准，对其所得的场雨总量进行排序，在剔除场雨总量≤2 mm的场次后，求出场次控制率（表9-4）。

表9-4 不同时间间隔条件下各控制率对应的降水量（mm）

场次控制率	2 h	6 h	12 h	24 h
45%	9	10	12	15
50%	11	12	14	17
55%	13	15	17	20
60%	16	18	20	24
65%	19	21	23	28
70%	23	25	28	33
75%	27	30	34	40
80%	34	37	41	48
85%	42	47	50	58
90%	57	62	66	75

根据《海绵城市建设技术指南——低影响开发雨水系统构建（试行）》，对近30年日降水量统计分析，得到不同年径流总量控制率对应设计降水量如表9-5所示。

表9-5 年径流总量控制率与设计降水量对应数值表

年径流总量控制率（%）	60	65	70	75	80	85	90
设计降水量（mm）	13.9	16.7	20.3	24.9	31	39.3	53.4

统计不同重现期对应的日降水量。采用年最大值法可以看出，0.5年一遇、5年一遇和30年一遇的日降水量分别是56.3 mm、145.7 mm和221.6 mm（图9-8）。

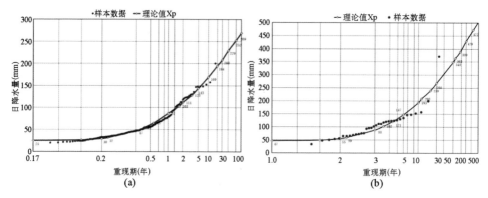

图 9-8　不同重现期设计降水量分析

（a）年多个样法；（b）年最大值法

9.3　资料与方法

采用 1983—2016 年连续 30 年的年、日、分钟降雨数据进行长历时、短历时降雨的分析。采用同频率法与 Pilgrim 和 Cordery 法计算长历时设计降雨雨型。同频率法设计降雨雨型峰值居中（图 9-9），对城市内涝系统设计偏于安全；Pilgrim 和 Cordery 法设计雨型雨峰靠前（图 9-10），符合小雨降雨特征，代表性更强。采用芝加哥雨型计算短历时设计降雨雨型，通过统计确定雨峰位置系数为 0.424（图 9-11）。

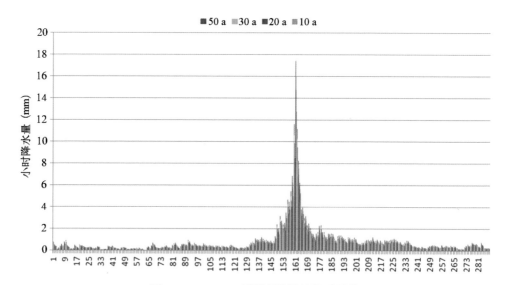

图 9-9　1440 min 同频率法设计暴雨雨型

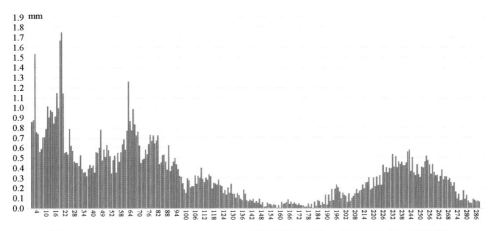

图 9-10 1440 min Pilgrim 和 Cordery 法设计暴雨雨型（场次控制率 65％阈值）

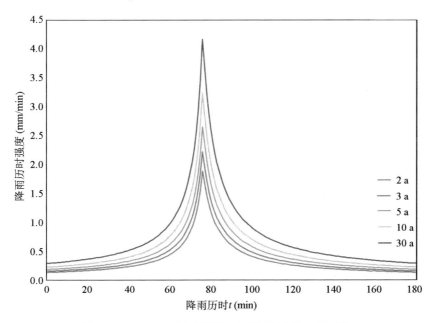

图 9-11 180 min 芝加哥雨型（场次控制率 65％阈值）

9.4 结果分析

9.4.1 典型年降雨分析结果

　　2007 年年降水量 933.7 mm，与多年平均降水量（935 mm）接近。如果按 60％年径流总量控制率指标（13.9 mm），海绵化设施可以控制的降雨场次数共计 25 场，占总场次数（35 场）的比例为 71％；如果按 75％年径流总量控制率指标（24.9 mm），则可以控制 7＋22 共计 29 场，占总的场次数的比例为 83％（表 9-

6)，与多年平均条件下 2 h 设计降雨间隔接近。2007 年降雨特征与遂宁多年降雨规律相似。

表 9-6　2007 年场雨间隔 1440 min 扣除 2 mm 的场次控制率分析表

按 60% 年径流总量控制率指标（13.9 mm）					
扣除降雨量小于 2 mm 的场次	35 场	总降水量大于等于 13.9 mm	16 场	前 1440 min 降水量大于等于 13.9 mm	10 场	占总场次的 29%
				前 1440 min 降水量小于 13.9 mm	6 场	占总场次的 71%
		总降水量小于 13.9 mm	19 场		

按 75% 年径流总量控制率指标（24.9 mm）					
扣除降雨量小于 2 mm 的场次	35 场	总降水量大于等于 24.9 mm	13 场	前 1440 min 降水量大于等于 24.9 mm	6 场	占总场次的 17%
				前 1440 min 降水量小于 24.9 mm	7 场	占总场次的 83%
		总降水量小于 24.9 mm	22 场		

9.4.2　典型年溢流点控制效果

以凯丽滨江溢流污染控制为例，采用三种情景进行模拟分析。情景一为现状；情景二为源头控制方案（图 9-12）；情景三为雨污分流加调蓄改造方案（图 9-13）。根据模拟结果，采用情景三溢流量削减 92%，溢流次数降低至 4 次（表 9-7）。

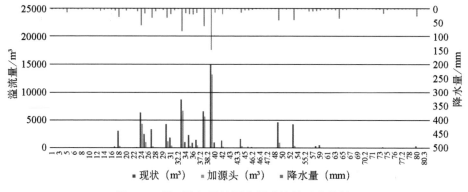

图 9-12　凯丽滨江泵站源头削减效果对比分析

表 9-7 凯丽滨江泵站溢流控制的效果分析

名称	现状 2007 年降雨		溢流控制效果	
	溢流次数	溢流量 （m³）	溢流量削减比例	溢流削减次数
现状 2007 年降雨	38	73665.8		
源头削减后	21	36722.1	50%	17
雨污分流改造后	4	5995.8	92%	34

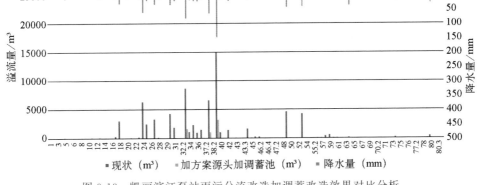

图 9-13 凯丽滨江泵站雨污分流改造加调蓄改造效果对比分析

9.5 应对城市气候问题的规划策略

城市暴雨是气候变化的重要表征气象因素之一，也是对城市灾害影响较大的气象因素之一。从世界各国的不完全统计情况表明，大多数发达国家都在研究暴雨这一因素变化的情况下，城市如何应对雨洪灾害，尤其是城市基础设施如何应对城市内涝问题。我国在 2011 年对 351 个城市进行了调查研究，其中有 62% 的城市存在不同程度的内涝问题。我国近几年也在开展城市排水防涝补短板的工作，以期经过科学分析、定量研究，结合降雨特征变化情况，对城市排水防涝基础设施进行合理评估，优化提升城市排水防涝基础设施的标准和系统性。自 2015 年我国开始试点建设海绵城市，从海绵城市建设的理念和影响因素来看，降雨是一个非常重要的驱动力因素。

因此，为了能够在规划层面应对城市降雨和强降雨问题，需要从以下几个方面开展评估工作。

①结合城市规划用地条件、海绵城市建设系统（含生态空间规划内容）、排水防涝体系建设，系统分析长历时降雨、短历时降雨的总量和峰值，进行降雨影响风险评估，划定强降雨城市内涝风险等级图。

②结合降雨长系列年（大于 30 年）分析与降雨趋势预测，合理选择规划城市

排水防涝基础设施的标准，对城镇化发展快速的地区还应考虑局部雨岛形成后的强对流降雨增量，适度提升城市排水防涝标准，并考虑其地理位置和在排水系统中的区位，合理调整系统布局。

③应加强土地利用方面的水域空间和绿地空间的合理规划，不限于城市建设用地指标对城市生态空间的管制，满足"渗、滞、蓄、净、用、排"的基础上，增加城市生态产品的供给，满足绿色发展的要求，采用生态空间构建通风廊道、城市冷源增量，从而综合解决热岛效应、城市污染等其他城市发展中的环境问题。

④将城市适应气候变化融入城市规划的全体系、全过程，开展城市规划的气候可行性论证工作，深化法定城乡规划管理流程，把适应气候变化的目标和手段纳入常规的编制、实施与监管决策流程，提供规划对适应气候变化要求在法律和行政方面的保障。

参考文献

[1] 国务院办公厅. 国务院办公厅关于做好城市排水防涝设施建设工作的通知（国办发〔2013〕23 号）[Z/LO]. 2013 [2018-05-94]. http：//www. gov. cn/zwgk/2013-04/01/content_2367368. htm.

[2] 国务院. 国务院关于加强城市基础设施建设的意见（国发〔2013〕36 号）[Z/LO]. （2013-03-27）[2018-05-94]. http：//www. scio. gov. cn/32344/32345/32347/33173/xgzc33179/Document/1442976/1442976. htm.

[3] 中华人民共和国住房和城乡建设部. 海绵城市建设技术指南——低影响开发雨水系统构建（试行）[Z/LO]. 2014 [2018-05-94]. http：//www. mohurd. gov. cn/wjfb/201411/t20141102_219465. html.

[4] 国务院办公厅. 国务院办公厅关于推进海绵城市建设的指导意见（国办发〔2015〕75 号）[Z/LO]. （2015-11-15）[2018-05-94]. http：//www. gov. cn/gongbao/content/2015/content_2953941. htm

[5] 中共中央国务院. 中共中央国务院关于进一步加强城市规划建设管理工作的若干意见（2016 年 2 月 6 日）[Z/LO]. （2016-04-24）[2018-05-94]. http：//www. gov. cn/zhengce/2016-02/21/content_5044367. htm.

[6] 中华人民共和国住房和城乡建设部. GB 50318-2017 城市排水工程规划规范 [S]. 北京：中国建筑工业出版社, 2017.

[7] 上海市政工程设计研究总院 GB 50014-2006 室外排水设计规范（2016 年版）[S/LO]. （2016-11-27）[2018-05-94]. http：//www. mohurd. gov. cn/wjfb/201607/t20160712_228080. html.

[8] 章林伟, 牛璋彬, 张全, 等. 浅析海绵城市建设的顶层设计 [J]. 给水排水, 2017, （9）：1-5.

[9] 章林伟. 海绵城市建设典型案例 [M]. 北京：中国建筑工业出版社, 2017.

第十章　聊茌东都市区工业布局选址专项规划案例研究

邢　佩　周劲松　熊亚军　王慧芳　张丹妮[*]

10.1　案例背景

改革开放以来，我国城市环境建设实践从整治污染，发展到优化生态系统，再到全面建设生态城市，城市建设在环境治理方面的内涵不断丰富。城市环境状况改善已成为我国城市建设的一个重点目标。2014 年由中共中央和国务院正式印发的《国家新型城镇化规划（2014—2020 年）》中指出"根据土地、水资源、大气环流特征和生态环境承载能力，优化城镇化空间布局和城镇规模结构。"2016 年由国家发展改革委和住房与城乡建设委员会印发的《城市适应气候变化行动方案》中提出"加强气候对城市规划的引领"。2016 年初，聊城市列入京津冀协同发展区，迎来了借势腾飞的重大契机。《"十三五"时期京津冀国民经济和社会发展规划》以创新、协调、绿色、开放、共享的发展理念为统领，明确提出"生态环境质量明显改善，生产方式和生活方式绿色，低碳水平上升"。聊城市也必将承担重大责任，尤其是在大气污染的区域联防联控上面临重大压力。

在《聊茌东都市区空间发展战略规划（2016—2030 年）》中，聊茌东都市区是以涵盖聊城市中心城区（东昌府区、经济开发区、高新区、旅游度假区）、茌平县城和东阿县城为中心所形成的城镇群，范围包括聊城市主城区（东昌府区）、茌平县城和东阿县城行政辖区。按照"河湖秀美大水城、宜居宜业新聊城"的定位，将以聊茌东都市区为中心构建聊城中心城区，加快一体化、同城化、产城融合发展，增强中心城区综合承载能力和辐射带动能力。聊茌东都市区自有条件优越，不仅生态、历史文化资源富集，有多个国家级森林公园、国家级湿地公园、国家级和省级文物保护单位，并且龙头企业优势显著，例如：信发集团、鲁西化工、东阿阿胶，均在各自行业细分领域排名靠前。都市区内三个区、县的功能定位各有侧重，主城区（东昌府区）侧重商贸、旅游为主的市域综合服务中心功能，茌平以产业发展为主，东阿则以文化、养生医药、宜居为主。值得一提的是，茌平县内坐落着山

---

[*] 邢佩，博士，北京市气候中心，高级工程师，研究方向为应用气候和气候变化研究；周劲松，硕士，中国城市规划设计研究院，城市规划师，研究方向为城市发展战略、城市总体规划、城市设计；熊亚军，硕士，京津冀环境气象预报预警中心，高级工程师，研究方向为环境气象预报与服务工作；王慧芳，博士，北京市气候中心，高级工程师，研究方向为遥感应用研究；张丹妮，硕士，中国城市规划设计研究院，城市规划师，研究方向为城镇化、城市发展战略、城市总体规划。

东省乃至全国最大的铝电工业园之一，即信发工业园。这里到处是高耸的烟囱和成片的厂房，信发铝电集团以及众多子公司（信发华信铝业、信发希望铝业、信发华宇氧化铝、信源铝业、配套热电厂等）都在此布局。信发铝电集团的单体产量已经是亚洲第一，其效益和产能都已超越一直以来的铝业老大中国铝业。然而，工业的兴盛随之带来的是茌平县整体面临环境承载力小、节能减排压力大这一突出问题。而东阿县是国家级园林名城，全县林木覆盖率达 48%，旅游资源丰富，水资源富含矿物质。东阿县的产业以阿胶、钢球、铝塑板、黑毛驴养殖、油料牡丹为主。县内不仅有整个聊城地区的饮用水水源地，还拥有重要的黑毛驴养殖基地和国家级黑毛驴繁育中心，均对气候、环境等自然条件有严苛的要求。因此，在聊茌东都市区战略规划中，如何做好空间规划布局，协调好各区、县功能定位，实现区域协调发展是一项重要内容。

聊城市现有产业以重工业为主，随之带来的大气环境问题十分突出，现场调研中发现，"江北水城"的美景经常会被远方高耸的烟囱、浓浓的白烟大打折扣（图10-1）。通过近几年公布的山东省环境状况公报（图10-2）可以看出，聊城市空气质量在全省的排名不容乐观，政府和群众对改善大气环境的诉求十分强烈。因此，在《聊茌东都市区空间发展战略规划（2016—2030 年）》中特设立"大气环境研究专题"，旨在从都市区风环境、热环境、污染水平的空间分布上对城市发展进行研判，从气候要素视角对都市区的空间结构、产业布局等提供规划建议。

图 10-1 东昌湖远眺（a）和某工业园区一角（b）

10.2 研究内容与方法

本案例综合运用统计分析、数值模拟、地理信息技术等方法，主要开展了三部分研究内容：①背景风环境分析：基于国家站 30 年整编资料、区域自动站逐时观测资料，绘制年平均和季节平均风玫瑰，分析风场空间分布特征，重点研究小风区和气流辐合区。②热环境分析：利用高分辨率遥感资料和地理信息技术，反演规划区地表温度，计算城市热岛空间分布，分析热环境与城市用地空间布局、城市发展

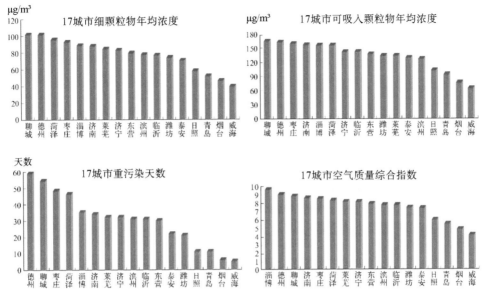

图 10-2　2015 年山东省 17 个城市空气质量情况[1]

的关系。③大气环境分析：大气污染来源解析推断，基于 HYSPLIT 后向轨迹模型的典型重污染过程的空气流动模拟，基于 ADMS-Urban 模型进行工业排放污染物的扩散模拟，并综合分析给出工业布局优化建议。

10.3　结果分析

10.3.1　气候背景分析

（1）气候总体概况

聊城市地处东亚季风影响范围内，属于温带季风气候，具有显著的季节变化和季风气候特征（图 10-3）。夏季多偏南风，受热带海洋气团或变性热带海洋气团影响，高温多雨；冬季多偏北风，受极地大陆气团影响，多晴寒天气；春秋两季为大气环流调整时期，春季易旱多风，回暖较快；秋季凉爽，但时有阴雨。1981—2010年年平均气温为 13.4 ℃，年平均降水量为 563.0 mm，全年平均风速为 2.1 m/s。

（2）都市域风环境特征

利用聊城市域范围内 8 个国家级气象观测站的 30 年（1981—2010 年）整编资料，对年平均风向频率统计分析发现：由于聊城市地处鲁西平原，地势平坦，整个市域范围内的全年主导风向较为一致，无明显空间差异，盛行风向为南（S）和南南东（SSE）；但冬季北北东（NNE）风向频率也较高（图 10-4，表 10-1）。因此，聊城市域内的主导风整体走向为东南偏南—东北偏北。

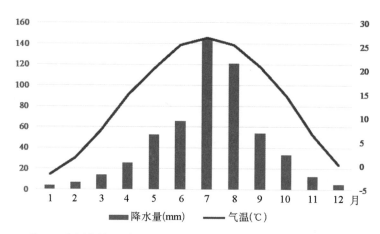

图 10-3　基于 8 个国家站 30 年（1981-2010 年）整编资料的聊城平均气温和降水量

图 10-4　基于 8 个国家站 30 年（1981—2010 年）整编资料的聊城市域年平均风向玫瑰图

表 10-1　基于 30 年（1981—2010 年）整编资料的风频统计

站名	全年		冬季	
	最高频率风向	次高频率风向	最高频率风向	次高频率风向
东昌府	S	SSE	S	SSE
茌平	SSE	S	SSE	S，NNE
东阿	S	SSE，NNE	NNE	SSE
阳谷	SSE	SE，S	SSE	NNE
莘县	S	SSE	S	NNE
高唐	S	SSW	S	SSW
临清	S	SSE	S	SSE，NNE
冠县	SSE	S，SSW，NNE	SSE	NNE

　　利用聊城市域范围内 8 个国家级气象观测站的 30 年（1981—2010 年）整编资料，对平均风速统计分析发现：聊城市域南部地区（即莘县、阳谷）风速较大，聊茌东都市区范围（即东昌府、茌平、东阿）风速较小。各区县的季节特征一致，均为春季风速最大，冬、夏、秋风速均明显小于春季（图 10-5）。

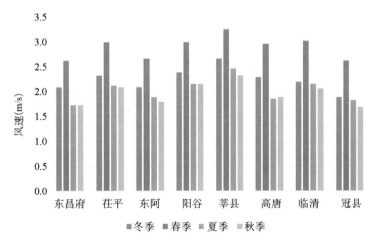

图 10-5　聊城市域内国家站近 30 年各季节平均风速对比

（3）市区风环境特征

　　大气污染物的扩散方向和输送能力很大程度上受局地风向和风速的影响，风向决定城市大气污染物输送的方向，规定了污染方位，而风速的平流输送、扩散稀释，则往往影响污染物输送稀释的速率[2-4]。因此，城镇工业区和相关企业布局要充分考虑区域的输送特征，于是分析了 2015 年聊茌东都市区范围内区域自动气象站的逐时观测资料。都市区范围内共有区域自动站 34 个，具体分布如图 10-6 所示。

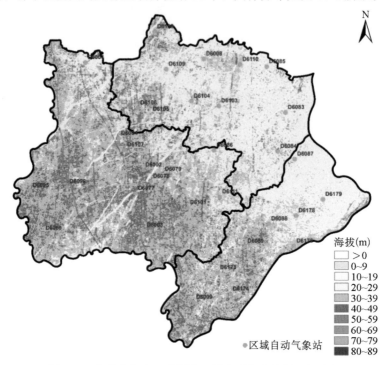

图 10-6 聊往东都市区范围内区域自动气象站的空间分布

由都市区范围内区域自动站风玫瑰图（图 10-7）可以看出，夏季和冬季存在明显差异，夏季均以偏南风为主导风，而冬季除了偏南风以外，偏北风的频率也比较大。因此，都市区内的气流整体走向为南北走向。

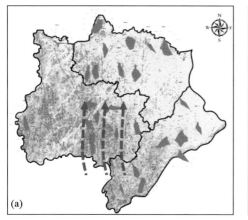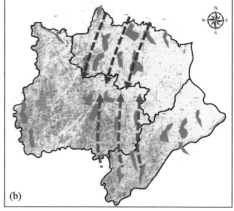

图 10-7 聊往东都市区范围内区域自动气象站夏季（a）和冬季（b）的风向玫瑰图

（红色箭头：主导风向；紫色箭头：次主导风向）

为了了解都市区范围内风速大小的空间分布特征，对各区域自动站风速逐时资料进行空间插值，分别得到夏季和冬季的风速空间分布图（图10-8）。可以看出，虽然夏季、冬季的风速空间分布存在一定差异，但是有一些区域在不同季节具有共同的风速大小特征，例如：东昌府的西部地区均为风速大值区，而东阿的南部区域均为风速小值区。找出类似于这两者共同的风速小值区、大值区将有助于后面的规划布局。

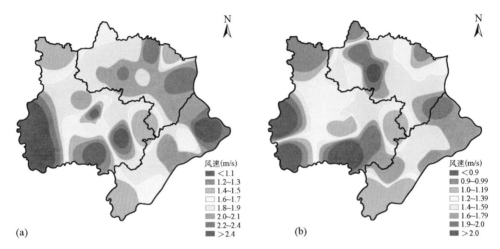

图 10-8　聊茌东都市区范围内区域自动气象站夏季（a）和
冬季（b）的风速空间分布

10.3.2　热环境分析

（1）城市热岛

城市热岛效应是指城市因大量的人工发热、建筑物和道路等高蓄热体及绿地减少等因素，造成的城市"高温化"，可由城市下垫面、人工热源、水汽影响、空气污染、绿地减少和人口迁徙等多方面因素造成。为监测聊茌东都市区的热环境演变，利用卫星遥感手段，结合下垫面用地类型情况，对都市区的地表温度进行反演，进而计算该地区城市热岛强度[5-6]。地表温度反演时利用的是 Landsat 8 高分辨率遥感资料，空间分辨率为 30 m，分析年为 2001、2005、2008、2015 年。

（2）热岛强度估算及等级划分

热岛强度的估算，是利用农田地区平均地表温度作为郊区温度，将研究区内所有其他地区的地表温度与郊区温度的差定义为热岛强度。具体计算如下：

$$UHII_i = T_i - \frac{1}{n}\sum T_{crop} \tag{10.1}$$

式中，$UHII_i$ 为热岛强度，T_i 为所有其他地区的地表温度，T_{crop} 为农田地区某一像元的温度，n 为农田地区所有像元的总个数。

计算热岛强度后，依照表 10-2 中的标准对不同等级热岛强度进行划分。

表 10-2　热岛强度等级划分依据[7]

类	日值热岛强度范围/℃	月和季值热岛强度范围/℃	热岛强度等级
1	≤−7.0	≤−5.0	强冷岛
2	−6.9～−5.0	−4.9～−3.0	较强冷岛
3	−4.9～−3.0	−2.90～−1.0	弱冷岛
4	−2.9～3.0	−0.9～1.0	无热岛
5	2.9～5.0	0.9～3.0	弱热岛
6	4.9～7.0	2.9～5.0	较强热岛
7	>7.0	>5.0	强热岛

（3）热岛强度空间分布的演变

基于遥感反演分别得到了 2001 年、2005 年、2008 年和 2015 年 4 年的热岛强

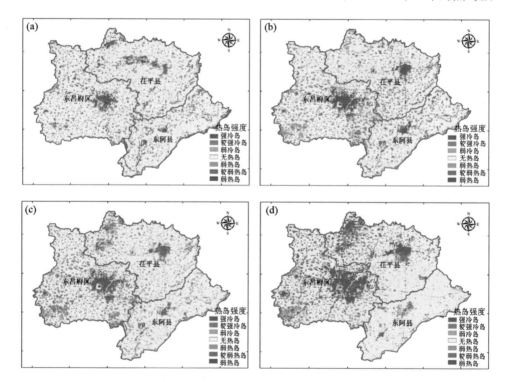

图 10-9　聊茌东都市区不同时期热岛强度空间分布

（a）2001 年，（b）2005 年，（c）2008 年，（d）2015 年

度（图 10-9）。通过对比可以看出，聊茌东都市区城市热岛范围随时间扩张明显，呈蔓延式发展，由最初的中心城区单个强热岛中心逐步发展为多个强热岛中心。其中，东昌府区、茌平县热岛范围显著扩大，例如：茌平铁路北侧工业区、郝集高端产业聚集区、顾官屯鲁西化工等，而东阿县热岛强度整体变化相对较小。

不同年三个地区的强热岛、较强热岛范围在各区的面积占比的统计结果如图 10-10 所示，可以看出，经过十多年的发展，除了东阿县的热岛强度空间分布变化不大之外，东昌府区和茌平县的强热岛、较强热岛面积占比都比 2001 年大幅增加，从最初的 2％分别增加到 20.9％和 13.2％。这就说明长期以来不同发展模式对三个地区热环境演变的影响是很大的。

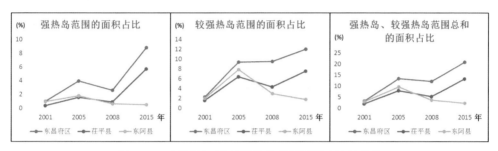

图 10-10　不同年三个地区热岛范围面积占比的变化

10.3.3　大气污染来源解析

城市大气环境污染常由自然污染源和人为污染源产生。自然污染源包括沙尘暴、火山爆发产生的火山灰和有害气体、大风造成的土壤风沙扬尘等。而人为污染源包括工业污染源、生活污染源及机动车排放等交通运输污染[8-9]。

聊城作为一个北方内陆城市，空气质量具有北方城市的普遍特点，煤烟型污染作为主要污染类型长期存在，并存在向复合型污染转变的趋势。重污染一般可分为三类：a. 积累型污染，在逆温、静风等大气环境比较稳定的情况下，污染就以本地排放为主，呈现出城区污染较高、郊区四个方向较低的特征；b. 传输型污染，即以外来输送为主导的，在传输型重污日中，区域传输影响所占的比例甚至可以超过 50％；c. 特殊型污染，比如烟花爆竹燃放、秸秆焚烧、外来沙尘影响等。除某些特殊条件外，重污染主要是由本地积累和外源传输造成的。聊城和诸多城市一样，目前的首要污染物是 $PM_{2.5}$ 和 PM_{10}，因此，针对这两者的来源解析非常重要。

（1）相关城市的源解析结果

大气污染来源解析是一项非常庞大和复杂的工作，本案例研究期间我国仅有几个大城市开展了该项工作。相关城市的 $PM_{2.5}$ 和 PM_{10} 来源解析结果整理如表 10-3 所示。

表 10-3　我国相关城市的细颗粒物（PM_{2.5}）来源解析结果

城市	区域影响（外来输送）占比（%）	本地来源占比（%）	本地各类污染源排放分担率（%）				
			燃煤	工业生产	扬尘	机动车/流动源	生活源
北京	28～36	64～72	22.4	18.1	14.3	31.1	14.1
天津	22～34	66～78	27	17	30	20	6
石家庄	23～30	70～77	28.5	25.2	22.5	15.0	8.8
上海	16～36	64～84	13.5	28.9	13.4	29.2	15.0
南京	20～38	62～80	27.4	19	14.1	24.6	14.9
济南	20～32	68～80	27	18	24	15	16

表 10-4　我国相关城市的可吸入颗粒物（PM₁₀）来源解析结果

城市	区域影响（外来输送）占比（%）	本地来源占比（%）	本地各类污染源排放分担率（%）				
			燃煤	工业生产	扬尘	机动车/流动源	生活源
天津	10～15	85～90	23	14	42	14	7
石家庄	10～15	85～90	25	20.5	37.5	12.5	4.5

（2）聊城大气污染来源的推断

虽然聊城市尚未开展精确的颗粒物源解析工作，但是考虑到华北地区气候环境的相似性，聊城市在污染源问题上可以与济南、天津等城市进行类比。由于空气的流通性，整个华北在外来污染区域传输方面大致相似。因此，从相关城市的源解析结果可以推断出：机动车、工业生产、燃煤、扬尘等是当前聊城市空气中颗粒物的主要污染来源，占85%～90%；PM_{2.5}本地来源占比约在60%以上，其中燃煤和工业生产的贡献率最高（例如：火电、铝冶炼、化工企业），机动车和扬尘次之；PM₁₀本地来源占比约在80%以上，其中扬尘的贡献率最高（例如：建筑工地扬尘、货车运输导致的道路扬尘）；外来输送占比较小，PM_{2.5}不足40%，PM₁₀不足20%。因此，对于聊城市来说，治理本地污染排放是关键，可以从调整能源及产业结构、优化工业布局、控制机动车保有量、增加地面绿化等方面改进，尤其是在茌平铝电企业、鲁西化工等集中性的重点污染企业周围建设绿化隔离带，通过绿化植物对废气、烟尘进行阻挡，并达到吸附粉尘、净化空气、改善小气候的效果。

10.3.4　空气流动模拟

大气污染物的远距离输送主要取决于大气的平流运动，风向和空气的传输路径是影响大气污染物扩散最重要的因素，利用 HYSPLIT 后向轨迹模型，模拟过去24～72 h 内空气微团在大气中移动的实际路径，分析污染物主要输送途径。

（1）模式简介

HYSPLIT-4 模式是由美国国家海洋和大气管理局（NOAA）开发的用于质点

轨迹、扩散及沉降分析的综合模式系统[10-11]。该模式是 Eulerian-Lagrangian 混合型的扩散模式，其平流和扩散计算采用 Lagrangian 法，通常用来追踪气流所携带的粒子或气体移动方向。

（2）模拟结果分析

选取聊城市 2014—2015 年连续三天以上 AQI 大于 200 的过程作为典型案例进行分析，共有 8 次重污染事件，分别是 2014 年的 12 月 24 日、12 月 29 日，2015 年的 1 月 10 日、2 月 21 日、3 月 29 日、10 月 16 日、11 月 15 日、12 月 15 日。

聊城市前 24 h 或 72 h 时的后向轨迹分析结果（图 10-11）表明：8 次重污染事件中，5 次以偏南方向为主，偏南气流与聊城市重污染天气的形成有紧密联系，也就说明除本地污染外，泰安、济宁、菏泽、濮阳等地的污染物输送对聊城的污染有很大影响；2 次以偏北方向为主，西北气流、东北气流各一次，说明邢台、衡水、德州等地的污染物输送对聊城市的污染有较大影响；1 次以偏东气流为主，说明济南等地的污染物输送对聊城的污染有一定影响。另外，根据 500 m 高度的气团轨迹高度变化发现，在重污染发生过程时，气流往往呈现明显的下沉作用（例如：2015 年的 1 月 10 日、3 月 29 日、12 月 15 日），表明垂直方向扩散能力比较差，导致近地层污染物不易向高空扩散。

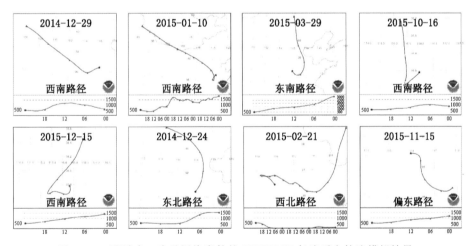

图 10-11　聊城市 8 次重污染事件的 HYSPLIT 气流后向轨迹模拟结果

10.3.5　工业排放污染物的扩散模拟

（1）工业大气污染排放统计

收集环保部门提供的 2015 年聊城市重点企业废气排放情况，共考虑聊茌东都市区大气污染源 30 个，空间分布如图 10-12 所示，大气污染源烟囱高度范围为 65～240 m，SO_2 和 NO_x 排放浓度范围分别为 0.23～51.62 g/s 和 4.05～284.03 g/s。

图 10-12　聊茌东都市区重点大气污染企业分布

（2）大气扩散模型模拟设置

利用 ADMS-Urban 大气扩散模型对都市区大气污染源环境影响进行模拟分析[12-13]，模型输入数据及参数设置为：①模拟共考虑工业点源 30 个，分三组进行模拟（东昌府片区、茌平片区、鲁西—东阿片区），模拟污染物包括二氧化硫、氮氧化物；②污染源排放参数（烟筒高度、烟筒出口烟气温度和出口烟气流速等）根据聊城市环保局提供的重点企业废气排放数据，并参考《大气污染物综合排放标准》和《城市区域大气环境容量总量控制技术指南》中相关要求以及同类城市类比确定；③气象数据采用聊城市区域自动气象站近年地面逐时观测数据，包括风向、风速、气温、降水和云量；④地形数据采用 SRTM90 米分辨率地形高程数据；⑤计算输出的区域网格点分辨率为 1200 m。

（3）大气扩散模拟结果

选取 2015 年 1 月、7 月作为典型月，分别对这两个典型月的都市区 SO_2 和 NO_x 的大气污染扩散情况进行模拟。东昌府、茌平、东阿三个地区 2015 年 1 月和 7 月的风玫瑰图如图 10-13 和 10-14 所示。1 月偏北风（N、NE）的频率很高，7 月的主导风均为偏南风，且 1 月的整体风速大于 7 月。

对 2015 年 1 月聊茌东都市区重点大气污染企业排放的 SO_2 扩散情况的模拟结果如图 10-15（a）图所示。受 1 月主导风东北风和偏南风的影响，茌平和鲁西化工两大污染企业集中区排放的 SO_2 被输送至西南下风向以及北部下风向区域。其中，

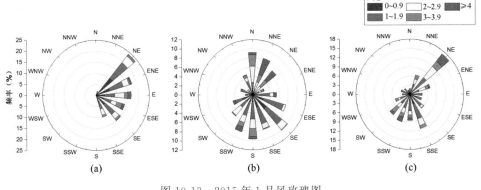

图 10-13 2015 年 1 月风玫瑰图

（a）东昌府，（b）茌平，（c）东阿

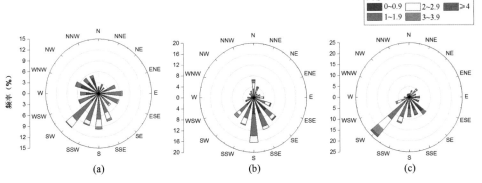

图 10-14 2015 年 7 月风玫瑰图

（a）东昌府，（b）茌平，（c）东阿

茌平铝电企业聚集区下风向区域的 SO_2 浓度最高，并呈带状分布，影响区域延伸至东昌府区的古漯河湿地。鲁西工业园区域的 SO_2 扩散特点与茌平相似，但整体影响范围和浓度要偏小些。东昌府区电厂排放的 SO_2 扩散后的影响范围较小，且程度最弱。如图 10-15（b）图所示，2015 年 1 月份聊茌东都市区重点大气污染企业排放的 NO_x 扩散情况与 SO_2 类似，受冬季主导风东北风和偏南风的影响，茌平和鲁西化工两大污染企业集中区排放的 NO_x 被输送至西南下风向以及北部下风向区域。其中，茌平铝电企业聚集区下风向区域的 NO_x 浓度明显远远高于其他区域，呈带状分布的 NO_x 影响区延伸至东昌府东南部地区以及东阿西北部交界区。

对 2015 年 7 月聊茌东都市区重点大气污染企业排放的 SO_2 扩散情况的模拟结果如图 10-16（a）图所示。受 7 月主导风偏南风的影响，各污染企业集中区排放的 SO_2 被输送至北部下风向区域。由于 7 月风速整体小于 1 月风速，SO_2 的高浓度区域均集中在各污染企业周围的局部区域。鲁西工业园排放的 SO_2 扩散后的影响范

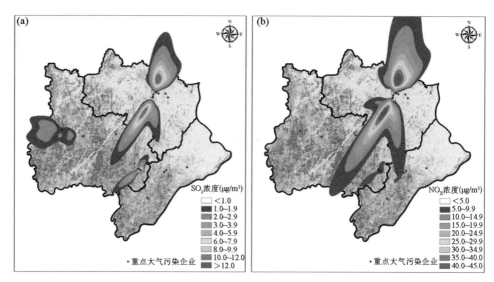

图 10-15　聊茌东都市区重点大气污染企业 2015 年 1 月排放的 SO_2（a）和
NO_x（b）扩散模拟结果

围相对较大些，对古漯河湿地的大气环境产生严重影响。如图 10-16（b）图所示，
2015 年 7 月聊茌东都市区重点大气污染企业排放的 NO_x 扩散情况与 SO_2 类似，受
7 月主导风偏南风的影响，各污染企业集中区排放的 SO_2 被输送至北部下风向区
域。NO_x 的高浓度区域均集中在各污染企业周围的局部区域。其中，茌平铝电企

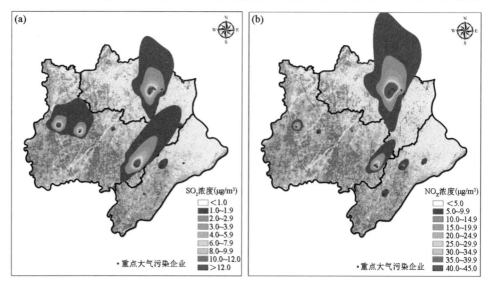

图 10-16　聊茌东都市区重点大气污染企业 2015 年 7 月排放的 SO_2（a）和
NO_x（b）扩散模拟结果

业聚集区下风向区域的 NO$_x$ 浓度远远高于其他区域，对茌平北部区域的大气环境有较大影响；鲁西化工园区排放的 NO$_x$ 扩散后会对古漯河湿地南部部分区域产生影响；东昌府区电厂排放的 NO$_x$ 扩散后的影响范围较小，且程度最弱。

这里还从 2015 年 1 月中挑选了两天（偏南风和偏北风各 1 天），进行典型日条件下 SO$_2$ 和 NO$_x$ 的扩散模拟。

偏南风典型日条件下的大气扩散模拟结果如图 10-17 所示。由于聊城市地形平坦，污染物浓度分布特征表现出明显的受主导风输送的特点。受偏南风的影响，污染企业集中区排放的 SO$_2$ 和 NO$_x$ 被输送至偏北下风向。SO$_2$ 高浓度区位于茌平县北部区域，以及东昌府北部和东部局部地区。由于茌平铝电企业 NO$_x$ 排放量较大，产生明显的较大范围 NO$_x$ 高浓度区，而鲁西化工和东昌府区 4 大电厂下风向区域的浓度相对较低。

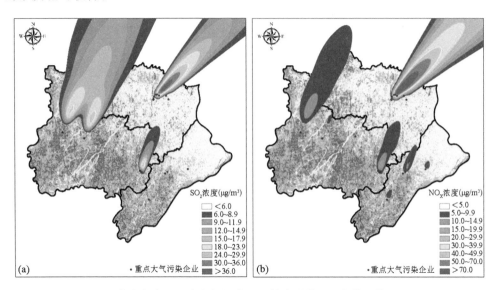

图 10-17　聊茌东都市区重点大气污染企业偏南风典型日条件下的 SO$_2$（a）和NO$_x$（b）扩散模拟结果

偏北风典型日条件下的大气扩散模拟结果如图 10-18 所示。受偏北风的影响，污染企业集中区排放的 SO$_2$ 被输送至西南下风向。SO$_2$ 高浓度分布区域位于茌平县西南部区域，并对东昌府北部区域产生一定影响，东昌府东南部区域也有小范围的浓度高值区。NO$_x$ 高浓度区范围主要受茌平铝电企业影响，并对东昌府北部区域产生较大影响，鲁西化工和东昌府区 4 大电厂的 NO$_x$ 高浓度影响区范围相对较小。

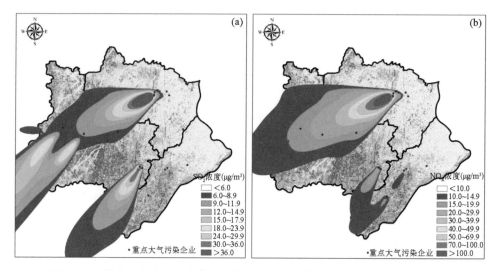

图 10-18　聊茌东都市区重点大气污染企业偏北风典型日条件下的 SO_2（a）和
NO_x（b）扩散模拟结果

10.3.6　大气环境容量估算

大气环境容量是指不同功能区按其不同的环境目标要求，在保证人类正常生存和生态系统平衡、以及大气环境质量目标的前提下，大气环境所能承纳污染物的最大允许量。对于局地性区域来说，大气环境容量是大气传输、扩散和排放方式的具体体现。

（1）大气环境容量估算方法

大气环境容量估算采用国标 A 值法。A 值法为国家标准《制定大气污染物排放标准的技术方法》（GB/T3840—1991）提出的总量控制区排放总量限值计算公式；根据计算出的排放量限值及大气环境质量现状本底情况，确定出该区域可容许的排放量。计算公式如下：

$$Q_{ak} = \sum_{i=1}^{n} Q_{aki} \tag{10.2}$$

$$Q_{aki} = A_{ki} \frac{S_i}{\sqrt{S}} \tag{10.3}$$

$$A_{ki} = A(C_{ki} - C_b) \tag{10.4}$$

$$S = \sum_{i=1}^{n} S_i \qquad\qquad (10.5)$$

式中，Q_{ak} 为总量控制区某种污染物年允许排放总量限值（10^4 t，1 t＝1000 kg，下同），Q_{aki} 为第 i 功能区某种污染物年允许排放总量限值（10^4 t），A_{ki} 为第 i 功能区某种污染物排放总量控制系数（$10^4 \cdot km^2/a$），A 为地理区域性总量控制系数（$10^4 \cdot km^2/a$），C_{ki} 为大气环境质量标准规定的与第 i 功能区类别相应的年日平均浓度限值（mg/m^3），C_b 为区域背景浓度值（mg/m^3），S 为总量控制区总面积（km^2），S_i 为第 i 功能区面积（km^2），n 为功能区总数，a 为总量下标，k 为某种污染物下标。

公式中地理区域性总量控制系数 A 的取值可参考表 10-5 得到。功能区各项大气污染物相应的平均浓度限值参照《环境空气质量标准》（GB3095—2012），表 10-6 所示大气污染物的背景浓度值参考调研收集的相关大气环境质量资料。都市区内各功能区的面积统计见表 10-7。

表 10-5　我国各地区总量控制系数 A、低源分担率 a、点源控制系数 P 值

地区序号	省（区、市）名	A	推荐 A	a	P	
					总量控制区	非总量控制区
1	新疆、西藏、青海	7.0～8.4	0.15	0.15	100～150	100～200
2	黑龙江、吉林、辽宁、内蒙古（阴山以北）	5.6～7.0	0.25	0.25	120～180	120～240
3	北京、天津、河北、河南、山东	4.2～5.6	0.15	0.15	100～180	120～240
4	内蒙古（阴山以南）、山西、陕西（秦岭以北）、宁夏、甘肃（渭河以北）	3.5～4.9	0.20	0.20	100～150	100～200
5	上海、广东、广西、湖南、湖北、江苏、浙江、安徽、海南、台湾、福建、江西	3.5～4.9	0.25	0.25	50～100	50～150
6	云南、贵州、四川、甘肃（渭河以南）、陕西（秦岭以南）	2.8～4.2	0.15	0.15	50～75	50～100
7	静风区（年平均风速小于 1m/s）	1.4～2.8	0.25	0.25	40～80	40～90

表 10-6　大气污染物环境目标值取值一览表（mg/m³）

污染物名称	取值时间	一级浓度限值	二级浓度限值	三级浓度限值
SO_2	年平均	0.02	0.06	0.10
	日平均	0.05	0.15	0.25
NO_2	年平均	0.04	0.04	0.08
	日平均	0.08	0.08	0.12
PM_{10}	年平均	0.04	0.10	0.15
	日平均	0.05	0.15	0.25

表 10-7　聊茌东都市区各功能区面积统计

面积（km²）	东昌府区	茌平县	东阿县
工业用地	33.0	18.0	8.0
居民用地	40.4	17.0	13.0
公园绿地	9.0	0.7	1.5
农田用地	642.0	729.0	487.0

（2）大气环境容量估算结果

基于国标 A 值法得到的大气环境容量估算结果（表 10-8）表明，各地区的 SO_2 均尚还有一定的容量；除东阿外，东昌府、茌平以及都市区范围内 NO_2 与 PM_{10} 的容量均为负数，表明这两种污染物都已达到饱和；相比而言，各类污染物在茌平地区的容量最小。建议在都市区范围内应考虑减少三类功能区用地（三类工业区），并适量增加绿地、居住区等一类和二类功能区用地。

表 10-8　大气环境容量估算结果

行政区	二级标准大气环境容量（万 t/年）		
	SO_2	NO_2	PM_{10}
东昌府区	1.275	−0.201	−4.293
茌平县	0.233	−0.746	−4.430
东阿县	0.439	0.169	−3.177
聊茌东都市区	1.947	−0.778	−11.900

10.3.7　大气污染可能成因分析

聊城市环境空气质量主要受到外部因素（地理气象条件等自然原因和外来污染）和内部因素（聊城市气态污染物排放）的双重影响，主要成因可归纳为几点：①聊城市处在燕山山脉以南、太行山脉以东的地带，这一区域容易形成涡流，导致污染物在此聚集且不易扩散。②从气象条件分析，近年来静稳天气增多，扩散条件不利，大气污染物难以稀释、扩散和清除；③从季节因素分析，每当进入供暖季后，燃煤量增加，导致低空大气污染加重。尤其是目前农村散烧燃煤十分普遍，且散煤质量不容易控制，一般都是高硫份和高灰份的煤炭。④与聊城市邻近的河北省等地区（邯郸、邢台等市）全部为大气污染重灾区，外源输入性污染难以控制。⑤聊城市目前以重工业为主，尤其是很多铝电类企业和化工类企业仍是以传统的高耗能、高排放、高污染的粗放型模式发展。

10.4 工业区规划布局建议

10.4.1 大气环境敏感区等级划分

基于上述一系列关于风环境、热环境、大气环境的分析结果，将聊茌东都市区进行大气环境敏感区等级划分，为规划中工业布局适宜性提供重要参考。

大气环境敏感区等级划分共 4 个等级，如图 10-19 所示。①极敏感区。主要包含：古漯河湿地、牛角店镇、东阿南部地区（鱼山镇、姜楼镇、刘集镇），以及东昌府南缘地区。这些地区是都市区主要的新鲜冷空气源地，以及生态脆弱区和关键区（例如：古漯河湿地、牛角店水源地、沉砂池），此区域不宜布局污染企业。可

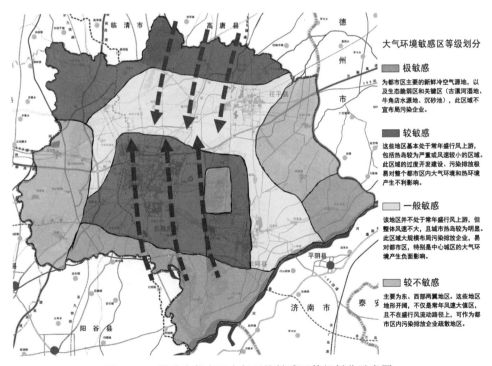

图 10-19 聊茌东都市区大气环境敏感区等级划分示意图

将原有的古漯河湿地、位山灌区沉砂池开发改造为湿地公园或生态景区，连同森林覆盖率较高、旅游资源较丰富的东阿南部地区，共同为都市区提供新鲜清洁冷空气。②较敏感区。这些地区基本处于常年盛行风上游，包括热岛较为严重或风速较小的区域。此区域的过度开发建设、污染排放极易对整个都市区内大气环境和热环境产生不利影响。茌平县的北部地区属于夏季自然降水大值区，可在菜屯等地区现有林场的基础上，建设人工湖并配套绿地、森林，提供清洁空气。凤凰工业园、鲁西化工园区的污染排放需多加注意。对于这些区域已有的重点废气企业需严控废气排放，提高环保标准，必要时进行关停或搬离。③一般敏感区。主要为茌平中南部地区和东阿中部地区，该地区并不处于常年盛行风上游，但整体风速不大，且城市热岛较为明显。此区域大规模布局污染排放企业，易对都市区，特别是中心城区的大气环境产生负面影响。应在茌平铝冶炼工业聚集区周边加强绿化隔离带建设，对废气、烟尘进行阻挡、吸附，减轻对下风向区域的影响。④较不敏感区。主要为东、西部两翼地区。这些地区地形开阔，不仅是常年风速大值区，且不在盛行风流动路径上，可作为都市区内污染排放企业疏散地区。

10.4.2　工业区布局优化和选址建议

通过前面的结果分析可以看出，茌平工业区污染物排放对主城区（东昌府）的环境影响越发凸显，应限制茌平地区大规模高排放的工业化开发，严控"三高"行业新增产能，从源头上扭转都市区大气环境恶化趋势。

图 10-20　鲁西化工园区新增产能选址建议示意图

　　另外，鲁西化工对邻近的东阿县城、古漯河湿地、沉沙池等地区的环境影响十分严重。建议鲁西化工现状园区控制规模、逐步关停，调整为工业文化遗产展示、大型休闲娱乐园区等面向未来的功能。并在都市区范围内，为鲁西化工的发展，选择新的空间，建设新厂，扩大产能，提升环保要求，实现"异地"升级改造。综合考虑上述的结果分析，从有利于大气扩散、避免直接污染都市区人口集聚核心地区的视角出发，对鲁西化工潜在产能扩张地区提出了空间建议，即在上述的大气环境较不敏感区，规划建议鲁西化工今后新上产能可向都市区东北部、济聊高速公路北侧区域布局，如图 10-20 所示。并按照现有产能和气态污染物年均排放量，在典型

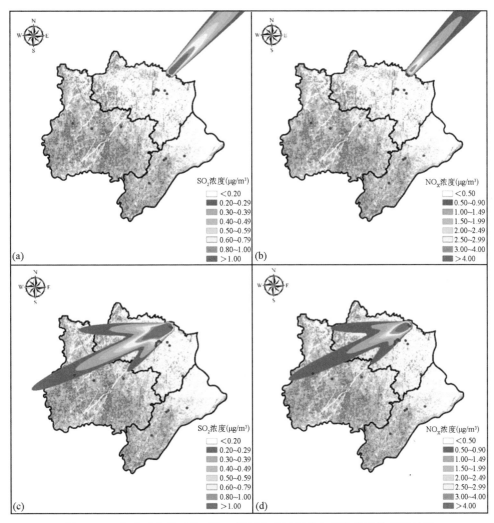

图 10-21　典型日条件下鲁西化工园区在建议新址上污染物扩散模拟结果

（a）偏南风－SO₂；（b）偏南风－NOₓ；（c）偏北风－SO₂；（d）偏南风－NOₓ

偏南风和偏北风日条件下，对鲁西化工园区在建议新址的工业排放污染物扩散做了模拟，结果如图 10-21 所示。从模拟结果可以看出，迁移到都市区东北部的新址后，能够较好地避免或减弱对主城区、东阿县城、古漯河湿地、沉沙池等地区的环境影响。

10.5 结语

本案例研究不仅基于气象观测资料进行了背景风特征分析，通过遥感反演得到了研究区热岛空间分布的历史演变过程，还基于后向轨迹模型和大气扩散模型等方法掌握了该地区污染物主要输送途径和工业排放大气污染源的影响，完成了研究区风环境、热环境、大气环境的综合分析，并依据结果将聊茌东都市区进行大气环境敏感区等级划分，最终从气候视角为规划中工业布局适宜性提供重要参考。然而，本案例中关于主要污染物的空间分布仅考虑了重点企业的大气污染扩散，并未考虑其他来源的影响（例如：交通、冬季小型锅炉散煤燃烧等）。未来十分有必要开展研究区的大气污染源解析工作，为政府治理大气环境提供更加翔实的依据，并在相关工业布局具体方案遴选时，通过数值模拟评估不同方案所造成的气候环境效应，最终通过科学的规划布局和建设，趋利避害，改善城市气候环境，提高城市宜居性。

参考文献

[1] 山东省环境保护厅 . 2015 年山东省环境状况公报 [Z/OL]. (2016-03-11) [2016-04-20]. ht-tp：//www. shandong. gov. cn/module/download/downfile. jsp？filename＝170706152300516 2847. pdf&classid＝0.

[2] 王继康，花丛，桂海林，等 . 2016 年 1 月我国中东部一次大气污染物传输过程分析 [J]. 气象，2017，43（7）：804-812.

[3] 梁碧玲，张丽，钟雪平 . 边界层风场对深圳秋冬季霾天气的影响 [J]. 广东气象，2017，39（6）：15-18.

[4] 张景哲，刘继韩 . 风的污染指数和不同风向的污染机率-城市总体规划中风和大气污染问题新探 [J]. 环境科学，1982，3（6）：17-21.

[5] 刘勇洪，房小怡，张硕，等 . 京津冀城市群热岛定量评估 [J]. 生态学报，2017，37（17）：5818-5835.

[6] 张硕，刘勇洪，黄宏涛 . 珠三角城市群热岛时空分布及定量评估研究 [J]. 生态环境学报，2017，26（7）：1157-1166.

[7] 叶彩华，刘勇洪，刘伟东，等 . 城市地表热环境遥感监测指标研究及应用 [J]. 气象科技，2011，39（1）：95-101.

[8] 王露，毕晓辉，刘保双，等 . 菏泽市 $PM_{2.5}$ 源方向解析研究 [J]. 环境科学研究，2017，30（12）：1849-1858.

［9］朱坦，冯银厂.大气颗粒物来源解析原理、技术及应用［M］.北京：科学出版社，2012.

［10］Draxler R R.Boundary layer isentropic and kinematic trajectories during the August 1993 North Atlantic regional experiment intensive［J］.Journal of Geophysical Research，1996，101（D22）：29255-29268.

［11］Draxler R R，Hess G D R R.An overview of the HYSPLIT 4 modeling system for trajectories，dispersion，and deposition［J］.Australian Meteorological Magazine，1998，47（2）：295-308.

［12］刘迪.ADMS大气扩散模型研究综述［J］.环境与发展，2014，26（6）：17-18.

［13］方力.利用ADMS-城市模型模拟分析鞍山市大气环境质量［J］.环境保护科学，2004，30（126）：8-10.

第十一章　深圳城市规划的气候服务案例

李　磊　俞　露　赖　鑫　袁　磊　陈申鹏*

11.1　深圳市的气候环境问题

深圳市作为国内首个经济特区，在过去 40 年所经历的快速城市化进程在全球范围内都屈指可数，在短时间内，深圳市由一个小县城迅速扩张为人口过两千万的特大城市。与深圳市的快速城市化进程伴随而来的是城市下垫面物理特性和地气之间物质能量交换的改变，这必然会影响到深圳市的局地气候环境。既有研究表明，深圳市在过去几十年中经历了一个迅速增温的过程，其同期增温速率远超过毗邻的大都市——香港，达到了每 10 年 0.35（±0.04）℃，且城市化对升温的贡献率可能超过了 80%（图 11-1）[1]。

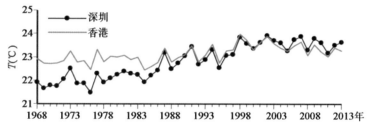

图 11-1　1968—2013 年深圳市与香港年均气温变化的比较[1]

深圳市虽然被公认为国内四个一线城市之一，但其土地面积却很小，不足 2000 km²，且境内多丘陵、山地，土地资源十分紧缺。为了获取城市发展所需要的更多空间，必须采取相对较高密度的建设策略，而这意味着单位面积上的楼宇更多、人为热排放更强，地表与大气之间的物理能量交换过程更复杂，局地天气、气候的不确定性也更强。在全球气候增暖和城市化快速发展的双重夹击中，深圳市的灾害性天气气候事件发生了明显的变化，包括：极端降水事件加剧；高温日数明显增加，持续高温加剧等[2]，这些变化无疑给城市带来了相当明显的冲击。

根据深圳市国家气候观象台的数据分析，深圳暴雨已呈现日益增强的趋势，体

*李磊，博士，深圳市气象局，深圳市国家气候观象台，研究员级高级工程师，研究方向为城市气候与大气边界层研究；俞露，硕士，深圳市城市规划设计研究院有限公司，给排水高级工程师，研究方向为城市规划技术方法创新和应用领域研究；赖鑫，硕士，深圳市气象局，深圳市国家气候观象台，工程师，研究方向为城市气候研究；袁磊，博士，深圳大学建筑与城市规划学院，教授，研究方向为建筑技术研究；陈申鹏，学士，深圳市气象局，深圳市国家气候观象台，工程师，研究方向为城市气候研究。

现在：①雨日减少但大暴雨日数却增加。年降水日平均每十年减少约 6 天，年降水量却无明显变化，表明降雨越来越集中、降雨强度也因而越来越大；近 25 年来，日雨量过 100 mm 的大暴雨日数平均每 10 年增加 0.2 天，极端强降水冲击深圳的概率明显提高。②短历时降水强度显著增强。1991 年以来的各历时暴雨极值均较 1990 年以前增强，尤其是 3 h 以内的短历时强降水，雨强平均增幅达 16.5％（见表 11-1）。近年来几乎每年都会出现因为极端强降水而导致的城市内涝和大范围的地面交通拥堵，例如 2014 年 5 月 11 日的特大暴雨过程（多站记录到滑动 24 h 雨量超过 400 mm 的降雨），导致西部宝安地区的路面交通几乎完全瘫痪（图 11-2）。

表 11-1　深圳市两个时段不同历时多年年最大雨量平均值 （mm）

时段	30 min 雨量	60 min 雨量	120 min 雨量	180 min 雨量	1440 min 雨量
1961—1990 年平均	36.5	52.3	72	86.2	168.7
1991—2015 年平均	42.3	61.4	85.6	98.3	171.6
增幅	16％	17％	19％	14％	2％

图 11-2　2014 年 5 月 11 日的暴雨致宝安大道瘫痪，多位市民被困数小时[3]

与此同时，夏季的高温炎热也日趋严重，统计表明，若把 14 时气温超过 33℃ 的自然日记为一个高温日，则 2004—2013 年平均可记录到高温日数为 36.3 天，而这一数字在 1968—1977 年仅为 7.2 天，深圳每年在漫长的夏季都需要消耗大量能源以保持室内的合理舒适度，而这些能源最终都以人为热的形式排放至大气中，进一步将室外气温推高，从而形成恶性循环。

得益于早期开拓者们的高瞻远瞩，深圳的城市总体规划理念相当先进，全市的组团式规划格局得以长期保留，通过基本生态控制线制度保留了大量生态用地，使得山林和城市绿地一起将城市建成区分割分散。已有研究[4]表明，组团式的城市总体布局十分有利于城市气候环境质量的保持。然而组团内的高密度建设仍然在一定程度上导致了近地面风速的减小，过于密集的高楼不利于山岭和海上新鲜风的引入，容易导致废热和大气污染物的积累，令组团内的微气候环境质量不易得到改善。

霾是另一个值得讨论的话题，霾日数统计按照广东省有关霾日统计标准执行，当日均能见度在 10 km 以下，且相对湿度在 90% 以下，且排除具有明显降水的情况，即判定为一个霾日。根据深圳市气象局的有关评估报告，深圳市的霾日数从 20 世纪 80 年代中期开始增多（见图 11-3），经过 20 余年的震荡上升，到 2004 年霾日数达到了 187 天。霾日数的增加是大气环境质量恶化的表现，21 世纪 00 年代中期深圳公众和媒体对深圳大气环境质量的担忧达到了空前程度。然而从 2005 年开始，深圳的霾日却突然开始转呈下降趋势，到 2017 年，经过 10 年的持续振荡下降，霾日数已下降到了 21 天，恢复到了 20 世纪 90 年代初期的水平。

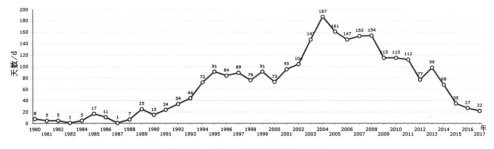

图 11-3　深圳市霾日数历年变化

由此可见，深圳市的大气环境质量在过去 40 年中经历了从恶化到好转的过程，将深圳市的霾日数与人均国内生产总值（GDP）进行拟合，发现其拟合曲线（图 11-4）完全符合环境经济学中经典的库兹涅茨曲线，即当人均 GDP 处于上升阶段时，大气环境开始恶化，霾日数也呈上升趋势；而当人均 GDP 达到一定高度后，大气环境开始好转，霾日数随人均 GDP 的进一步增加而转呈下降趋势。深圳市正在成为国内同时实现经济快速发展和大气环境质量快速提升一个样板城市，而这与深圳市近十多年在产业转型升级方面所做出的不懈努力有极大关系[5]。

综上所述，在审视深圳市的城市气候问题时，我们应一分为二地来看，一方面在全球气候变暖和快速城市化的双重影响下，城市气候环境问题已然较为凸显，体现在：城市正在变得越来越热，极端暴雨的影响越来越明显，霾仍然会在大气静稳、不利于扩散的时候袭扰深圳；另一方面深圳在保护和维持优良的城市气候环境方面也已经取得了显著的成效，尤其是由于保持了组团式规划格局、确立了生态控制线制度并及时实现了城市产业转型升级，深圳市在城市高密度发展的同时仍然保持了优良的大气环境质量。

在深圳市，气象部门深度介入城市规划工作始于 2006 年，那一年深圳市启动

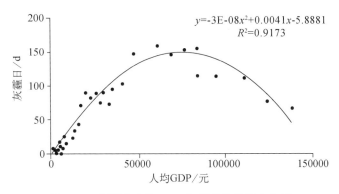

$$y=-3E-08x^2+0.0041x-5.8881$$
$$R^2=0.9173$$

图 11-4　深圳市人均 GDP 与霾日数的拟合曲线

了新一轮城市总体规划的修编工作，当时无论是政府决策者还是普通市民，都已经意识到气候环境对城市发展的影响，大家都能切身感受到城市越来越热、霾越来越严重对自身造成的威胁，并逐渐认同气象因素已经成为制约城市发展的一个重要因子。为此，在编制 2006 版的深圳城市总体规划时，有关主管部门专门设置了气象专题——《城市建设的气象影响评估》。自那以后，气象部门与规划部门联合推动了不少工作，为把深圳市打造成一个气候环境宜居的高品质城市而不懈努力，并取得了丰硕的成果。

11. 2　深圳城市建设的气象影响评估

　　如前文所述，深圳市在 2004 年时记录到了 187 个霾日，同时夏季的高温炎热和暴雨给城市运行带来了严重不利影响，为此在 2006 年启动新一轮城市总体规划修编时，设置了气象专题——《城市建设的气象影响评估》，将当时城市气象科学领域的一些最新研究成果和技术应用到为深圳总规修编服务。该专题主要内容分为 4 个部分，分别是城市建设对气候的已有影响、未来城市发展影响的预评估、深圳市城市气候环境优化的发展策略以及城市建设气候环境跟踪管理机制。4 个部分的内容为：①在评估城市建设对深圳市气候环境的既有影响时，对当时存在的气候环境问题做了较为全面的梳理，除了前文提及的极端降水、高温炎热和霾外，还指出存在城市平均风速下降、雨水酸化等问题。同时，还强调深圳市当时所出现的气候环境问题是珠三角区域性气候环境问题的一部分，要想改善深圳的气候环境，必须站在区域的层面考虑问题。②在未来城市发展影响的预评估部分，利用了当时比较先进的边界层气象模式对未来深圳市的风速、热岛变化的可能趋势进行了分析，发现高密度建设与城市能耗增高有可能导致深圳市城市热岛现象进一步加剧，如果未来能耗提高 33%，则深圳城区的大部分地区普遍会出现 1.0 ℃以内的升温，高密度建设区会出现高达 2～4 ℃的升温。气温的升高将导致城市人居环境质量下降，并进一步提高空调等用于改善室内人居环境的能耗，如此反复形成恶性循环；建筑密度的加大与建筑物平均高度的升高，将有可能导致深圳市近地层平均风速下降，下降幅度平均为 0.2 m/s 左右，这会导致近地层的扩散条件进一步恶化，对大气环境质量的改善极为不利；③预测模拟表明，扩散条件的恶化会导致近地层污染物浓度的增高，这其中尤以夏季夜间为甚。大范围内的污染物浓度升高，说明高密度建设对于大气环境质量存在负面效应；④由于高密度建设与能耗升高，城市的热环境将变得更复杂，由此激发的对流将变得更为强烈和难以预测，这有可能引起夏季极端和异常降水的增多，并增加了降水的不可预测性；⑤高密度建设可能造成扩散条件的恶化，大气环境质量可能会因此进一步恶化，由于驻留在深圳市上空的污染物浓度增加，酸雨率和重酸雨率也有可能因此而增加；⑥同样，由于扩散条件的恶化以及驻留在深圳市上空污染物浓度的增加，大气霾日数有可能继续增加。从实际观测数据来看，情景预测取得了相当程度的成功，城市记录到的夏季高温仍然呈震荡上升趋势，高温的历史记录被不断刷新；极端降水也频繁出现，自 2012 年开始，深圳市频繁记录到 100 mm 以上的滑动 1 h 雨量，而这在之前极为罕见。唯一失败的预言是关于大气污染问题，由于及时的产业转型升级和有效的污染源治理管控，深圳市的大气环境质量大大好转。然而，秋、冬季节在深圳西部的高密度城市建成区，仍然会不时出现局部污染，这与高密度建设导致的近地层弱风不无关系。

基于发现的问题和预判出现的问题，对如何实现在城市持续快速发展进程中保持深圳市气候环境的高质量提出了一系列策略，总体上归结为十六字方针，即"主动适应、有序调整、气候优化、环境友好"。其中，"主动适应"是指在城市规划过程中，应主动考虑深圳市当前的气候环境特征，在城市建设布局各方面采取措施，适应深圳市的气候环境特征，避免"逆天而行"，遭到大自然的惩罚；"有序调整"则是指在城市规划中，对城市建设布局进行调整，利用政策有序引导城市的生产、生活、交通等活动。让深圳市在经济发展的同时，避免气候环境的恶化，在全国真正起到"先锋带头"的示范作用。在十六字方针的大前提下，提出了一系列具体的策略建议，包括：①应维持组团式规划的总体布局；②工业企业的选址布局应避免气流易辐合区域；③应尽量提高绿地面积并且使绿地的分布尽量分散；④在建成区内应大力提倡城市立体绿化；⑤应该考虑主导风向依山势和生态廊道布置通风廊道；⑥紧邻交通干道两侧建筑物的平均高度与干道宽度的比值不宜超过 2.0；⑦降低公交出行成本，提高私车出行成本，积极有效地引导城市居民转变出行方式；⑧建立统一的经济补偿机制，对在区域环保治理中做出较大牺牲的地区进行经济补偿。

专题报告的最后一部分提出了"深圳城市建设的气候环境跟踪管理机制"的概念，在该机制框架范围内提出要展开 3 方面的工作，以实现对深圳城市建设气候环境效应的跟踪监测、评价和管理，具体包括：①建立城市气候环境的跟踪监测与评价机制；②明确城市建设气候可行性论证政策；③建立街道气象灾害应对能力认证体系。

特别值得一提的是,《城市建设的气象影响评估》专题已经开展了总规尺度上城市通风廊道气候效应的评估工作,通过敏感性数值试验的方法分析通风廊道对热岛的缓解作用,这大大早于其他城市。模拟设计了 3 组方案,以反映深圳市城市规划建设的不同情况[6]:方案 1 为"现状模拟",考虑当前城市建设的基本情况(以2005 年为基准);方案 2 为"预测模拟",用于研究未来城市高密度建设可能造成的影响;方案 3 为"调整模拟",研究高密度建设基础上增加城市"通风走廊"对于减轻城市热岛所起到的作用(图 11-5)。方案 1 中,城市建成区覆盖情况来源于深圳城市规划设计研究院提供的城市建设资料,不仅考虑了深圳市本地的城市建成区,还考虑了模拟范围内周边城市的建成区覆盖情况,如图 11-5 中紫色覆盖区域所示。根据当时深圳市的城市建设与社会经济资料,对于深圳市城市下垫面的建设密度进行分区考虑,福田、罗湖、南山三区的建设密度较高,取建筑的平均高度为其余建成区的 3 倍(为 60 m)。设置人为热排放强度在建设密度较高的福田、罗湖、南山三区平均值为 140 W/m²,其余建成区约为 70 W/m²。方案 2 为情景预测模拟,假设未来城市能耗增加 33%,相应的所有建成区内释放的人为热也增加33%,同时假设城市新建了若干高密度增长极(如图 11-5 中黄色斑块所示),在这些地区采取高强度开发措施,建筑物的平均高度增加到 80 m。通过方案 2 与方案 1的对比,可研究能耗增加和建筑强度加大对城市近地层气温分布的影响。方案 3 为方案 2 基础上的调整,增加了通风走廊的设置,如图 11-6 中绿色线条所示。通风走廊的设置考虑了深圳的主导风向频率分布,廊道宽为 1 km,将廊道内的植被类型设为草地。通过方案 3 和方案 2 的对比,可评估通风走廊的设置对缓解城市热岛所起的作用。

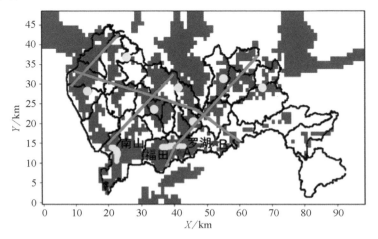

图 11-5 通风廊道效应的敏感性数值试验方案[5]

研究结果表明，建设密度的加大及能源消费的增加会导致深圳市夏季近地面气温出现大面积的升高，并且夜间升温比昼间更为明显，这在一定程度上会加剧夏季的高温炎热。按照当时设置的新增 9 个高密度增长中心、能耗增加 33％的方案，新增的高密度建设中心附近，昼间升温幅度可达 1.2 ℃左右，而夜间的升温幅度可达 1.5 ℃以上，高于其余城市建成区的升温幅度，无疑会进一步加剧夏季的城市热岛强度。而通风走廊的设置将使得深圳夏季近地面气温相对于方案 2 有所降低，且这种降温效应在夜间比昼间更为明显，夜间通风走廊附近的降温幅度可达 0.9 ℃以上，表明通风走廊的设置可在一定程度上抵消高密度建设和能耗增加带来的负面气候环境效应[5]。需要指出的是，在近年关于通风廊道的媒体报道中，存在着对通风廊道作用的误读，一些人认为，通风廊道对于驱散城市雾和霾有作用——而事实上提出城市通风廊道的初衷是为了改善城市热环境和近地层风场的"微循环"，通过廊道将山岭、海洋的新鲜风引入城市，从而提升城市气候环境品质。通风廊道固然会在一定程度上提升地面排放污染物（如机动车尾气）的输送扩散效率，但它的尺度还不足以驱散覆盖整个城市边界层（通常可厚达数百至上千米）的雾和霾。

《城市建设的气象影响评估》专题最终完成时间为 2007 年，距今差不多正好十年，如今回头审视，该项研究的成效相当显著——它与之前所开展的城市规划气候可行性论证相比，立意和站位都更高，不仅侧重空间布局气候效应的分析、研判，更关注城市运行中的管理、政策层面的内容；不仅关注自然科学领域的问题，更注重将自然科学的分析结论与社会管理的有关科学相结合，为深圳市如何在高速发展的过程中，维持城市气候环境的品质提供了大量有益的建议。从那时开始，在城市规划、建设过程中要注意保护气候环境的意识开始深入人心，政府各相关部门根据自己的职能，出台了相关规定、工作方案、标准等管理文件，明确了保护城市气候环境的相关条款（见表 11-2），从而为将深圳建成一个气候环境品质较高的现代化城市提供了政策保障。除此之外，深圳气象部门也更加明确了自己如何参与到类似工作中，真正理解了把熟知的"气象"专业语言转化为服务对象所在行业的"普通话"的重要性。

表 11-2　深圳市近年出台的关于适应气候变化和提升大气环境质量的文件

序号	年份：文件名	具体要求
1	2009 年：深圳市关于"珠江三角洲地区改革发展规划纲要（2008—2020 年）"的实施方案	提出深圳要开展城市热岛监测，要求定期发布城市热岛监测公报
2	2009 年：深圳市绿色住区规划设计导则	指出 80％以上人行区 1.5 m 高度风速放大系数不宜小于 0.3；住区夏季热岛不宜大于 1.5 ℃

序号	年份：文件名	具体要求
3	2010年：深圳市创建宜居城市工作方案	提出建立完善霾天气的监测预报预警和防控体系
4	2011年：深圳市创建国家"生态园林城市"工作方案	规定了城市热岛强度的控制指标，基本目标值为3.0℃，提升值为2.5℃
5	2011年：中共深圳市委深圳市人民政府关于提升城市发展质量的决定	提出将每年阴霾天数控制在120天以内
6	2011年：深圳市城市更新单元规划编制技术规定	提出针对拆迁范围面积不小于10公顷的更新单元，应进行建筑物理环境专项研究，研究单元空间组织、建筑布局等对区域小气候的影响
7	2011年：住房和城乡建设部与深圳市人民政府共建国家低碳生态示范市工作方案	提出为积极应对全球气候变化、推进生态文明建设进行积极探索；提出大力推广绿色建筑；提出大力推进绿地水系建设，增加城市碳汇
8	2012年：深圳市低碳城市试点工作实施方案	提出倡导低碳绿色生活方式和消费模式；建立完善温室气体排放统计、核算和考核制度；创新有利于低碳发展的体制机制
9	2013年：深圳市大气环境质量提升计划	提出淘汰黄标车，将年霾日数控制在70天以内
10	2013年：深圳市"十二五"控制温室气体排放工作方案	提出积极开展应对气候变化科学普及。加强应对气候变化基础研究和科技研发队伍、战略与政策专家队伍和低碳发展市场服务人才队伍建设
11	2014年：深圳市城市设计标准与准则	鼓励立体绿化，调节小气候；鼓励增加建成区透水率，降低热岛效应；强调住宅间距保证通风能力；规定连续街巷长度不超过60 m，应留出通风走廊；盛行风上游避免密集高层建筑，整体间口率应小于70%……
12	2015年：深圳市大鹏半岛生态文明体制改革总体方案（2015-2020年）	提出以水环境、大气环境……等为主要指标，建立具有大鹏半岛特色的生态环境综合指数体系……使环境承载力保持在合理区间
13	2016年：深圳市推进海绵城市建设工作实施方案	结合气象、水文、地质等本土条件，进一步编制我市海绵城市相关技术标准及规范……保障海绵城市建设的质量

序号	年份：文件名	具体要求
14	2016 年：深圳市应对气候变化"十三五"规划	提出加强极端天气气候事件危险源监控、风险排查和重大风险隐患治理等基础性工作……。提出加强海洋、气象、水文等行业部门与专业预警机构间的合作，提高海洋灾害早期预警能力和应急响应能力
15	2017 年：深圳市地质灾害防治规划（2016—2025 年）	提出开展不同降雨频率条件下地质灾害易发性、易损性与风险评价工作，为城市规划和地下空间布局以及土地合理利用提供防灾减灾依据
16	2017 年：深圳市大气环境质量提升计划（2017—2020 年）	提出全面推广新能源汽车，年霾天数控制在 40 天以内
17	2018 年：深圳市水务工程项目海绵城市建设技术指引（试行）	提出排水防涝类项目"通过采取综合措施，有效应对不低于 100 年一遇的暴雨"的内涝防治标准，以及"非中心城区 3 年一遇，中心城区 5 年一遇，特别重要地区 10 年一遇，地下通道和下沉式广场 50 年一遇，新建城区有条件的区域可适当提高标准"的雨水灌渠规划建设标准

然而仍应清醒地认识到，深圳市尽管已经在保护和提升城市气候环境品质方面取得了不少成绩，但气候环境问题仍未消失。结合深圳市的实际情况，从城市规划与气候相结合的角度而言，当前最应思考的问题包括两个方面：一是采取何种措施，让城市在日益极端的暴雨来临时受到的冲击更小；二是如何在高密度发展的同时，尽量保持城市的通风性能，以谋求更佳的舒适度和更优的空气质量。

11.3　深圳海绵城市建设

用当下的目光来看，在极端暴雨频繁袭扰的深圳市，海绵城市建设几乎成了应对暴雨冲击理所当然的选择，然而在 2015 年申报第一批海绵城市国家试点时，深圳市却并未通过审批。而另一方面，极端暴雨的冲击并未因试点申报失败而停止对深圳市的冲击，从 2012 年第一次记录到滑动 1 h 雨量过 100 mm 的事件之后，这种极端事件发生得越来越频密，2016 年全年创纪录地观测到了 6 次单站 1 h 雨量过 100 mm 的事件，海绵城市建设在当时已经显得刻不容缓。

11.3.1　气象部门对深圳海绵城市建设的推动作用

作为深圳市负责气候监测的权威机构，深圳市国家气候观象台在全市建立了上百个自动气象站，站点的数量直至今日仍然在增加中，这些站点中至少有 100 个已经积累了 10 年以上的逐分钟资料，为更深刻地理解深圳市的暴雨特征、规律提供了坚实的保障。

"滑动雨量"这一概念并非深圳最先提出来，但是真正依托分钟级观测数据做成业务产品并提供对外服务，则是深圳市气象局最早实现。深圳市气象局是全国较早推出滑动雨量产品的气象部门之一，相较于过去单纯采用固定小时间隔雨量统计的方法，滑动小时雨量监测更能反映实际的雨强。如图 11-6 所示，若根据传统业务规定按固定小时间隔记录雨量，则在 00：00 至 02：00 之间，记录到的最大小时雨量只有 150 mm。如果用这个数据去做决策服务，则有可能导致防灾应急部门低估灾害，因为事实上，在 00：00 至 02：00 之间，有一个小时实际上出现了 300 mm 降水，远大于按固定小时间隔统计的小时雨量数据。为避免这种情况发生，深圳市气象局的决策服务基本上都是基于滑动雨量数据展开，通过 Oracle 数据库在后台自动生成多种历时的滑动雨量产品，包括 0.5 h、1 h、2 h、3 h、6 h、12 h 等[7]。

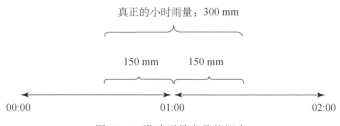

图 11-6　滑动雨量产品的概念

分析不同历时滑动雨量事件出现的频次，可发现过去并未被认识到的规律，例如在西部城市建成区上空，短历时强降雨（例如半小时 30 mm 降水）出现的频次比较多；而在东部山区，则长历时强降水出现的频次比较多（图 11-7），这表明两个区域的防灾重心或许会有不同，例如对城市建成区应更关注短时强降水引发的内涝，而东部山区应更关注长历时暴雨引发的地质灾害——这对于深圳海绵城市建设当然也是有指导意义的。基于海量观测数据和科学分析，深圳市气象局于 2016 年完成了一份题为《深圳暴雨、大风及孕灾环境特征变化及防御建议》的决策服务报告，明确指出"在所有灾害性天气中，暴雨对深圳的影响最为明显"，建议"针对深圳孕灾环境特征，市政府可以通过适当的措施，补强孕灾环境的薄弱环节，提升城市抵御大灾的能力"，强调应"尽快推进海绵城市建设，通过低冲击开发减少暴雨影响……尽管在 2015 年新公布的财政部确定资助的 16 个海绵城市试点中未见深圳，但即使是利用自有资金，深圳市仍应尽快推进海绵城市建设"。这份报告获得了深圳市市长、常务副市长和分管副市长的正面批示，为深圳正式启动海绵城市建设起了重要助推作用。

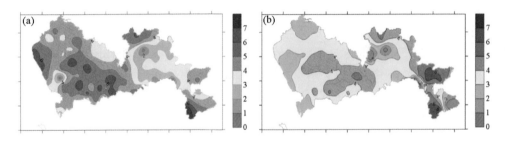

图 11-7　不同历时滑动雨量频次

(a) 0.5 h30 mm 以上雨量；(b) 3 h60 mm 以上雨量

11.3.2　气象部门对深圳海绵城市建设的技术服务

除了发挥助推作用外，在海绵城市建设的过程中，气象部门还做了几件具体的事情：一是提供基础数据，为测算径流保证率的控制雨量提供基础数据（图 11-8）；第二是牵头修订新的暴雨强度公式，为海绵城市的技术设计提供标准（图 11-9）；第三是参与暴雨雨型的设计工作（图 11-10）。深圳市气象局采集的分钟级雨量数据，包括深圳国家基本站雨量自记纸电子化后的分钟级雨量数据，为上述工作提供了坚实的基础保障[8-9]。

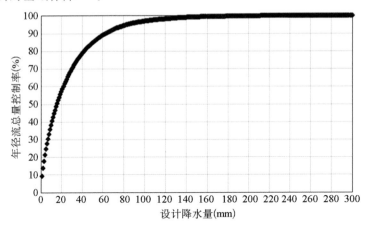

图 11-8　深圳市年径流总量控制率与设计降水量对应关系曲线

（年径流总量控制率为 60％、70％、75％、80％、85％对应的设计降水量分别为 23.1 mm、
31.3 mm、36.4 mm、43.3 mm、52.2 mm）

11.3.3　深圳海绵城市规划简介

海绵城市建设并非只是为了解决暴雨引发的城市内涝问题——正如任心欣等[10]在《海绵城市建设规划与管理》一书中所指出，"海绵城市建设应以解决复杂且相互交织的水问题为目标，包括：水资源紧缺、水环境污染、水生态恶化和洪涝灾害频发等多个方面"。2015 年 7 月，国家住房与城乡建设委员会发布《关于印发

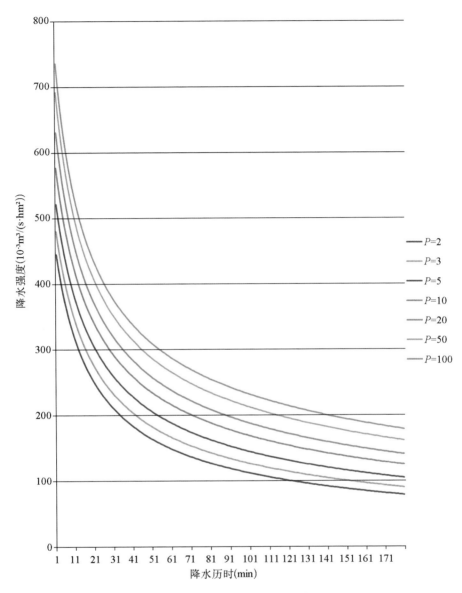

图 11-9 深圳市暴雨强度公式曲线

海绵城市建设绩效评价与考核办法（试行）的通知》，明确海绵城市是"实现修复城市水生态、改善城市水环境、提高城市水安全等多重目标的有效手段"，并提出了包含水生态（4项）、水环境（2项）、水资源（3项）、水安全（2项）在内的共18项建设指标。可以看出，国家针对海绵城市建设的绩效评价和考核是全面且系统性的，期望的是一种"渗、滞、蓄、净、用、排"共同发挥的综合效益，而非某单一方面的目标和效益的实现，这与以往采取的治水策略有着本质的区别。

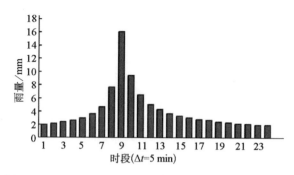

图 11-10　深圳 2 h 历时 5 min 间隔短历时设计暴雨雨型

　　然而在深圳市，海绵城市建设最主要的目的仍然是解决频繁出现的内涝问题——2016 年公布的第二批海绵城市试点中，深圳市的示范特点被归结为"在整体环境良好的基础上，市内的内涝问题在南方滨海和快速发展转型的城市中具有一定的典型性，海绵城市建设试点将为内涝频繁的滨海城市提供宝贵经验"，因此，也就不难理解为何深圳市纳入国家试点以及自选的海绵城市试点区域大多位于短历时强降雨频次多发的区域——尽管这些项目建成后肯定会对解决深圳较为严重的地表水污染问题有重大帮助。

　　2017 年编制完成的《深圳市海绵城市建设专项规划及实施方案》的工作内容主要包括以下 9 大部分：①综合评价海绵城市建设条件；②确定海绵城市建设目标和具体指标；③提出海绵城市建设的总体思路；④提出海绵城市建设分区指引；⑤落实海绵城市建设管控要求；⑥提出规划措施和相关专项规划衔接的建议；⑦明确近期建设重点；⑧明确近期海绵城市建设重点区域，提出分期建设要求；⑨提出规划保障措施和实施建议等。整个规划内容相当丰富，对深圳市错综复杂的水问题进行了全面剖析并提出了详尽的规划解决方案。

　　限于篇幅，这里只节选其与水安全保障的有关内容予以介绍：①规划原则：强调改变传统思维和做法，对雨水径流实现由"快速排除"、"末端集中"向"慢排缓释"、"源头分散"的转变；②规划目标：水安全方面要有效防范城市洪涝灾害；③规划指标体系：内涝防治标准设置为 50 年一遇（通过采取综合措施，有效应对不低于 50 年一遇的暴雨），城市防洪（潮）标准设置为 200 年一遇（分区设防，中心城区为 200 年一遇）；④建设思路与策略：切实保障安全，软硬两手发力，除创新投融资模式开展工程建设外，还需注重非工程措施的强化，利用深圳经济特区特有的立法机制和大部制工作格局，构建完善、高效的海绵城市工作体系，完善城市排水防涝管理机构，建立数字信息化管控平台，完善应急机制和技能储备，切实实现城市对内涝等灾害有足够的"弹性和恢复能力"；水安全策略包括：整治河道断面，提升防洪标准及生态效益；规划行泄通道，解决超标雨水排放；构建源头、中途和末端全过程控制的雨水排水体系；⑤海绵城市建设分区指引：综合生态本地条件，将深圳市的海绵城市规划做空间分区，分为海绵生态保育区、海绵生态涵养区、海绵生态缓冲区、海绵功能提升区、海绵功能强化区和海绵功能优化区，对每类分区的特点、空间管制要求和海绵城市管控与建设要求均做详细规定；⑥海绵城市基础设施规划，规划新建雨水管渠 2371 km，改扩建雨水管渠 601 km；全市规划雨水泵站 53 座；深圳市建议建设用地性质或竖向调整的区域共有 68 处；建议调整规划竖向高程的有 15 处，用地建议调整的有 1 处。深圳市规划对 76 条河道开展综合治理，治理标准按 50～200 年一遇。规划建设雨水行泄通道总长度为 214.2 km，总设计流量达 9227.1 m³/s；规划建设雨水调蓄设施 97 处。深圳市的防洪（潮）标准为 200 年一遇。除了大水坑河、高峰河、松岗河、沙井河、山厦河、东涌河、新大河等 7 条河道防洪（潮）标准为 20 年一遇外，其余河道均为 50～200 年一遇（图 11-11）。

图 11-11　雨水行泄通道规划图

当前，《深圳市海绵城市建设专项规划及实施方案》正在紧锣密鼓地实施，以深圳市光明新区国家试点为龙头，全市共有 23 个片区在开展海绵城市改造或建设，待这些项目完成后，深圳市逢雨必涝的情形有望得到根本性改善。

11.3.4　未来展望

气象部门为深圳市海绵城市建设服务的脚步，并不会因为海绵城市工程项目的完结而终止，未来气象部门将至少在两个方面继续推进有关工作：①针对海绵城市的专项预警服务，基于雷达数据和临近预报方法为部分海绵设施的启用和停用提供指导，例如：当暴雨来临前即有针对性地发布提示给海绵设施管理部门，让其启动泵站，并跟踪提供逐分钟的雨量观测、预测数据；②对海绵城市建设的气候效应进行跟踪评估，评价海绵城市建设是否在降低热岛强度、提升气候环境品质方面有正贡献（图 11-12）。

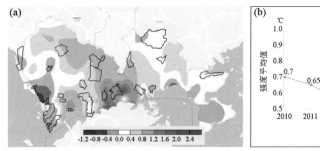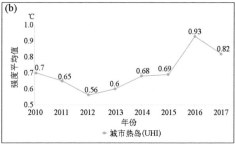

图 11-12　海绵城市建设热岛效应跟踪评价

（a）当前深圳市海绵城市试点区域；（b）光明新区近年热岛强度变化

11.4　城市自然通风评估

　　高密度城市建设使得城市建成区的高层建筑日益增多，显著增加了粗糙度，对近地层风速的阻尼作用非常明显，如图 11-13 所示，在深圳的蔡屋围社区，年平均风速从 20 世纪 90 年代的 3.2 m/s 下降至当前的 1.8 m/s 的水平，风速下降的趋势十分显著。近地层风速的下降当然会给局地气候环境品质带来不利影响，例如在夏季自然风驱散城市能耗所产生废热的效率会降低，夏季的室外舒适度会因此而下降，而且近地层污染物的扩散效率也会降低，因此，如何获得城市地区更好的自然通风潜力，成为深圳城市规划中特别关注的一个问题。

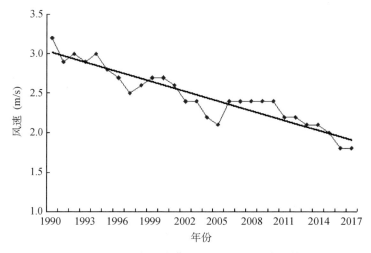

图 11-13　1990 年至今蔡屋围地区风速的变化情况

　　深圳市毗邻的香港在 2003 年成为非典（SARS）袭击的重灾区，事后分析表明，过高的建设密度导致空气流通不畅，是香港地区 SARS 横行肆虐的重要原因。

为此，香港于 2003 年底启动了空气流通性评估可行性研究[11]，指出"空气流通"对于保持城市的空气环境质量至关重要，在研究结果基础上，香港政府在《香港规划标准与准则》中正式加入了"空气流通指引"，并将风洞实验评估作为空气流通性评估的首选方法[12]。

受香港的启发，深圳市国家气候观象台会同深圳大学建筑与城市规划学院于 2010 年开始启动了城市自然通风评估技术体系的研究工作。对包括深圳市在内的多数内地城市而言，风洞实验评估周期长、成本高，并不适合作为通风评估的主要方法进行推广，因而在整个体系的研究中，提出了以数值模拟为核心的评估方法。证明数值模拟方法在自然通风评估中的可用性[13]只是建立整个体系的第一步，更重要的任务是要明确评估对象、评估指标、评估范围、背景风场数据以及评估的管理流程等问题。

11.4.1　自然通风评估体系的建立

通过与深圳市规划管理部门的多轮沟通、讨论，最终形成了深圳市自然通风评估框架包括管理办法、评估方法和技术支撑 3 个方面（图 11-14）。

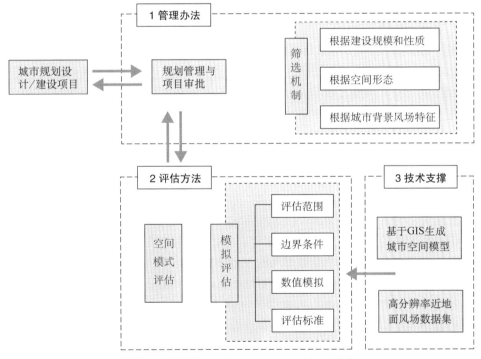

图 11-14　深圳自然通风评估的整体框架[14]

（1）管理办法

管理办法的核心内容是筛选什么项目开展自然通风评估，例如：①根据建设规模和性质,对于建设规模或开发强度较大的规划、建设项目,应进行自然通风评估。包括用地大于 5 hm²,或者总建筑面积超过 10 万 m² 的项目,以及其他可能产生潜在通风影响的项目;②根据空间形态,鉴于工业区和城中村建筑体量密集、高度均匀,不利于人行高度城市通风,对位于工业区和城中村片区内的新建项目或城市更新项目,应进行自然通风评估;③根据城市背景风场特征和深圳城市气象的观测,对位于深圳弱风区(即多年平均风速较小的敏感区),或者位于滨海 1 km 范围内(即风力较好的优势区)的项目,应进行自然通风评估。

(2)评估方法

目前城市自然通风评估方法可以分为两大类:一是非针对性方法,即采取模式语言的方法对空间形态的通风效果进行分析,通过与简化的原型进行比较,得出否定式的结论。二是面向案例的针对性方法,即通过风洞实验或数值模拟的手段,在一定精度上再现案例的风场特征,并依据一定的标准进行针对性的评价。由于城市空间与空气流体力学的复杂性,模式语言的方法受到了很大局限。而在面向案例的针对性方法中,如前文所述,考虑到经济、效率和直观性等因素的差异,计算流体力学(Computational Fluid Dynamics,简称 CFD)的数值模拟方法是目前的最佳选项。然而,尽管 CFD 模拟算法和软件工具比较成熟,实际应用中的突出问题是缺乏统一的方法和标准,难以保证评估的客观性和连续性。如初始风向条件不准确,不考虑周边地貌、建筑和街区对研究区域的影响,可能导致模拟结果与实际情况大相径庭,甚至南辕北辙。为此,提出根据深圳城市空间和近地面风场特征,从评估范围和评估标准等方面提出评估方法和技术导则。①评估范围:深圳市自然通风评估规定了项目的评估范围,其中包括:目标区域,即项目用地边界线内的范围;影响区域,即从项目用地边界线向外扩展 1H 的范围,H 为评估范围内的最高建筑高度;建模区域,即从影响区域边界向外扩展 2H 的范围,反映项目周边的建筑物、构筑物以及地形地貌特征的影响。其中目标区域和影响区域的数据都必须作为自然通风的评估指标(如图 11-15 所示)。②评估标准:通风评估选取能够反映建筑群通风效能的人行标高"风速比"作为基本评价标准,并根据 16 个风向的频率进行加权平均计算。对于深圳市高密度城市空间而言,某项目评估范围内的风速比数值越大,则自然通风越通畅,其对城市总体风环境所造成的影响也越小。这里在风速比指标的基础上,进一步提出了重点行人区域和风环境敏感区域的修正方法,形成了完整的评估标准指标体系,将自然通风评估落实到技术实施层。

(3)技术支撑

技术支撑是指开展自然通风评估所涉及的两项关键技术:①基于 GIS 的快速建模及网格划分技术,开发了以 GIS 数据库为基础的空间自动建模模块,采用 VBA 语言作为开发语言,在 AutoCAD 开发平台上进行中间的格式转换,开发嵌

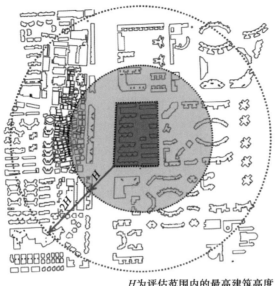

*H*为评估范围内的最高建筑高度

图 11-15　评估范围的层次划分[14]

入式应用模块，采用友好的交互式界面，自动生成网格化或非网格化城市空间模型，转化为 CFD 程序可以识别的模型信息。该方法实现了城市周边环境的自动建模，提高了自然通风评估的可操作性。②背景风场数据：背景风场数据由深圳市国家气候观象台负责提供，尽管深圳市已有的自动气象站空间密度已相当高，但仍然难以满足以千米为格距的网格化评估管理的需求。为此，深圳市国家气候观象台与美国国家大气研究中心（NCAR）合作，利用其基于张弛逼近（Nudging）的四维数据同化（FDDA）技术，生成了覆盖深圳全市范围的 1 km 格距背景风场数据集，并通过"深圳市细网格气候信息平台"对全社会免费发布（如图 11-16 所示），这其中的技术细节可参见李磊等相关文献[15]。

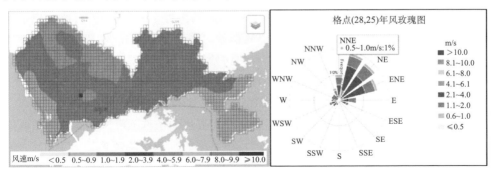

图 11-16　深圳市细网格气候信息平台展示的 1 km×1 km 网格内的风玫瑰图

由于整个体系相当完备，足以支撑在深圳市展开自然通风评估工作，最终在 2012 年颁布的《深圳市城市更新单元规划编制技术规定（试行）》中明确提出"对拆迁范围面积不小于 10 公顷的更新单元，应进行建筑物理环境专项研究，研究单元空间组织、建筑布局等对区域小气候的影响。"截至 2017 年，全深圳市总共已经有近 100 个项目进行了自然通风评估，为保障高密度建设的同时，城市气候环境品质仍然维持在可接受范围内起到了积极作用。

11.4.2 评估示例

位于深圳市福田区的 L 小区项目以住宅、商业、公共配套设施以及广场开敞空间等为主。所在区域多为多层建筑，周围整体环境密度较低，有利于片区的自然通风。根据细网格气候信息平台，该区域 10 m 高度平均风速为 2～2.5 m/s，属于一般偏低水平，城市建设应注意不对风环境产生负面影响。该项目的示意图及所在区域风玫瑰如图 11-17 所示。

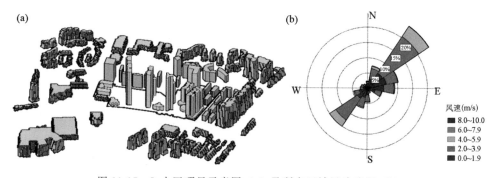

图 11-17　L 小区项目示意图（a）及所在区域风玫瑰图（b）

根据该片区的高精度 16 个风向风频数据，使用 CDF 方法，对 16 个风向的频率由大到小相加，取当相加频率大于 75％时的风向组合进行研究。较大风频出现在 NNE-SEE 以及 SW-SSW 两组，此范围的风向频率总计达到 77.72％。故分别对这 7 个风向进行模拟，其中，NE 风向模拟的初始风速 2.807 m/s；SW 风向模拟的初始风速为 2.769 m/s；NEE 风向模拟的初始风速为 1.805 m/s；E 风向模拟的初始风速为 1.879 m/s；NNE 风向模拟的初始风速为 2.419 m/s；SSW 风向模拟的初始风速为 2.17 8m/s；SEE 风向模拟的初始风速为 1.916 m/s。根据规划设计方案，如实建立深业 L 小区城市更新项目的空间模型，并将其导入 PHOENICS 2010，划分结构化网格，利用 PHOENICS 进行 7 个风向模拟（图 11-18）。

L 小区城市更新项目规划设计方案在 7 个主要风向条件下模拟得到的评估区域及影响区域各方向的最小值为 0.944，75％满足率的加权平均风速比为 1.075，是规定标准的 134％。评估区域、影响区域各自对应的指标均满足《深圳市自然通风评估研究》标准要求。对周边城市空间风环境整体未产生不利影响，有助于形成舒

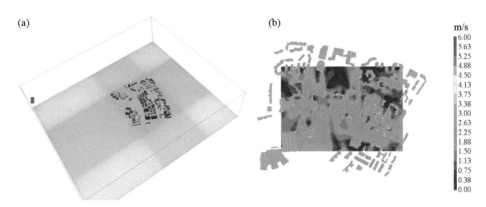

图 11-18　风环境模拟的空间模型及网格划分（a）和风速模拟结果示意（b）

适良好的片区风环境。

L 小区城市更新项目规划设计方案促进自然通风的主要策略是设置集中的通风走廊和贯通的风廊—风道系统、建筑群体形成有效错落以及在地块范围内设置微风通道，模拟结果表明以上策略取得较好效果。建议在 L 小区城市更新项目开发建设时采取以下措施进一步提高风环境质量：①维持微风通道与风廊—风道系统的连续性，建议超过 100 m 长度的裙房通过局部架空或通廊等方式设置地块微风通道，开口的有效宽度和高度不小于 6 m；②在风廊—风道与旁边地块高层建筑邻近处的局部，建议通过局部退台等建筑体型的优化缓解建筑转角风加速情况。

11.5　结语

如前所述，深圳市在与城市规划相关的气候问题研究方面已经取得了不少成果，这使得深圳市在高密度发展和人口高度密集的背景下，仍然是一个气候环境品质令人满意的城市（宜居的气候环境品质本身也是深圳市吸引越来越多人口的重要原因）。然而应该看到，随着经济水平的提高和人民对美好生活的向往和要求不断提升，气象为城市规划、建设服务的步伐不应该也不可能停止，未来无论是观测研究、评价方法研究还是策略研究都将朝着更精细化的方向发展，以应对城市发展中可能出现的各种新问题。有理由相信，随着物联网、大数据和人工智能等新兴技术的发展，深圳市在气象科学和规划科学的交叉领域将取得更多成果，城市的气候环境品质也将有望得到进一步的提升。

参考文献

[1] Li L，Chan P，Wang D，et al. Rapid urbanization effect on local climate：intercomparison of climate trends in Shenzhen and Hong Kong，1968-2013 [J]. Climate Research，2015，63（2）：45-155.

[2] 王明洁，张小丽，朱小雅，等. 1953-2005 年深圳灾害性天气气候事件的变化 [J]. 气候变化研究进展，2007，3（6）：350-355.

[3] cxa520. 深圳遭遇 2008 年来最大暴雨大范围严重积涝 [Z/OL]. （2014-05-27）[2018-07-27]. http：//baa. bitauto. com/senyam80/thread-5473536. html＃50217800

[4] 王晓云. 城市规划大气环境效应定量分析技术 [M]. 北京：气象出版社，2007，134.

[5] Zhang L，Li L，Chen P W，et al. Why the number of haze days in Shenzhen, China has reduced since 2005：From a perspective of industrial structure [J]. Mausam，2018，69（1）：45-54.

[6] 张小丽，李磊，杜雁，等. 规划建设对深圳夏季城市热岛影响的数值模拟研究 [J]. 热带气象学报，2010，26（3）：577-583.

[7] 李磊，张立杰，力梅. 深圳降水资料信息挖掘及在气候服务中的应用 [J]. 广东气象，2015，37（2）：48-51.

[8] 许沛华，陈正洪，李磊，等. 深圳分钟降水数据预处理系统设计与应用 [J]. 暴雨灾害，2012，31（1）：83-86.

[9] 俞露，荆燕燕，许拯民. 辅助排水防涝规划编制的设计降雨雨型研究 [J]. 中国给水排水，2015，31（19）：1-5.

[10] 任心欣，俞露，深圳市城市规划设计研究院 [M]. 海绵城市建设规划与管理. 北京：中国建筑工业出版社，2017，272.

[11] Ng Y Y, Tsou J Y. Feasibility study for establishment of air ventilation assessment system, Final report [M]. Hong Kong：Department of Architecture, Chinese University of Hong Kong，2005，16.

[12] 香港特别行政区政府规划署规划及土地发展委员会. 香港规划标准与准则（编号 49/05 [Z/LO]. （2009-07-11）[2018-04-27]. https：//www. pland. gov. hk/pland _ sc/tech _ doc/hkpsg/full/.

[13] 李磊，吴迪，张立杰，等. 基于数值模拟的城市街区详细规划通风评估研究 [J]. 环境科学学报，2012，32（4）：946-953.

[14] 袁磊，张宇星，郭燕燕，等. 改善城市微气候的规划设计策略研究-以深圳自然通风评估为例 [J]. 城市规划，2017，41（9）：87-91.

[15] 李磊，江崟，张文海，等. 基于四维数据同化技术的千米格距网格化气象数据集：构建及初步应用 [J]. 热带气象学报，2017，（6）：874-883.

第十二章　湖北省武汉市风环境案例研究

张　帆　望开磊　张祺杰*

12.1　背景

12.1.1　国家层面

建设国家中心城市，打造生态宜居武汉是建设生态、宜居、环境友好型城市的诉求。党的十八大以后，国家提出了打造生态文明、建设美丽中国的宏观战略举措，意味着未来城市的发展不仅要保证经济的增长，更要维护好原有的生态本底，构建良好的人居环境。与此同时，中国气象局在颁布的《气候可行性管理方法》中明确提出：在城乡规划、重点领域或者区域发展建设规划中应进行气候可行性论证[1]。因此，如何在城市规划中应用城市气候知识和信息的研究与实践成为武汉市不容忽视的课题。

12.1.2　武汉市层面

城区内热岛效应、雾和霾问题日趋严重，城市环境亟待整治。近年来，武汉市在快速城镇化发展的同时，生态环境变得更为脆弱。武汉市夏季的平均温度自中华人民共和国成立以来上升了整整 2 ℃，超过 35 ℃ 的高温日达到了 22 天，雾和霾天数则达到了 99 天。目前武汉市一环、二环至三环之间地区分布热岛效应较为明显，其中主城区热岛明显地区主要分布于旧城区、古田、汉西以及武钢等地区。2000 年以来随

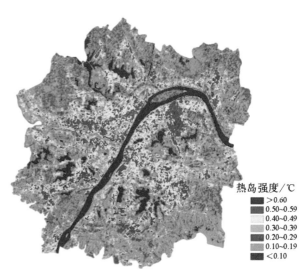

热岛强度/℃
- ■ >0.60
- ■ 0.50～0.59
- ■ 0.40～0.49
- ■ 0.30～0.39
- ■ 0.20～0.29
- ■ 0.10～0.19
- ■ <0.10

图 12-1　武汉市热岛效应分析图
（来源：《武汉市城市风道规划（2012）》）

* 张帆，硕士，武汉市规划研究院规划师，研究方向为数据支撑规划、中宏观规划设计与研究；望开磊，硕士，武汉市规划研究院主任工程师，研究方向为城市设计、数据支撑规划；张祺杰，博士，南昌云宜然科技有限公司，总经理，研究方向为气候气象、大气污染、大气环境大数据。

着城市新增建设用地的扩张，武汉市热岛区域不断扩大，以老城区为中心，逐步向外围新城区扩散，呈现日趋严重的态势（图 12-1）。而大范围雾和霾天气也频频出现，主要在临近江河的地理位置，具有较好的水汽条件，易形成污染。因此，研究构建城市通风廊道对于缓解武汉城市夏季热岛效应和冬季雾和霾污染不可忽视[2]，是未来建设国家中心城市，打造生态宜居武汉的远景战略目标的重要保证。

12.2 武汉市风环境研究历程

武汉市共展开 3 轮城市风环境研究，分别从城市六大绿楔宏观层面、一二级通风廊道中观层面、主城区风环境模拟微观层面积累了一定的研究经验。

12.2.1 2006 年《武汉市城市总体规划》风环境研究专项

构建 6 大通风廊道。为更好地支撑武汉市总体规划的编制，风环境作为专项之一由武汉市规划院联合华中科技大学开展了相关研究工作。研究提出"一心、六楔、十带"的绿地系统规划格局。其中，"一心"即武汉市绿道网络核心区；"六楔"为大东湖绿楔、汤逊湖绿楔、青菱湖绿楔、后官湖绿楔、府河绿楔和武湖绿楔；"十带"为大东湖绿道、汤逊湖龙泉山绿道、梁子湖青龙山绿道、青菱湖鲁湖绿道、南太子湖沉湖绿道、知音湖索河绿道、金银湖柏泉绿道、后湖天河绿道、滠

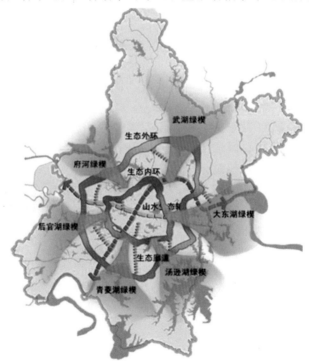

图 12-2　武汉市通风廊道布局图（来源：《武汉市城市总体规划（2009）》）

水木兰山绿道和武湖涨渡湖绿道（图 12-2）。这些绿地走廊和开敞空间的布置都对武汉市的热环境和风环境的改善有显著的作用，是武汉市城市风道规划的有力支撑[3]。

12.2.2　2012 年《武汉城市风道规划》

明确武汉市风环境现状并构建风道体系。为落实武汉市总规中提出的"打造 6 片放射状生态绿楔，建立联系城市内外的生态廊道和城市风道"的要求。武汉市国土规划局委托香港中文大学、武汉大学等单位开展了相关研究。研究表明，武汉城市表面粗糙度高的区域非常集中，面积大且相互联结成片，因此，特别在该区划分出两级城市风道：一级风道宽度范围为几百米至 1 km，主要布局在长江、大东湖、汤逊湖、沙湖、后官湖等区域，可将外来的自然风引入大尺度的城市区域。二级风道宽度为 100～300 m，汉口地区 11 条，汉阳地区 4 条，武昌地区 9 条，主要可进一步将从一级风道外来的自然风引入城市较高密度区域（图 12-3）。最后对风道提出控制要求，如通风廊道宽度、两侧及内部建筑布局形式、内部建筑密度、建筑高度、布局形式、两侧场地间口率、通风廊道口工业类型选择及控制、植物种植等。

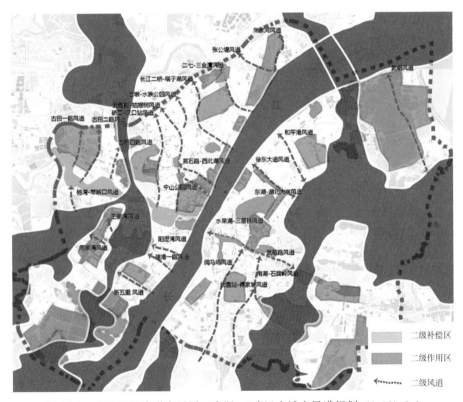

图 12-3　武汉通风廊道布局图（来源：《武汉市城市风道规划（2012）》）

12.2.3　2015 年《武汉市城市风环境研究》

搭建了全市三环线内风环境数据量化分析框架及模型。根据武汉市政府相关要求，为进一步深化武汉市风环境研究，组建了以武汉市规划院为平台，法国阿瑞亚科技公司、武汉市气象台等机构为技术支撑的联合团队。其中，法国阿瑞亚科技公司是巴黎市政府风环境模型及大气污染监测模型的技术服务方，是在城市风环境领域的国际领先机构。成果

图 12-4　武汉王家墩片城市设计方案风环境校核

包含：构建定量化的风环境分析模型（基于气象数据和三维城市模型的计算机数值模拟系统），以中微观领域为主，针对街区、建筑群、公共空间、重要单体建筑的方案进行评估和优化。具体内容包含：①以巴黎市的风环境研究工作为蓝本，建立了基于流体力学的计算机模拟模型，并将研究的精度定位于建筑尺度（3 m 精度）；②建立了基于全市气象站点的大气环境历史数据模型，并结合武汉市规划局城市三维模型（三环线内），识别城市内部空间风环境特征；③风环境计算机数值模拟系统的软件开发；④以王家墩为试点，完成建筑尺度风环境的测试样本（图 12-4）；⑤深化二七片建筑尺度的风环境模拟及评估工作；⑥对 2012 年风道规划中提出的一、二级风道进行校核验证。该项研究成果于 2015 年 11 月获得首届"中欧绿色与智慧城市技术创新奖"，该奖项由法国前总理拉法兰先生发起，旨在评选在绿色和智慧城市方面具有创新意义的项目。

12.3　武汉市风环境量化研究思路

12.3.1　核心理念

旨在摸清武汉市现状风环境特征的基础上，利用多学科交叉的视角与研究技术方法对武汉市既有风道体系进行验证，提出改善武汉市风环境气候的相关规划引导与管控措施，并构建规划及建设方案的风环境影响评估系统，作为项目规划审批管理的参考依据。

12.3.2　研究内容

通过联合法国阿瑞亚科技公司开发一套高精度的武汉城市风环境规划的数值模拟软件，包含风环境相关参数，如舒适度、空气质量和局地气候等。同时将武汉市

作为相关研究对象，利用由武汉市气象局提供的历史观测数据通过数据统计模型对风场分类选出主要特征风场，依托城市尺度气象流体力学数值模型 MSS 模拟（简化的 CFD 模型），以精确到米级分辨率的模拟网格单位从舒适度、城市气候、大气污染研究风场对城市风环境的影响，开展城市风环境分析。

12.3.3　数据来源

共收集了武汉市 117 个自动气象观测站的相关气象数据，选取其中数据较为齐全、有效的 31 个站点（图 12-5），提取近 13 个月 24 h 的风向、风频及风速等数据。

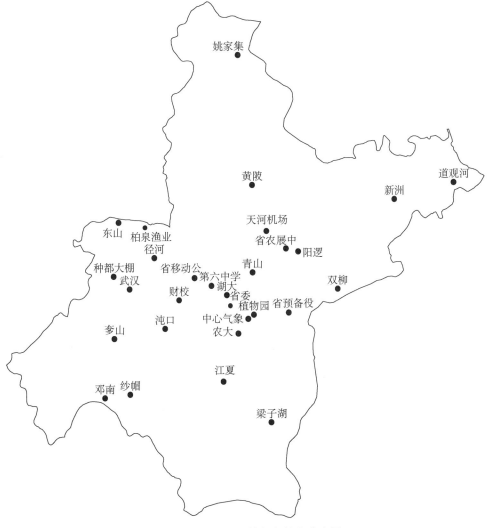

图 12-5　选取的有效气象站点分布图

根据数据分析，武汉市夏季风向以偏南风为主，偏东地区以东南风为主，经过主城区一带西南风比较明显；冬季以北风和东北、偏北风为主。全市年平均风速为1.6 m/s，最大风速 10 m/s（北风），静风频率为 10%（图 12-6）。

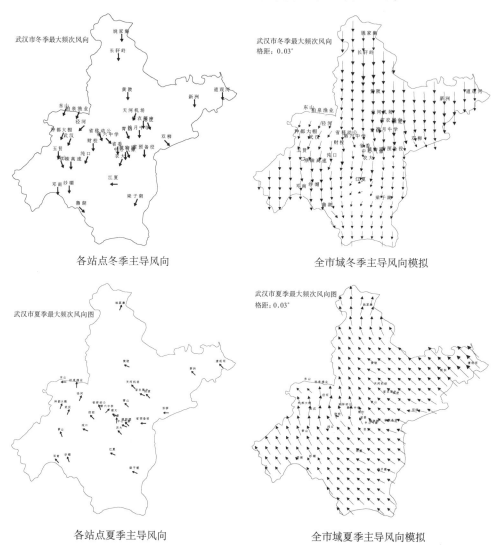

各站点冬季主导风向   全市域冬季主导风向模拟

各站点夏季主导风向   全市域夏季主导风向模拟

图 12-6 武汉市风向特征图

12.3.4 技术路线研究

整个研究将采用 SWIFT 模型，该模型是 20 世纪 80 年代开始开发的，一个经过验证的用于城市气象模拟的诊断型的气象模型，主体思路是在计算机上对建筑物周围风流动所遵循的动力学方程进行数值求解，通常称为"计算流体力学"（Computational Fluid Dynamics，简称"CFD"），从而模拟实际的风环境[4]。考虑质量和动量守恒，对整个城市的模拟，大数据的使用，由于 SWIFT 允许两种并行运算（在时间上及网格分区上）从而降低了运算需要的时间（图 12-7）。

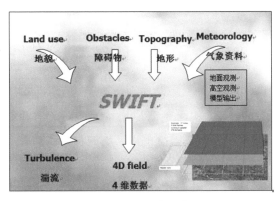

图 12-7　SWIFT 模型分析图

　　首先输入数据准备和进行初步模拟，再进行城市街道尺度风环境模拟和影响评估体系的构建研究，然后再依托城市风环境影响因子如舒适度、空气质量和局地气候等指标进行模拟研究，最后依托多尺度城市风环境的三维数值模拟规划系统进行规划建设与方案的研究。

　　输入数据准备和初步模拟：利用长期气象观测资料对武汉市风场进行统计分类和模拟，确定主要风况，城市和建筑物数据将被用于模拟准备。

　　风资料收集：武汉市长期风观测数据，此外，还有温度、湿度和污染物数据（CO，NO$_x$ 等）通过武汉市气象局收集。

　　风况分类：主要特征风况将通过 SOMs 方法计算分类，通过导入城市和建筑物的三维数字数据，模拟真实的武汉市高精度风况，并将其与之前研究成果对比验证。

　　城市街道尺度风环境模拟：在此工作包中，武汉市街道尺度风环境、特征建筑物风环境将被进行模拟研究，并总结其影响特征。

　　武汉市风环境模拟：在武汉市中心城区（三环线以内）利用三维小尺度风环境数值模型 SWIFT，对相应城区进行风环境模拟，考虑建筑物影响的同时对先前研究或观测进行比对验证。

　　风环境影响分析：与法国阿瑞亚科技公司合作分析风环境影响，考虑地形地貌、建筑环境和区域。研究主要风况下的风道情况和街谷效应以及空气污染，舒适度和局地气候影响。

　　城市风环境影响指数：与法国阿瑞亚科技公司共同制定城市规划中风环境规划指数，包括扩展舒适度，局地气候和大气污染等指数。

扩展舒适度指数（Comfort index）：定义为对于行人层风环境舒适度，静风或强风时不舒适，轻风时舒适（表 12-1）。

表 12-1　扩展舒适度指数分类

风速（m/s）	舒适度
<1.0	不舒适
1.0～3.0	舒适
3.1～5.0	一般舒适，但可以忍受
>5.0	不舒适

局地气候指数，定义为由规划改变的风环境的程度。

$$Ind_m = \frac{U_{after}}{U_{before}} \tag{12.1}$$

式中，U_{before} 和 U_{after} 分别是规划前、后的风速。这里已经定义了 5 个指数，其中一个指数代表风速不变（$Ind_m = 1$），其他四个指数分别代表两个增加或减少 50% 的风速（表 12-2）。

表 12-2　局地气候指数分类

Ind_m	风环境微气候变化程度
≤0.5	较大减小
>0.5	减小
=1.0	不变
<1.5	增强
≥1.5	较大增强

值得注意的是，对于城市规划项目，该比率可以根据未来相对于目前的情况来计算。因此，在舒适的区域中，期望风速不会在很大程度上变化，而在不舒服的区域中会有所改善。该指数可以作为城市规划方案相对于当前情况的量化改进目标（表 12-3）。对于低风速的不舒适条件，人们期望从城市规划方案中改善微气候指数，而对于高风速条件，预计指数会较大降低。对于舒适的条件，风速变化不大，因此，预期指数为 1，而对于小舒适条件，微气候指数为 2 时，预计风速会略微降低。

表 12-3　城市规划方案相对于当前情况的量化改进目标

风速（m/s）	舒适度	对应的 Ind_m 规划目标
＜1.0	不舒适	4，5
1.0～3.0	舒适	2，3，4
3.1～5.0	一般舒适	2，3
＞5.0	不舒适	1，2

风力扩散指数（Wind dispersion index），定义为相对于先前情况通过修改城市区域的扩散条件（对于局部排放的污染物和对于局部热量而言）的变化水平。它与气团的物理寿命或其滞留时间有关。相对良好的扩散条件与短滞留时间相关。因此，在模型中可以将其表示为扩散粒子在规划前后被传输到模拟区域外的平均时间的比率。这里由于滞留时间不能被直接计算，所以它被粒子浓度所取代。在城市规划项目中，该指数可以用未来案例相对于当前案例的粒子扩散后的浓度变化来表示。值得注意的是在城市规划项目中，建议绝对集中，直接比较当前形势下的未来情况。

$$Ind_d = \frac{C_{before}}{C_{after}} \tag{12.2}$$

式中，C_{before} 和 C_{after} 分别是规划前后的扩散粒子浓度。这里已经定义了 5 个指数，详见表 12-4。

表 12-4　风力扩散指数分类

Ind_d	对应的 Ind_d 规划目标
＜0.25	必须改进
＞0.25	需要改进
＞0.5	可以接受
＝1.0	不变
＞1.0	已经改进了

制定城市规划中风环境规划指数，明确舒适、空气质量和局地气候为将开发的 3 个风环境相关的指数，同时确定指数计算公式，并解析分级内涵，最后将指数应用到城市风环境评估中。

验证规划建设方案与风环境的正相关性关系，在武汉市主城区内选择了商业、产业、居住 3 大功能共 24 片典型片区，以此为基础分析不同功能不同建设强度的片区与风环境的相关性（图 12-8）。

图 12-8　行人高度各区域风模拟统计相关性研究

　　经过线性回归分析，各区域建设指标与风环境中的风速等指标呈现明显的线性关系，其中，风环境与单位平方千米内的建筑数量相关性不够明显，但与单位平方千米内的容积率相关性较高，各种风向下风速随各类不同功能的区域而减少的风速大小相似。这种明显的相关性结论证明了风环境的评估可以用于规划建设方案的校核与优化（图 12-9）。

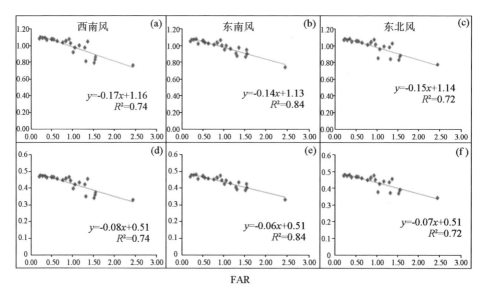

图 12-9　行人高度各区域风模拟统计相关性结果

　　在此基础上，根据数值模拟的风环境结果进行舒适度、气候和大气污染影响的研究，分析各大类风环境受各类城市以及建筑物的影响。揭示各类风场对城市和建筑物（群）舒适度、城市气候和大气污染的影响，提供城市风道规划设计标准，开发城市多尺度风道的三维数值模拟规划系统。

12.4　实证研究

12.4.1　武汉市风机制分类

根据武汉市气象台提供的风观测数据，对风环境进行分类，在街区尺度上，对主要风机制进行快速高分辨率（米级）三维气象参数模拟，并伴有拉格朗日粒子扩散模型计算城市空气扩散能力，最终模拟在特定风向上风速出现的频率图。

2014年10月到2015年10月，考虑夏季自然通风的必要性，对此进行研究。考虑白天是居民户外活动繁忙的时间段，对夏季白天进行特定研究，玫瑰风向图分析进行数据筛选，明确风机制分类。

选择较小周边建筑影响的气象观测站的数据，除去低速风和无效数据与机场气象信息吻合，36个气象观测站中保留22个气象站观测数据用于风机制分类。

风机制分类采用自组织特征神经网络（SOMs）方法，这是一种基于人工智能的可用于确定一组数据中最具代表性分类的计算方法。在气象学上，有助于基于区域性气象数据归类1维至3维数据。同时允许在指定的类型数量上进行分类，给出每个分类的最佳代表及其统计学权重。通过参数设置，将22个气象站数据中的夏季白天风速、风向由误差曲线显示，最终明确了12个风场分类的结果是合适的（图12-10）。

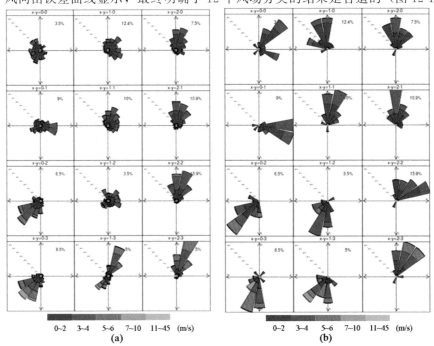

图12-10　武汉市12类典型风场分析图

（a）12类风场的总玫瑰风向图；（b）12类风场最具代表性时间的玫瑰风向图

分类结果显示，东北—轻风、东北—大风、西南风—大风属于发生频率较高的风机制，具体分类数据如下：①东北—轻风占比 15.5%；②东北—大风占比 7.5%；③西南—大风占比 8.5%（图 12-11）。

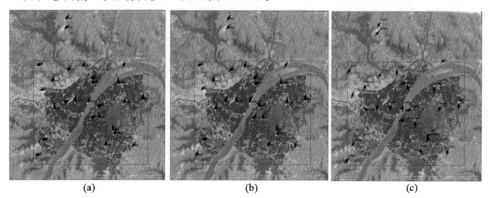

图 12-11　武汉市 3 类典型风机制分析图（单位：m/s）

(a) 东北-轻风；(b) 东北-大风；(c) 西南-大风

12.4.2　地理信息模型建立与模拟

城市地理信息模型是将武汉市地形、地貌以及现状城市建设数据相结合，共同构建一个基于 GIS 可以进行相关量化分析的数据模型。其主要原理为根据一定的数学法则，以三维电子地图数据库为基础，按照一定比例对现实世界或其中一部分的一个或多个方面的三维、抽象的描述（或综合），其形象性、功能性远强于二维电子地图。运用网络拓扑技术、数据库管理系统对物体实体的坐标进行数学建模，并且基于 GIS 系统处理、WEB 技术、计算机图形学、三维仿真技术和虚拟现实技术所实现。

完整的地理信息模型不仅拥有现状的地理信息条件，还可以录入建筑物结构、高度、体积、相隔距离以及组合等数据，同时还能将建设方案与规划方案进行对比研究，利用 CFD 模型对武汉市中心城区，针对主要城市风场进行模拟，分析建筑物对风场的影响，大大增加了建设方案的可量化分析路径。

12.4.3　计算流体力学（CFD）模型量化分析

以武汉市中心城区（三环线以内）的三维 GIS 城市和有特征性的建筑物（群）资料为基础，通过以上中尺度各季节主要风道的研究结果，利用小尺度数值模型，即 CFD 模型，对相应城区进行短期和中长期三维风环境模拟验证。利用 CFD 模型对武汉市中心城区，针对主要城市风场，进行短期模拟（5 种）；利用简化 CFD 模型对所有风场进行模拟（10 个模拟）；利用 CFD 模型对建筑物（群）进行模拟，对有特征性的建筑物或者建筑群进行重点模拟（图 12-12），在此基础上进一步验证数值模型结果。

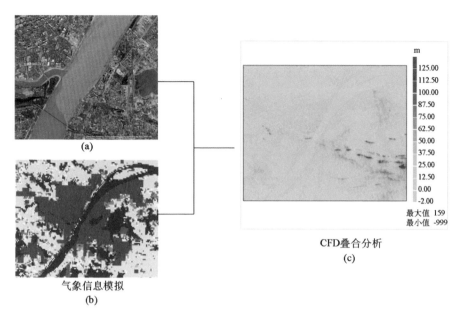

图 12-12　武汉市风环境模拟模型示意图

（a）建筑高度图；（b）地貌图；（c）地形图

本次 CFD 模拟的整体尺度为 36 km×29 km，其模拟的精度为 4 m，共涉及 31 处观测站点的数据。

最终通过模拟，得出了相关模拟数据（图 12-13），初步研究结论为中心区域建筑密度较高、高层建筑分布相对分散的区域有明显的区块分布特征，会对小尺度风环境造成影响，但有较大开放空间，如湖泊以及绿地等区域，这些区域有利于通风，并且热岛强度低。

12.4.4　依托高精度 CFD 模拟结果对 2012 年风道规划结果进行优化提升

基于 2012 年研究结果，几条大的开放空间可用于一级风道，但是 2012 年的研究过于偏重西南风和东南风，通过对 2014—2015 年 10 月的观测数据进行研究，其相关结果表明，偏北—东北风在冬季和夏季的白天对城市影响最大，因此，依据本轮模拟结果对 2012 版规划的风道进行了优化提升（图 12-14）。

区域 1 的南湖片区通过模拟（图 12-15），发现东侧的一条的通风廊道穿越较大体量的商业建筑，其通风效果并未达到预期效果。可通过适当的调整，降低其通风强度，保留其原有的通风廊道功能，但降低其通风等级。

区域 2 的古田片区通过模拟，发现东侧的一条通风廊道穿越较大规模的居住片区（图 12-16），其通风效果将会显著下降，达到预期通风效果难度较大。可通过适当的调整，降低其通风强度，保留其原有的通风廊道功能，但降低其通风等级。

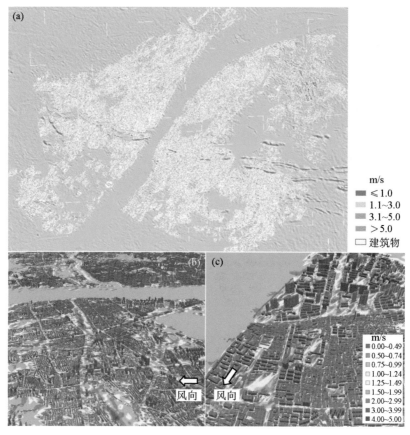

图 12-13　武汉市主城区风环境 CFD 模拟结果
（a）武汉三环线内 CFD 模拟结果；（b）武珞路沿线 CFD 三维模拟结果；
（c）武昌古城片 CFD 三维模拟结果

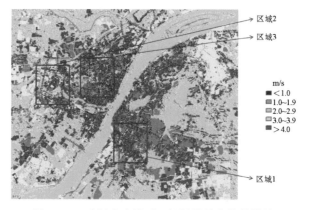

图 12-14　武汉市主城区二级风道量化校核结果

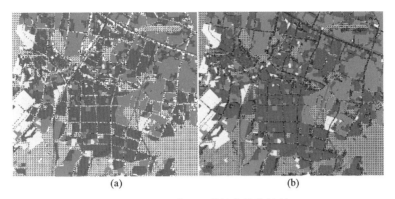

图 12-15　区域 1 风道量化校核结果

（a）风道量化校核前；（b）风道量化校核后

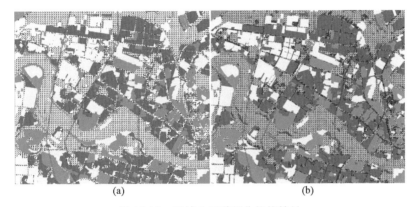

图 12-16　区域 2 风道量化校核结果

（a）风道量化校核前；（b）风道量化校核后

区域 3 的西北湖片区通过模拟（图 12-17），发现通风廊道穿越较大规模的居住

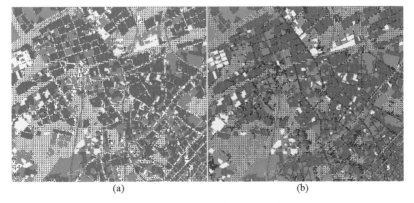

图 12-17　区域 3 风道量化校核结果

（a）风道量化校核前；（b）风道量化校核后

及商业混合片区后，通风效果有一定程度的下降，达到预期通风效果难度较大。可通过保留其原有通风廊道功能的前提下适当地降低通风强度，降低其通风等级以满足实际模拟结果。

通过考虑影响城市通风的绿化植被、建筑布局、地形地貌、道路系统等 4 个方面的主导要素[5]，最终形成基于计算机模拟数据的通风廊道调整方案，不仅结合了用地以及实际建设情况，其精度也达到了 4 m 尺度，10 余条通风廊道有了较强的落地性与可行性，未来可根据具体的控制要求将风道沿线与主导风向较一致的城市干道、城市公园、开敞空间、街头绿地、连片的低密度区域进行整体控制。

12.4.5　街区层面的实证分析研究

完成宏观研究后，接下来针对街区尺度进行深化研究，以武汉市二七滨江片为试点，完成建筑尺度风环境的测试。

针对二七街区的夏季白天进行研究，考虑了东北—轻风、东北—大风和西南—大风 3 个主要风机制。舒适度和局地气候指数已经集成入模型中。这 3 种风机制的规划后风环境模拟的结果显示，新区的建设导致风速下降，楼间空间和高楼的增加导致风速加快，但是由于高楼的出现（狭管效应）使得高空风速出现下降（图 12-18）。

采用"T"型空间，制造风道缓冲区以及上风先行、以点替面覆绿等策略，具体为拆除交叉口转角建筑开间或转角建筑切角的方式，扩大转角空间，相当于制造了 4 个方向的"T"型空间，同时将集中绿化改为散点式绿化，以加大整个城区的风速[6]。其他诸如通过改变高楼位置和朝向，加大楼间距离，架空低层楼层。降低主要风道边楼层高度，不使楼面与风向垂直，以及加大楼间距等方式也可以增加风速。

12.5　结语

武汉市目前风环境研究初步完成了以下工作：①完成风机制的识别，明确武汉市的主导风向为沿长江的东北—西南风，修正原有研究的基础风环境工作；②完成三环线内城区主要风环境的模拟工具开发工作，模拟了 2015 年夏天和冬天白天主要风机制下的高精度城市风环境；③对于主要风道和次级风道进行模拟分析，提出优化建议；④针对特定功能区进行风速、容积率的相关性分析并得出正相关结论；⑤使用 CFD 模型，针对二七街区在基于东北大风和西南大风两个主要风机制下的风速、舒适度和局地气候指数进行模拟，初步得出相关规划优化措施，得出基于风环境提升的规划方案优化措施。

目前仍存在较多问题与不足之处：①目前仅有风环境的相关研究基础，但与大气污染扩散、热岛问题的相关分析还有待加强；②虽然针对 2012 年风道进行了优化调整，但调整后的风道如何与控规衔接，转化为规划管控条件还有待进一步加

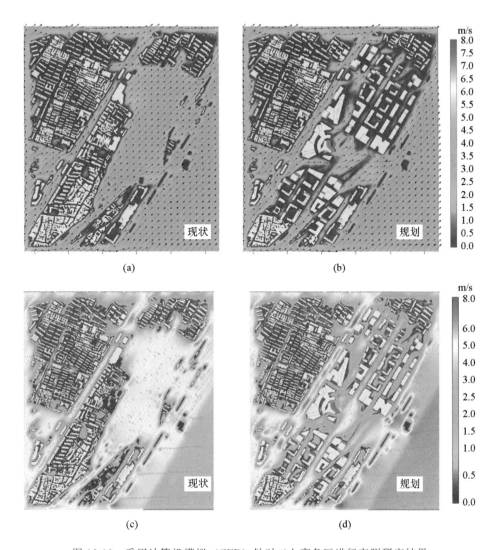

图 12-18 采用计算机模拟（CFD）针对二七商务区进行实测研究结果
(a) 现状夜间风环境模拟；(b) 规划方案夜间风环境模拟；
(c) 现状日间风环境模拟；(d) 规划方案日间风环境模拟

强；③针对街区尺度不同功能建筑组合规划设计的定量分析及规划优化策略尚待进一步明确和完善；④风环境最优化的整体、系统性规划框架尚未完成，缺少类似于日照的标准化、系统化、法定化的规划分析程序。

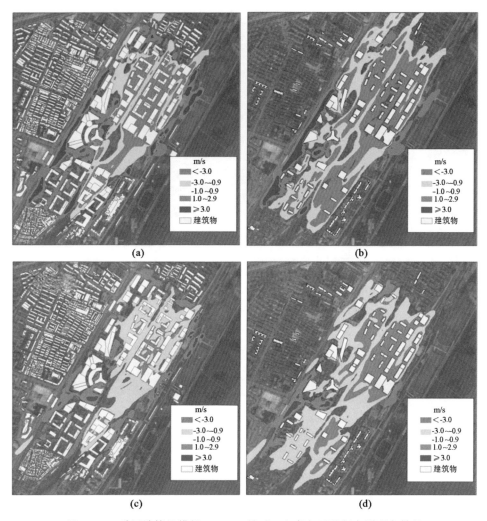

图 12-19 采用计算机模拟（CFD）针对二七商务区进行实测研究结果

(a) 方案一近地面（1.7 m）风环境模拟；（b）方案一高空 22 m 风环境模拟；

（c）方案二近地面（1.7 m）风环境模拟；（d）方案二高空 22 m 风环境模拟

参考文献

[1] 任超，袁超，何正军，等．城市通风廊道研究及其规划应用 [J]．城市规划学刊，2014，216（3）：52-60.

[2] 詹庆明，欧阳婉璐，金志诚，等．基于 RS 和 GIS 的城市通风潜力研究与规划指引 [J]．规划师，2015，31（11）．95-99.

[3] 李军，荣颖．武汉市城市风道构建及其设计控制引导 [J]．规划师，2014，30（8）：115-120.

［4］叶锺楠．我国城市风环境研究现状评述及展望［J］．规划师．2015，31（增刊）：236-241.

［5］周雪帆，陈宏，管毓刚．基于中尺度城市气象模型的城市通风道规划研究-以贵阳市冬季案例为例［J］．西部人居环境学刊，2015，30（6）：13-18.

［6］彭翀，邹祖钰，洪亮平，等．旧城区风热环境模拟及其局部性更新策略研究-以武汉大智门地区为例［J］．城市规划，2016，40（8）：16-24.

第十三章 构建气候适应型城市规划

房小怡　徐　辉　王晓云　任希岩　郭文利*

13.1　新时期城市规划方向与发展

13.1.1　空间规划体系改革方向

从西方国家的规划体系建构来看，空间规划体系是一国管理空间资源的使用，有效行使宏观调控职能，促进国家或区域、城市健康有序发展的重要法规文件。一国的法律体系、行政管理架构和本国的人地关系决定了空间规划体系的架构和管理手段。我国空间规划体系的建立必须考虑3个方面因素：①我国人口众多、人地关系紧张、人均资源量远低于全球平均水平的基本国情决定了我国的空间规划体系更应注重宏观调控力，注重发展与保护之间的统筹协调；②我国各区域间的发展禀赋与发展水平差异巨大，宏观政策必须差异施策；③我国的城市、县政府属于区域型政府，对所辖范围内的空间资源和基础设施的合理配置，生态环境的整体保护，城镇间的协调发展都有大量管理事务。因此，我国的空间规划既不是简单的资源管理，也不是单纯的区域协调规划。空间规划体系既要考虑自上而下管控与调控政策的贯穿，考虑区域间的差异性与均等性问题；又需要立足地方实际因地制宜地制订地方政策，给予地方管理的弹性。不同层面的空间规划和管理事权对比如图13-1所示，其中：①国家层面的空间规划强调国土空间的长期战略性安排，尤其是城镇化空间、生态空间、农业空间的协调安排，重大区域性基础设施廊道的统筹，国土层面的风景旅游空间安排，各类空间资源的集约高效利用模式与标准等。②省级空间规划是国家空间规划体系中承上启下的环节，是省委、省政府落实国家重大体制机制改革和区域性重大战略，推动省域空间发展战略及空间资源合理配置的综合性政策文件及管理平台。省政府对于地方政府具有绩效考核要求，因此，建立健全省级空间规划对推进我国现代化治理和生态文明体制改革具有重要意义。省级空间规划的改革内容包括建立健全规划编制—审批—实施—督查、考核—评估等一系列制度性安排，包括建立省—市县空间规划相互衔接的规划标准、规范，包括完善规划实施相关配套管理办法及制度保障，包括建立推动许可行政审批流程简化的空间规划信息平台等。③市县层面的空间规划在于全面落实国家、省级层面空间规划的刚

---

*　房小怡，博士，北京市气候中心主任，研究员级高级工程师，研究方向为应用气候和气候可行性论证；徐辉，中国城市规划设计研究院学术信息中心副主任，教授级高级城市规划师，研究方向为智慧城市、智能规划和城镇化监测评估领域。

性要求和相关调控目标，立足本行政辖区的资源与生态环境承载力统筹重大资源部署，推进市、县空间的协调发展，制定以土地用途管制为核心的空间政策，促进重大建设项目的落地。

图 13-1　省、市县两级空间管理事权对比

13.1.2　加强全域统筹，构筑开发与保护相协调的蓝图与棋盘

（1）三区统筹。在资源环境承载力预警评价和国土开发适宜性评价的基础上，根据社会经济与城镇化发展趋势判断，划定生态空间、农业空间和城镇空间，建立空间发展的"一张底图"。根据主体功能定位，区域重大设施与开发建设需求，确定三类空间的开发强度。构建安全、网络化的全省生态空间，划定生态保护红线、草地、水域等重要生态敏感区和依法保护的区域；优化中心城市、县市城区和特色小镇协调发展的城镇空间，划定城镇开发边界；构建绿色、特色化的全省农业空间，划定永久基本农田保护区、一般农业发展区和特色经济区 3 大类土地利用功能区。

（2）总体布局。坚持生态优先，以主体功能区划为基础，城镇体系为主体，构建区域发展总体格局，形成全省发展的"一盘棋"，引导工业化、城镇化、信息化和农业现代化的融合发展，促使"山水林田湖草"空间资源的分区分类保护与可持续利用。按照都市区、城镇群、风景游憩地、扶贫开发区域组成的跨行政区单元的次区域。

（3）设施支撑。包括构建以重大交通设施、自然与人文融合廊道、区域性市政设施和公共服务设施为主的设施网络，全面提升各类设施支撑系统的韧性与可持续性。

13.1.3　加强全域管控，建立管控边界清晰、管控规则明晰的空间管控体系

空间管控体系是省政府直接监管、调控下位各类空间规划的基本依据。通过划

线管控、特定地区管控与重点跨界地区管控 3 部分管控内容与细化规则，建立起统筹"山水林田湖草"整体保护和各项开发建设行为的全域、全过程、全要素管控体系，促使生态、农业和城镇空间的合理布局，以全面提升国土空间的现代化治理能力。

其中划线管控，包括"三线"，即生态保护红线、永久基本农田边界线、城市（镇）开发边界线；包括"一区"，是需要省政府重点调控与监督的重要产业功能区控制线，包括省级以上各类产业园区（工业园区、综合保税区）、重点旅游开发地区、大型矿产开采地区；也包括"一廊"，为重大基础设施与安全防护廊道，包括重大交通、能源与市政基础设施廊道和安全设施控制区域；还包括"一点"，为历史文化遗产保护控制线，包括国家级、省级文物保护单位，历史文化街区，重要地下文物保护区，国家级、省级历史文明名镇、名村、大遗址、文化遗产廊道、传统村落等。

13.1.4　加强上下衔接，建立省—市县衔接的分区管理与用途管制

（1）建立各层级相互衔接的分区管理单元及用途管制制度

省级层面上确定 4 类省级功能区（次区域）为纲领，主体功能区划、城镇化分区为基础指导各类空间规划，立足"生态、农业、城镇" 3 类空间，指导市县空间规划和其他下位规划。

市县层面上落实上述功能分区要求，以土地利用功能区、"三线"为重点，具体指导详细地块图斑的调整。其中，生态空间划分为生态保护红线、一般生态控制区和特色经济区 3 类土地利用功能管理分区；农业空间划分为永久基本农田保护区、一般农业发展区和特色经济区（如乡村旅游） 3 类土地利用管理分区；城镇空间分为城镇规划建设用地和城镇影响地区两部分，再细分为 6 类土地功能管理分区。在此基础上，各土地功能管理分区内分别建立"用地分类明晰—许可边界清晰"的用途管理体系及管理细则，并将差异化的开发许可要求分别纳入各类土地利用管理分区。

（2）统一全域的用地分类标准与空间划分规则

立足于土地用途管制，将现行的《土地利用现状分类标准（GBT21010—2007）》和《城市用地分类与规划建设用地标准（GB50137—2011）》进行融合，形成基于生态、农业和城镇空间统筹的用地分类标准。按照用地全覆盖的要求，新的标准将用地分为建设用地、农业用地和自然生态用地 3 大类，下设 12 中类、35 小类，为"边界许可"的许可管理奠定基础，也为有效的用途管理扫除了技术标准上的障碍。

统筹部门之间对于空间管理对象的边界认定和规模统计规则。

13.1.5　推进绩效考核，建立"开发与保护台账"制度

（1）台账内容

以省级空间规划确定的总体目标和指标为依据，建立以市辖区、县（市）域为单元的空间开发与保护台账系统（表 13-1）。开发类台账重点明确现状与规划的建设用地规模、调控规则，明确城镇开发边界的面积比重、开发强度和具体开发建设规模等指标，明确土地开发的集约绩效目标，包括人均 GDP、亩均工业增加值等，明确人口预测指标。保护类台账重点明确"山水林田湖草"各类资源保护的现状与规划规模、调控规则，明确永久基本农田、生态保护红线的面积比重，明确公益林、天然林、湿地面积指标，明确水资源"三条红线"指标。该台账是审核地方空间规划的重要依据，也是评估省、市县两级空间规划实施的重要指标。

表 13-1　市辖区、县（市）域为单元的空间开发与保护台账系统

台账类别	重点内容	考核方式
保护类台帐	永久基本农田、生态保护红线的面积比重	约束型
	"山水林田湖草"各类资源保护的现状与规划规模，包括公益林、天然林、湿地面积指标等	约束型
开发类台账	人口与城镇化规模预测指标	预期性
	各类建设用地现状与规划的规模、开发强度	约束型
	土地开发的集约绩效目标，包括人均 GDP、亩均工业增加值	预期性

（2）建立全域范围的开发建设双控体系

开发建设的双控体系。采用开发建设用地的总量规模调控与城镇开发边界管控的"双控"体系来引导各城镇和园区空间的合理拓展。依据现状空间开发绩效评估、资源与环境承载力预警等评估来确定未来各市、县的空间开发总量。要因地制宜地确定城镇开发边界，采取"三下三上、省市联动"的方式划定各个县、市的城镇开发边界。依据主体功能区划、城镇化发展分区两类政策区来制定市、县层面的城镇开发边界调控系数；对于生态涵养保育地区要控制城镇开发边界的规模，对于未来城镇化发展的重点地区要适度给予指标倾斜，引导全省城镇空间的有序发展。

（3）立足开发绩效推进各类园区用地的合理增长

对于省级以上工业园区以 5 年为周期进行绩效评估，建立双控指标体系的供地机制。重点考核过去 5 年的地均工业产值增幅和地均就业增幅，以此为基础来合理确定未来 5 年的新增供地规模。在总体开发建设规模达到规划确定规模的 80％以上方可启动"调区扩区"工作。

（4）政府绩效考核

在现有的政府绩效考核机制基础上，立足开发与保护的台账系统管理，对空间

规划确定的指标体系、分区引导、管控体系等落实情况实行年度绩效考核。对违反空间资源管控的规划采取一票否决制。对于扶贫攻坚地区、生态限制区域中的县域以空间规划确定的"绿色、共享"考核指标为主。

13.2 新时期下城市规划是主动适应气候变化的重要举措

13.2.1 气候变化事实及预估

世界气象组织和联合国环境规划署共同建立联合国政府间气候变化专门委员会（IPCC），旨在提供客观可靠的科学信息。IPCC第五次研究报告指出，气候变化是真实存在的，而人类活动是导致其发生的主要原因[1]。其中第一工作组报告指出[1]，气候系统的变暖是毋庸置疑的。自20世纪50年代以来，观测到的许多变化在几十年乃至上千年时间里都是前所未有的。具体表现在：①大气。过去30年，每10年地表温度的增暖幅度高于1850年以来的任何时期。在北半球，1983—2012年可能是最近1400年来气温最高的30年。1950年以来，全球尺度上冷昼和冷夜频数减少，而暖昼和暖夜频数增多[2]。②海洋。海洋变暖导致气候系统中储存的能量增加，占1971—2010年储存能量的90%以上。海洋上层（0～700 m）在1970—2010年几乎肯定变暖。③冰冻圈。1979—2012年北极海冰面积每10年以3.5%～4.1%的速度减少；自20世纪80年代初以来，大多数地区多年冻土层的温度已升高，格陵兰冰盖和南极冰盖的冰量已大量消失，全球范围内的冰川继续退缩，北极海冰和北半球春季积雪范围在继续缩小。④海平面。19世纪中叶以来的海平面上升速率比过去两千年来的平均速率高。1901—2010年期间，全球平均海平面上升了0.19 m [0.17～0.21 m]。⑤碳和其他生物地球化学循环。二氧化碳、甲烷和氧化亚氮的大气浓度至少已上升到过去80万年以来前所未有的水平。自工业化以来，二氧化碳浓度已增加了40%，这首先是由于化石燃料的排放，其次是由于土地利用变化导致的净排放。海洋已经吸收了大约30%人为排放的二氧化碳，导致海表水酸化严重，其pH值已经下降了0.1，相当于氢离子浓度增加了26%，这无疑会对海洋生态系统产生影响[3]。

除此之外，IPCC第五次研究报告对未来气候变化的预估[1]：①气温。大部分情景下全球地表温度变化到21世纪末相对于的1850—1900年可能超过1.5 ℃，变暖都将持续，且区域变化不均衡。②水循环。尽管有可能出现区域异常情况，但潮湿和干旱地区之间、雨季与旱季之间的降水对比度会更强烈。③空气质量。在所有其他条件相同下，受污染地区的地面气温偏暖时，将会增加地面臭氧和$PM_{2.5}$的浓度。④海洋。全球海洋将在21世纪持续变暖。热量将从海洋表层渗透到深海并影响海洋环流。⑤冰冻圈。全球平均地表温度上升，北极海冰覆盖面积将非常有可能继续萎缩和变薄，北半球春季积雪将很有可能减少。全球冰川体积将进一步减少。⑥海平面。21世纪期间，全球平均海平面将继续上升。在所有的情景下，海平面上升的速度很可能会超过 1971—2010 年的观测值。⑦碳和其他生物地球化学循环。气候变化将以加剧大气中二氧化碳浓度增加的方式影响碳循环过程。海洋对碳的进一步摄取会加剧海洋酸化。

全球气候变化是由自然影响因素和人为影响因素共同作用形成的，但对于1950 年以来观测到的变化，人为因素极有可能是显著和主要的影响因素。气候变化引发的极端高温已成为亚洲区域未来面临的最严重的隐患之一。城市区域一方面由于集中的人类活动、能源消耗和温室气体排放而面临着严峻的全球气候变化，另一方面也承受着自身城市化导致的局部气候变化。

13.2.2　城市规划是应对气候变化的关键领域

面对气候变化实事和未来不容乐观的气候变化预估结果，世界上很多国家都积极开展了气候变化的适应和减缓。如 2007—2008 年英国相继发表了《气候变化法案草案》《规划政策说明：规划与气候变化—规划政策补充说明》，这些国家层面的规划政策涉及区域空间战略、公共服务设施规划、土地混合使用、规划管理策略等内容[4]。美国总统行政办公室 2005 年发布了《气候变化技术项目：战略规划》，从能源使用和供应、碳汇、温室气体监控等方面介绍了目前采用的技术方法和政策措施[5]等，我国政府近年来先后发布了《气候变化国家评估报告（2006）》[6]《中国应对气候变化国家方案（2007）》[7]《中国应对气候变化科技专项行动（2007）》[8]和《中国应对气候变化的政策与行动白皮书（2008）》[9]等。然而，国内外应对气候变化的城市规划研究存在"两多两少"的问题。政府在应对气候变化方面主要是从温室气体减排和增强碳汇能力方面入手，对于城市规划在减缓和适应气候变化方面的重要性还认识不足，从而忽略了城市规划在减缓、尤其是适应气候变化方面的重要性[10]。对于如何制定城市规划与设计方针来减缓和适应气候变化较少提及；而对于极端气候事件，也仅是以监测预警和应急处置机制为主，缺乏对灾害发生区的规划与设计政策。目前国内外应对气候变化的城市规划研究存在两多两少的问题：第一，针对气候变化的研究大多停留在国家宏观政策层面或微观层面对绿色建筑节能的研究，而对中观城市层面的研究较少；第二，关于应对气候变化的理论探讨较多，关于实施方法路径和措施的研究较少，且缺少理论与实践的衔接[11-16]。

事实上，城市规划不仅决定了城市的形态而且对人们的生活方式和城市气候产生影响。有效的城市规划对于城市的形象效率和气候环境都是至关重要的。发达国家早已认识到这个问题，根据《美国市长气候保护协议》，很多美国城市已在城市总体规划中把应对气候变化作为重要任务[17]。国际上，气候变化和城市规划的研究基本集中于两大方面。

①减缓和适应气候变化的城市规划。如何建立一个会缓解或适应气候变化的环境友好型城市的规划研究，大量的研究集中于城市绿地的温度和其周围建筑环境的不同及其对于地表和空气温度关系的影响。这些研究表明可以通过改变城市绿地规

模、景观异质性、城市气候变化的动力源区域以及地表粗糙度来改变城市"热岛效应"，从而降低其对气候变化的影响。对于气候变化与适应气候变化的城市规划之间的关系，威廉[18]研究总结了受气候变化影响的土地利用元素并提出了相应的规划措施（表 13-2）。

表 13-2　受气候变化影响元素与土地利用规划之间的关系[18]

受影响元素	可行的社区规划措施
水供给量短缺、公园和城市景观等市政用水受约束以及干旱	更大量、更稳定供应的长期规划；与农民的长期协议；相应的土地利用法规
能源供给量（特别是日益增长的空调使用）	市政能源供应规划；清洁能源
洪水、风暴和城市排水系统	绘制洪水平原地图并制定相应法规；城市排水系统规划；洪水平原土地利用法规
热浪影响	紧急响应规划；人类救助服务
空气污染	交通运输系统规划
生态系统：栖息地和野生物	开放空间；土地保护；湿地和物种规划
城市森林和选择树种的长期生存能力	绿地规划；公园规划和管理
有害物质和疾病（比如西尼罗河热）	蚊虫控制；其他有害物管理；森林规划

布莱克利提出了创新和超前规划的可持续社区理念[19]，并且进一步提出了实践的规划原则：可持续社区就是融合土地利用、社会和政府规划于一体而建立的一个新的具有创造性的社会经济体，这个社区能够减缓并适应气候变化。

②应对极端气候事件的城市规划。减缓和适应气候变化的规划有一定的作用，但还不足以抵挡由于全球变暖而频繁发生的各类极端气候事件对于人类居住区的冲击。英联邦紧急管理委员会主导的研究认为，通过创建大范围的保护工作，比如风险控制结构（洪水控制、飓风保护大堤和洪水控制水库）、渠道变化、潮汐门、水泵和其他技术性工具以及让建筑远离洪水平原、地震活动区域、湿地和山脚等规划措施能够在很大程度上降低自然灾害的影响。布莱克利[20]建议对于气候变化导致的自然风险和城市设计间关系的研究必须对应于研究区的地理位置、发展规模以及随气候变化而来的威胁居民区的新的自然风险的评估。每一个城市区域必须估计它潜在的风险类型从而制定相应的城市设计方针。

对于我国城市规划应对气候变化的关键领域有 3 个[21]：其一为减缓气候变化的城市规划对策及措施（表 13-3）：①通过土地、交通、产业和建筑的相关规划对策实现在能源使用端减排；②通过能源、给水排水和废物处理的有效规划，实现在能源供应端减排；③通过提高绿化面积、形式等，实现在增加碳汇的减排。

表 13-3　减缓气候变化的城市规划对策和措施[21]

减缓气候变化措施类别		城市规划减缓气候变化的相关对策	城市规划减缓气候变化的相关政策引导与管理
能源使用减排	土地	①紧凑的城市形态，保护城市周边的农业用地和自然生态用地；②保持足够密度的土地开发强度；③将工作、居住、购物、休闲、学校合理布局，鼓励功能混合；④绿地和服务设施的人性化布局；⑤城市精明增长和规模控制；⑥旧城改造和棕地利用	①通过开发奖励，鼓励旧城土地再开发，提高土地利用效率；②规划城市空间增长边界，强化空间管制；③创新土地兼容使用管理机制
	交通	①实施公共交通导向下的土地开发；②注重公共交通站点与服务设施的衔接，建设便捷的换乘系统；③规划人性化和舒适的慢性交通网络；④新能源汽车配套设施的规划与建设；⑤静态交通设施的规划布局	①交通需求管理，拥堵管理；②加强信息网络建设，减少不必要的出行，提高货运效率
	产业	①规划编制中强化企业间生产循环的设计；②规划产业园适宜的设施环境，引导产业升级；③强化区域产业集群布局，提高资源使用效率	①规划审批中加入企业准入条件；②加强生产过程中温室气体排放的监控
	建筑	①有效的采光和照明；②节能电器和制冷制热设备；③节能的隔热方式；④主动和被动式建筑通风系统；⑤大型公共建筑的节能；⑥节能节地的社区规划方法	①绿色建筑节能标准的制定；②规划审批中加入建筑能耗强制性控制要求
能源供应减排	能源	①地区电力设施规划建设，减少运输散耗；②热力、电力综合规划；③区域联动的能源供应系统规划	①政府政策引导；②加强能源需求管理，提高分配效率
	给水排水	①规划雨水和中水设施	①公众宣传教育；②对企业废水回用进行管控
	废物处理	①环境卫生规划中加入垃圾循环利用设施系统规划内容	①对城市与农村的物质流动进行管理
增加碳汇	绿化	①乡土植物；②建筑立体绿化；③城市绿地系统构建；④市区和城市外围绿地保护；⑤提高乔木种植率	①绿地建设奖励；②城市外围绿地的规划管控；③规划项目评审中绿地指标的控制

其二关键领域体现在城市应对热浪、严寒、暴雨、干旱等极端气候灾害时，城市规划的响应如表 13-4 所示。

表 13-4 应对极端气候的城市规划措施和工具[21]

极端气候灾害	极端气候对城市的影响	城市规划应对极端气候的措施和工具
热浪	①城市热岛效应；②制冷需求增加；③城市空气质量下降；④水需求量增加；⑤水质恶化；⑥居住环境质量下降；⑦疾病增加	①城市规模控制；②能源需求管理；③城市通风道设计和降低城市局部温度；④建筑通风设计；⑤屋顶绿化降温；⑥人性化公共空间设计；⑦市政基础设施设计标准的调整
严寒	①冰雪造成交通阻断；②制热需求增加；③市政基础设施受损；④居民出行不便	①能源需求管理；②人性化公共空间设计；③公共交通保障规划
暴雨	①地表水质恶化；②洪涝造成商业、交通、社会运作的暂时中断；③市政基础设施、防洪设施承受巨大压力；④地下空间和设施被破坏；⑤财产受损；⑥传染病风险增大；⑦次生灾害破坏	①城市可透水面积增加；②江河湖泊水系保护；③建筑屋顶绿化涵养雨水；④自适应的市政排水系统；⑤山体防护；⑥防洪设施规划；⑦地下空间的防洪设计；⑧市政、交通、防灾、规划等部门加强竖向设计合作
干旱	①威胁粮食安全；②威胁供水安全；③工业生产受制约；④火灾风险增加；⑤植物生长受影响	①生态水源地规划管控；②水资源承载下的城市规模控制；③乡土植物种植
台风	①电力、供水中断；②洪水大风造成交通阻滞；③财产损失	①市政基础设施的地下化；②建筑单体、群体的防风设计
沙尘暴	①城市空气质量下降；②居住空间品质下降；③机动出行量增加；④土地沙漠化	①城市用地科学选址；②优化绿化系统设计③降低风速的城市立体空间设计；④公共空间室内化
海平面上升	①海水入侵、淡水资源减少；②对陆地的侵蚀和淹没；③城市和人口的迁移；④海岸保护费用增加；⑤城市基础设施破坏；⑥沿海地区生态多样性受到影响	①城市用地科学选址；②适应海平面上升的建筑设计；③保护地下水源，减少城市沉降；④加强海岸防护设施规划建设；⑤调整竖向设计标准；⑥适应水位上升的景观绿化设计

城市规划应对气候变化的第三个关键领域是要构建适应地域气候的城市规划设计（表 13-5），从而实现不同气候带不同地域城市符合当地气候特点的城市规划方法体系。

表 13-5 适应地域气候的城市规划方法[21]

地域气候类别	地域气候主要特点	城市规划适应地域气候的主要方法
炎热地区	①常年高温；②太阳辐射强烈；③湿度大；④昼夜温差小	①选择通风、排水条件好的地区；②低密度、大间距、松散的建筑布局；③街区朝向与夏季主导风向平行；④以绿化和水体作为城市冷源，周边建筑点状布局；⑤考虑公共空间的通风与遮阳
干热地区	①湿度低；②昼夜温差大；③降水少且不平均；④风沙大	①选择温度较低的山脚和谷地；②利用建筑相互遮蔽；③利用狭窄街道遮阳，避免与主导风向平行；④小而分散的公共空间；⑤建筑与植物有机结合，遮阳防风
夏热冬冷地区	①平均温度高；②湿度大；③昼夜温差小；雨水多	①选择山体东南面地区；②选择分散的城市结构；③使建筑布局高低错落，以利通风；④使街道朝向与夏季主导风向平行；⑤公共空间设计注重遮阳通风
寒冷地区	①平均温度低；②冰雪天气；③昼短夜长；④西北冷空气气流	①选择向阳地区；②建设城市防护林带；③光照前提下建筑集中紧凑布局；④街道宽敞满足日照；⑤防风；⑥公共空间室内化；⑦室外空间设计注重夏冬两季不同的使用方式

13.2.3 应对气候变化，需要逐层尺度融合

为了保证举措的落实，需要在各层次城市规划编制中进行融合。不同层次和不同规划类型应对气候变化的尺度和所要解决的问题均不相同（表 13-6）。其中，不同层次规划解决的侧重问题不同，市域城镇体系规划考虑区域层面气候变化带来的重大环境变化问题，为城市的发展和重要基础设施的建设制定战略性和引导性的规划。中心城区规划在城市层面上应对气候变化，其涉及城乡关系、城市规模、城市结构和城市发展方向等问题，同时对城市产业、建筑、生态空间、绿地系统、交通以及基础设施规划应提出应对气候变化的原则与策略，针对城市主要气候特征和灾害增加城市气候专项规划。控制性详细规划是通过对街区层面土地用途、交通功能、建筑布局、公共空间等进行规划和控制，并以此找寻出应对气候变化的相关技术和方法。修建性详细规划通过微观层面的住区公共空间绿化景观和建筑设计引入适应气候变化的城市设计方法。

表 13-6 应对气候变化的各层次城市规划内容[21]

规划层次	规划类型	应对气候变化的三个方面	城市规划应对气候变化的主要内容
总体规划	市域城镇体系规划	减缓气候变化	①考虑城乡统筹、低碳产业发展、清洁能源的使用，城市交通与市政基础设施一体化，发挥农村地区节能减排的能力
		应对极端气候	①对气候变化导致的海平面上升、江河流域洪水等重大环境问题加以评估，并作为基础设施、防灾设施建设和用地空间管制的依据
		适应地域气候	①对区域层面自然环境系统的气候调节作用进行评估，确定保护要求
	中心城区规划	减缓气候变化	①计算城市生态资源承载力，作为城市人口规模和用地规模预测的依据；②结合城市公共交通布局设置城市市级及区级中心，整合主要公共服务设施与公共交通站点，增加清洁能源供应站点；③充分利用城市废弃用地和棕地，集约使用土地，引导城市紧凑发展；④编制城市气候专项规划，增加节水规划、能源规划等内容，保证城市各项资源的供应与利用效率
		应对极端气候	①针对各类极端气候灾害，适度扩大禁建区和限建区范围；②评估城市整体通风排热能力，并作为土地使用强度管制区划和相应控制指标（建筑密度、建筑高度、容积率等）确定的依据；③结合城市通风道设计规划城市绿地系统，改善城市微气候，增加城市绿地碳汇能力；④评估极端气候灾害对城市排水、供水、供电、供热等市政设施带来的影响，提高应对能力；⑤研究极端气候灾害发生的特点和规律，增强城市防灾系统的弹性，增加城市地下空间的防灾规划内容；⑥协调道路、市政、防灾、生态水系保护的竖向规划设计；⑦编制城市气候专项规划，如海岸线规划、通风道规划、冬季规划等，以适应海平面上升、热浪、冰雪等极端气候
		适应地域气候	①研究城市与郊区的大气循环系统，合理安排城市周边的农业用地、生态用地和其他用地，缓解城市热岛；②加强与气象部门的沟通，分析城市不同时空的气候变化规律，合理布局城市各功能用地，尤其是产业用地

规划层次	规划类型	应对气候变化的三个方面	城市规划应对气候变化的主要内容
详细规划	控制性详细规划	减缓气候变化	①确定各类性质用地的混合度指标和建筑功能混合使用的要求；②规定公共交通站点范围内公共服务设施配置指标，制定慢行交通系统和换乘设施布局规划；③对不同性质用地的建筑设计提出耗能、生态技术等指标
		应对极端气候	①在城市通风道设计基础上落实街区层面绿地和开放空间布局；②落实总规中关于应对气候变化的市政、防灾、竖向、地下空间规划等方面的要求
		适应地域气候	①分析不同地域的气候特征，确定适应当地气候环境的街区尺度、朝向、建筑密度、容积率等指标；②根据日照、通风等气候要素，对建筑平面布局和立体空间设计提出城市设计指导要求；③确定绿化用地的种植率、可透水率等指标
	修建性详细规划	减缓气候变化	①在社区规划设计时，运用节地的建筑布局方式；②利用建筑的屋顶和墙面进行绿化，调解室内外温度
		应对极端气候	①对建筑布局规划进行通风、温度等气候要素的分析；②落实控规中关于应对气候变化的市政、防灾、竖向、地下空间、建筑节能等方面的要求
		适应地域气候	①进行公共空间环境设计时，充分考虑地域气候日照、温度、湿度、风、雨雪等要素，设计适宜地方特色的空间场所；②进行景观设计时，尽量选择种植当地植物，并提高乔木的种植率

　　除了空间上的逐层尺度外，在时间尺度上也需要在规划开始前、规划过程中和规划审查中加入气候影响评估内容，是对规划方案解决城市气候问题的效果进行评估与验证，能有效引导城市总体规划为应对气候变化采取有针对性的政策措施和办法。由于城市规划和大气运动一样，具有大、中、小尺度，即在规划国家层面有全国城镇体系规划，在省（自治区）层面有省域城镇体系规划，在地方（市）层面有城市总体规划和详细规划，在地方（镇）层面有镇总体规划和详细规划等[22]，而大气运动[23]有全球尺度、区域尺度、城市尺度、小区尺度甚至建筑物尺度。用不同尺度的气象工具解决不同尺度的规划实际问题，对规划才更具指导性。而气候影响评估主要分析城市总体规划实施后对典型气候要素的影响，包括温度、风、降水

等，其目的在于使城市达到与自然系统的平衡，创造相对舒适的城市环境[24]。

在应对气候变化工作中，需要认清的是我国国情就是一个气候条件复杂、生态环境脆弱、自然灾害频发且易受气候变化影响的国家。加之在工业化和城市化的快速进程中，大量农用地被转用为非农建设用地，其直接后果是以水泥等建筑材料为主的地面逐渐代替了原来的草地、林地或裸地，水泥建筑地面不断取代着原来丰富多样的地表结构和覆被方式，对生态环境造成了直接的破坏；而水泥等建筑材料的热力性质也不同于草地、林地或裸地，它在吸收太阳辐射能后迅速升温，向周围大气发出地面长波辐射，促使周围大气快速升温；另外，水泥等建筑材料的涵水性、透水性也与原来的草地、林地、裸地等不同，它截断了土壤和大气的水汽交换，而且使得大气降水迅速地归入河道，从而降低了对气候的调节能力。由此引发了城市的热岛效应和干岛效应，在城市的不断扩张中对城市乃至整个区域气候产生影响。可以说，造成中国气候变化的人类活动主要在于中国土地利用方式的不合理，而造成不合理的土地利用方式的原因则主要是因为中国快速的工业化和城市化进程。因此，制定相应的城市规划政策来应对气候变化便显得极为重要。必须加快推进应对气候变化的各项研究，全面提高我国应对气候变化的能力，城市是应对气候变化不利影响的主战场，而城市规划作为引导城市发展与管理城市建设的重要手段，无论是其政策属性还是技术属性都决定了城市规划能够在加强城市应对气候变化能力的工作中发挥积极作用。应对气候变化的城市规划研究涉及气象学、环境学、经济学、生态学等多个学科领域，因此，突破传统规划学科的局限，借助其他学科的相关技术方法成为城市规划研究的必然选择，而多学科的融合也必将促进城市规划学科朝着更为科学化的方向发展。

13.3 气候适应型城市规划是生态文明在城市实现的保障

不要再做"危机斗士"，而是成为具有主动性和系统性的风险管理者（世界发展报告2014）[25]。

经过30多年的快速发展，我国很多城市正在由"快跑者"逐步转型为"领跑者"。领跑者意味着没有依赖、没有模仿，甚至没有经验可寻。以深圳市为例，这期间，1986年特区总体规划的弹性规划，1996年城市总体规划的全域规划，2010年的转型规划，2030年城市发展战略……深圳市这座年轻而有远见的城市屡次通过制定城市发展策略，引导了城市的跃升和转型。有远见的城市要谋划未来。党的十九大指出：中国特色社会主义已进入新时代，我国社会主要矛盾已经转化为人民日益增长的美好生活需要和不平衡不充分的发展之间的矛盾。未来城市2030年、2040年甚至2050年的长远谋划必须基于主要矛盾的解决。气候适应型城市是解决主要矛盾，保障城市可持续发展的必要条件。

放眼世界上其他国家的城市，东京、新加坡、首尔等，事实上，这些城市目前在城市规划中对城市气候问题的重视已领先我国，且落到实处，对我们极具借鉴意义。其中，20 世纪 60 年代前，以脏、乱、差而闻名的转口贸易城市——新加坡，面对国家发展自然禀赋天然局限（淡水、土地及各种自然资源匮乏），一方面，推动经济结构转型升级，从根本上改变经济发展与环境保护二者竞争性目标的关系，减轻人口和经济增长对自然生态的压力。另一方面，将城市绿化、美化和维护上升到国家发展新方向，确定"花园中的城市"、"绿化运动"为国家战略。在城市规划和设计编制前，必须开展气候评估研究。以气定形，严格规划各类指定专门用途的土地使用的性质和强度。利用商用和民用建筑的成片、集中和高层高密度设计，对留出的地面、立体空间进行植树绿化，从而缓解城市热岛、促进空气流通。通过"花园城市"国家战略，新加坡境内草茂花繁，绿树成荫，各种鸟儿随处可见，人与自然和谐相处，成为全球宜业宜居的典范。新加坡以其可持续发展和绿色宜居吸引着全球人才、企业、商旅和投资，也为国民提供着优良的生活品质和美好的生活工作环境，人均国内生产总值排名全球第三[26]，国民人均寿命 83 岁[27]，排名全球第二，创造了可持续绿色产值。

　　"世界城市"的东京，其经济发展与环境保护经历了战后经济复兴污染严重期、经济高速增长污染极严重期和经济稳定环境日趋完善期。针对东京都平均气温升高（比过去 100 年升高 3 ℃）、最高气温超过 30 ℃的酷暑日（每年超过 50 天）增多情况，日本国土交通省、环境省以及东京都政府等制定了相关法律法规，大力推进房顶、墙壁的绿化。2001 年仅东京都内就有 1200 余座建筑实现了屋顶绿化，绿化面积超过 4.3 万 m²。2005 年东京都政府发布了东京 23 区详细的热环境网格化地图，并颁布了针对不同热环境状况的气候控制及改善规范条例，落实在空间分布图上。而日本建筑协会也编辑出版《日本城市环境气候图基本制作方法及实例》，对城市发展规划起到指导作用[28]。

　　所以，统揽全书，我们聚焦于气候与城市规划。在当今和未来，两者的关系需要明确、继承和发展，那就是：

　　（1）城市规划中重视并考虑气候问题复杂性，是尊重自然、顺应自然，实现城市可持续发展的前提

　　在进行城市战略规划、总体规划甚至远景规划、详细性控制规划等编制过程中应当设置专门的气象专题，正如《城市适应气候变化行动方案》[29]指出的，"将适应气候变化纳入城市群规划、城市国民经济和社会发展规划、生态文明建设规划、土地利用规划、城市规划等，按照气候风险管理的要求，考虑城市适应气候变化面临的主要风险、优先领域和重点措施，将适应目标纳入城市发展目标"，才能保证城市对气候领域新出现的问题获得新认识，让气候安全为城市发展规划护航。

　　（2）树立"界"的理念，摸清"界"的底线，助力构建安全生态格局和红线

　　气候承载力，就是一个地区特定气候资源所能够承载的自然生态系统和人类社

气候与城市规划——生态文明在城市实现的重要保障

会经济活动的数量、强度和规模。一是它是"有限"的，一个地方的空气、一条河流只能容纳这么多污染物，没超过可以自净，超过了就是污染；二是这种容量不是"一成不变"的。据研究，京津冀地区大气环境容量近年来总体呈现下降趋势（但期间仍有增加的年份），北京风环境容量也存在空间差异[30]。因此，需要科学摸清本地的环境底线，能够承载多少，还剩多少。基于现有技术手段，获取城市 1 km网格化的气候承载能力空间分布。目前多数城市生态敏感性分析没有考虑气候承载能力，生态格局和红线的划定应当统筹考虑气候承载能力。

同时，不同天气条件下每个网格的气候承载力会有变化，气象部门可以提前做好气候承载力的监测和预测，为城市管理部门研判、决策争取更多的时间，在容量大的时候适当提高生产、建设强度，在容量小的时候则缩紧。除此之外，在气候变化与应对中，可以根据不同 IPCC 预估情景，得到不同气候承载力空间分布图，为政府节能减排、产业发展等政策提供决策科学依据。

（3）实施城市通风环境营造系统工程，打造"会呼吸"的城市

我国传统的城乡规划体系及传统城市规划实践未有"城市通风廊道"这一概念，2003 年起包含"风廊""通风廊""城市风道""生态风廊"等说法被应用于部分城市。直到 2015 年"城市通风廊道"一词才正式出现在由国家住房与城乡建设委员会城建司和中国城市规划设计研究院联合编写的《全国城市生态保护与建设规划（2015—2020）（征求意见稿）》中。2016 年 2 月国家发展改革委和住房与城乡建设委员会编制的《城市适应气候变化行动方案》中再次提到"城市通风廊道"。从城市通风廊道设置的初衷来说，在建筑物鳞次栉比的城市，希望依托或构建城市绿地、道路、河流及其他公共空间，减少空气流通阻力，增加城市的空气流动性，缓解城市热岛效应，提高宜居性。它不应单纯地看作是城市空间的留白或街道的拓宽，应基于气候生态学、流体动力学原理及城市气候现象的时效性，有效地规划"风从哪里来"及"风往哪里去"，需要将"城市通风廊"有尺度且系统地看待[31]。

从城市总体规划来说，要整体着眼了解所具有的环境与气候资源，同时有效地控制城市空间与形态的透风度。"吸"入"新鲜空气"，即需要评估城市总体风环境状况以及存在环流系统，给出风的空间分布特别是具有或者能产生气候品质的风的通道。此类通道可以结合城市绿地、水体、海绵城市等生态用地一起预留。由于城市通风廊道规划项目的重点在于探测、识别及评估作用空间、补偿空间及潜在通风廊道的分布与作用范围，以及确定城市层级的主要及次要通风廊道的位置及两者之间的连通性。

而"呼"则指疏通"区域""城市""街区""建筑"之间的联系，令"新鲜空气"能顺畅地流入及呼出，不顺畅的地方得到医治，即建立或疏通城市通风廊道，一方面疏导空气顺畅地流入与流出城市，另一方面加速城市与周边以及城市内部的空气交换。因此，在详细规划或重点地区城市设计上，确定地区层级的主要及次要

通风廊道（图 13-2），影响其具体设计原则包括：街道走向、窄街后退、开放空间的衔接、建筑形态及其迎风面控制、绿地公园的衔接、水体及滨水区，还有绿植山坡区等。城市设计中观及微观要素的确定在一定程度上会影响这些设计原则，同时也确保城市层级通风廊道能够与分区层级的通风廊道相连形成网络（图 13-3），城市的透风贯穿、延伸至地区层级，避免出现"断头"廊道区域。

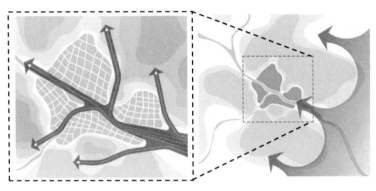

图 13-2　城市层级的主要和次要通风廊道示意

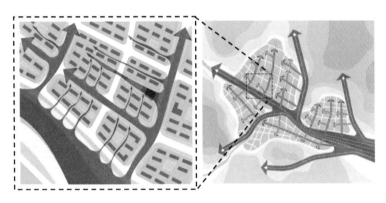

图 13-3　分区层级的主要和次要通风廊道示意

　　另外，透过各地按照实际情况所制定的城市设计实施细则和技术导则来进一步规范和落实城市通风廊道规划，譬如香港的《香港规划标准与准则》中的第十一章"城市设计"就提出了指引性设计细则供规划师和设计师参考。《（香港）认可人士、注册结构工程师及注册岩土工程师作业备考 APP152——可持续建筑设计指引》则明确了量化和市设的细节。

　　目前，国内城市缺乏在城市总体规划、详细规划和城市设计中统筹考虑通风环境营造，也无相应的管理机制，造成通风廊道规划多停留在规划图纸，难以落地实施。借鉴国内外先进经验，国内率先实施城市通风环境营造系统工程，打造"会呼吸的"城市。同时，能兼顾不同尺度、系统性的通风环境营造亦将成为城市科学划定生态空间格局、城市开发边界、严控土地开发强度的量化科学依据。

（4）科学拓展绿色生态基础设施空间，助力海绵城市建设

《中共中央关于制定国民经济和社会发展第十三个五年规划的建议》中对拓展基础设施建设空间做出了系统的安排部署。要切实发挥绿色基础设施建设的引导作用，唯有从科学发展的视角出发，多学科高度融合。以海绵城市为例，核心任务是提高对降水的渗透、调蓄、净化、利用和排放能力。只有切实掌握每个城市平均能降多少水、降到哪里、如何降，后期的规划、设计、施工才能合理跟进，整个系统才能发挥应有的作用，真正的"海绵"功能才能实现。而随着城市化影响，暴雨的局地性、短历时特点日益明显。以北京市为例，5 min 降雨整体表现西部多、东部少、局地性特征明显，如八大处—模式口—丰台—世界公园一带，60 min 降雨大值区均集中在石景山和海淀山前地区，而 1440 min 降雨大值区集中在山前地区永丰中学—香山—八大处一带，空间差异明显[32]。

所以，在做城市防洪排涝规划时，需要气象部门和相关规划设计部门高度融合，打破不同学科和行业的壁垒。如规划设计用户需要的径流总量，需要基于气象部门历年积累的气象资料进行分析，得出年降水量；规划设计用户需要的径流峰值量，需要气象部门分场雨和历时的研究雨型。

一般来说，低影响开发雨水系统设施对平时的中、小降雨能起到很好的排蓄效果，而遇到特大暴雨时，仍有赖于气象部门的及时预报、预警。整合气象、水利、地理信息、排水管网、现场监测等数据，结合水文模型与水力学模型，联合建立城市内涝灾害监测与预警系统。根据雷达、地面、探空、计算机仿真等融合手段的精细化定量降雨预报、内涝预警数值模拟系统可模拟城市内涝全过程，掌握地面积水的量级、面积、深度、历时，动态地演示地面积水的涨消过程，实现在发生内涝前进行准确预报和预警、内涝过程中的排水设施运行实时监测与发布，实时监控现场、定量评估内涝风险。应急指挥中心能够根据该系统提供的相关信息及时调动排水处置和救援力量，在最短的时间内抵达救援现场，并保障救援工作的顺利完成，降低内涝损失。

（5）率先建立第三方环境绩效评价机制，融合气候环境绩效评价指标

国外第三方环境绩效评价已经相当成熟，我国刚刚起步，它能够形成决策、执行和评价评估相对分离、相互制约和协调促进的工作机制，使长期以来形成的管理部门与评估部门不分家的局面被打破，真正使城镇生态建设工程的实施进展、阶段目标和成效能够得到独立的第三方评估与判断，营造独立、客观、科学的氛围[33]。

深圳市于 2008 年在全国率先开展生态资源状况考核，2013 年深圳市出台了《深圳市生态文明考核制度（试行）》，2014 年深圳市完成自然资源资产核算体系与负债表研究，建立了我国首个城市自然资源资产核算体系和负债表。在以上工作

基础上，可以率先建立第三方环境绩效评价机制。参考国家住房与城乡建设部 2015 年底下发的《城市生态建设环境绩效评估导则》[34]，对建立的生态城市、示范区开展环境绩效评估，科学量化地衡量相关规划、建设、运行部门是否在城市热岛缓解、通风能力增强、城市绿源增加方面达到预定绩效目标。政府可委托有资质和有科研实力的第三方机构，通过政府购买服务的方式进行第三方科学评价。

（6）建立气候资源及风险平台，融入城市生态环境大数据综合平台，开展环境承载力监测和预警

将城市热环境、通风、气候承载力、暴雨等内容统筹考虑，建立 1 km 网格化的深圳气候资源及风险动态平台。以此为基础，实施城市通风廊道智慧监测与规划方案气象环境影响动态评估，充分利用云计算、大数据、物联网、移动互联网、人工智能等新技术，在规划、建设、运行全生命周期内监测廊道环境变化，支撑廊道及城市、片区建设调整和优化。同时，将城市规划、设计方案空气流通影响动态评估纳入智慧城市建设与运行；制定完善气象灾害预警指标体系和分级标准，实施气象灾害风险定量、可视化显示，为城市规划、建设综合研判、环境政策措施制定、环境风险预测预警、重点工作会商评估等提供信息支持；实施城市气候承载力动态监测，推动承载力监测预警常态化、信息化；实施台风、暴雨、高温等风险点预判与监测。

将气候资源与风险平台融合城市生态环境大数据综合平台，积极推动生态环境数据向社会开放共享，满足公众环境信息需求，增强政府公信力，引导社会发展，服务公众、企业。

13.4 结语

着眼现在，很多城市经济已稳定，放眼未来，就要定位于全球创新先锋城市。事实上，我国一直以来勇于发挥先行先试的先锋示范作用，探索出了具有中国特色的社会主义道路。在城市的发展上，那就更需创新体现中国特色的生态文明发展模式的示范标杆，走出一条高度城市化地区经济发展与环境保护协调之路。只有率先实施生态复兴计划和工程，才能实现生态复兴；只有实现生态复兴，中华民族的伟大复兴梦想才能实现。这其中，传承与创新的气候适应型城市规划是生态文明在城市实现的重要保障。

参考文献

[1] 政府间气候变化专门委员会第五次评估报告第一工作组 . IPCC，2013：决策者摘要-气候变化：自然科学基础 [M]. [Stocker，T. F.，秦大河，G. -K. Plattner，M. Tignor，S. K. Allen，J. Boschung，A. Nauels，Y. Xia，V. Bex 和 P. M. Midgley（编辑）]. 英国剑桥和美国纽约：剑桥大学出版社，2013.

［2］ 翟盘茂，李蕾.IPCC第五次评估报告反映的大气和地表的观测变化［J］.气候变化研究进展，2014，10（1）：20-24.

［3］ 秦大河，StockerT，259名作者和TSU（驻伯尔尼和北京）.IPCC第五次评估报告第一工作组报告的亮点结论［J］.气候变化研究进展，2014，10（1）：1-6.

［4］ L Teixeira. Securing the future：delivering UK sustainable development strategy-promises，actions and challenges［J］. Bakhtiniana，2005，12（7）：37-53.

［5］ TR Karl，JM Melillo，TC Peterson，et al. Global Climate Change Impacts In The United States［J］. Journal of Environmental Quality，2009，40（4）：279.

［6］ 气候变化国家评估报告编写委员会.气候变化国家评估报告［M］.北京：科学出版社，2007.

［7］ 国务院.中国应对气候变化国家方案［Z/LO］.（2007-06-17）［2018-05-09］.http：//www.gov.cn/zwgk/2007-06/08/content_641704.htm.

［8］ 科学技术部，国家发展和改革委员会，外交部，等.中国应对气候变化科技专项行动［Z/LO］.2007［2018-05-09］.http：//www.zhb.gov.cn/gkml/hbb/gwy/200910/W020071122477729724814.pdf.

［9］ 国务院.中国应对气候变化的政策与行动［Z/LO］.（2008-01-17）［2018-05-09］.http：//www.mfa.gov.cn/ce/ceun/chn/zjzg/zfbps/t521511.htm.

［10］ 张蔚文，何良将.应对气候变化的城市规划与设计-前沿及对中国的启示［J］.城市规划，2009，33（9）：38-43.

［11］ American Planning Association. Policy Guide On Planning ＆ Climate Change［Z/LO］.（2011-04-25）［2018-05-09］. http：//www.planning.ri.gov/documents/comp/APAClimateChangePolicy.pdf.

［12］ 顾朝林，张晓明.基于气候变化的城市规划研究进展［J］.城市问题，2010，10：1-11.

［13］ 叶祖达.低碳生态空间：跨维度规划的再思考［M］.大连：大连理工大学出版社，2011.

［14］ Office of the Deputy Prime Minister. The Planning Response to Climate Change［M］. London：Department for Environment，Food andRural Affairs，2004.

［15］ I Wahlgren，L Makkonen，K Kuismanen Irmeli Wahlgren. Climate Change in Urban Planning［J］. AstraWorkshop，2008，34-35.

［16］ 欧阳丽，戴慎志，包存宽，等.气候变化背景下城市综合防灾规划自适应研究［J］.灾害学，2010，25（s1）：58-62.

［17］ 宋彦，刘志丹，彭科.城市规划如何应对气候变化-以美国地方政府的应对策略为例［J］.国际城市规划，2011，26（5）：3-10.

［18］ Williams R. T. Global Warming and Land Use［Z/LO］.（2008-10-09）［2018-05-09］. http：//spot.colorado.edu/-wtravis/warming_land_use.pdf.

［19］ Blakely E J. Suburbs as Sustainable Communities：A Paradigam for the Future［J］. Australian Planner，2004，40（1）：4.

［20］ Blakely E J. Urban Planning for Climate Change［M］. Cambridge：Lincoln Institute of Land Policy，2007.

[21] 洪亮平，华翔，蔡志磊．应对气候变化的城市规划响应 [J]．城市问题，2013，7：18-25．

[22] 王凯．全国城镇体系规划的历史与现实规划研究 [J]．城市规划，2007，238（10）：9-15．

[23] 叶笃正，李麦村．大气运动中的适应问题 [M]．北京：科学出版社，1965．

[24] 房小怡，杜吴鹏，郭文利，等．城市总体规划气候可行性论证技术规范 [M]．北京：中国标准出版社，2015

[25] 胡光宇，赵冰．2014年世界发展报告：风险与机会管理风险，促进发展 [M]．北京：清华大学出版社，2015．

[26] 国际货币基金组织．世界经济展望 [Z/LO]．（2017-07-14）[2018-05-09]．http：//www.useit.com.cn/thread-16803-1-1.html.

[27] WH Organization. World health statistics 2016 monitoring health for the SDGs sustainable development goals [J]. Geneva Switzerland Who，2016，41：293-328.

[28] 任超，吴恩融，Katzschner Lutz，等．城市环境气候图的发展及其应用现状 [J]．应用气象学报，2012，23（5）：593-603．

[29] 国家发展改革委，住房城乡建设部．城市适应气候变化行动方案 [Z/LO]．（2016-03-27）[2018-05-09]．http：//www.ndrc.gov.cn/zcfb/zcfbtz/201602/t20160216_774721.html.

[30] 杜吴鹏，房小怡，刘勇洪，等．面向特大城市的风环境容量指标和区划初探-以北京为例 [J]．气候变化研究进展，2017，13（6）：526-533．

[31] 杜吴鹏，房小怡，刘勇洪，等．基于气象和GIS技术的北京中心城区通风廊道构建初探 [J]．城市规划学刊，2016（5）：79-85．

[32] 马京津，李书严，王冀．北京市强降雨分区及重现期研究 [J]．气象，2012，38（5）：569-576．

[33] 汪光焘，焦舰，包延慧，等．城市生态建设环境绩效评估导则技术指南 [M]．北京：中国建筑工业出版社，2016．

[34] 住房城乡建设部．城市生态建设环境绩效评估导则 [Z/LO]．（2015-11-04）[2018-05-09]．http：//www.bjghw.gov.cn/web/static/articles/catalog_24000/article_4028535751334f2d0151e68 51637053b/4028535751334f2d0151e6851637053b.html.